自然地理学（第6版）

地球環境の過去・現在・未来

松原彰子

慶應義塾大学出版会

はじめに

地球全体や私たちの身近な地域の自然環境および災害について理解することは，私たち一人一人はもちろんのこと，地球の将来を考えるうえでもきわめて重要です。日本では東日本大震災を経験したことによって，地震防災やエネルギー資源への関心が高まりました。その一方で，20世紀後半に顕著になった地球温暖化をはじめとする地球規模の環境問題が深刻化しています。

環境や災害の問題はさまざまな分野で取り上げられていますが，最も基本的で重要な姿勢は，「過去から現在まで，大気・海洋・地盤などの環境はどのように変化してきたのか」，「現在，どんな現象が進行しているか」，また「それらの原因やメカニズムは，どの程度明らかになっているのか」，さらに「今後，どのような変化が予測されるか」を，それぞれ正確に理解し，客観的な目をもつことにあると考えます。

この本は，自然地理学の立場から，こうした視点をもつために必要な項目をまとめたものです。扱う内容が多岐にわたるためページ数の制約はありますが，それぞれの項目について考察の基礎になる図表をできるだけ多く載せたうえで解説を加えました。読者の皆さんには，そこから読み取れる事実や推定されることを一緒に考えていただきたいと思います。また，さらに詳しい内容について知りたい方のために，引用図書のほかに参考図書のリストを加えました。

地理学的なものの見方・考え方の特徴は，空間的な把握はもちろんのこと，時間的な解析も行って，それぞれに“ズーム機能”をもたせて考察する点にあると考えています。すなわち，空間的には，地球規模で起こっていることを理解するのと同時に，私たちが住んでいる身近な地域にも目を向け，それらがどのように結びついているかを考えます。また時間的には，最近数十年間あるいは数百年間に起こってきた現象が，より長期的な時間スケールの変化の中では，どのように位置づけられるかに注目します。

こうした柔軟な姿勢をもつことで，さまざまな現象や問題をより総合的にとらえられると考えています。本書がその助けになれば幸いです。

松原　彰子

本書の構成

本書の目的は，自然地理学の立場から地球環境変化や自然災害の原因および実態を理解することである。そのために，まず長時間スケールにおける地球の自然環境変化や，自然災害の原因となる地震・火山活動の特徴を理解することから始める。そのうえで，近年の人間活動が関与していると考えられる環境問題や災害の位置づけを行う。

地球環境については，1章で地球の自然環境変遷史を概観し，それに関わるさまざまな要因を整理する。2章では，気候変化を復元する多様な方法を紹介する。3章では，地球の海面変化の実態と，それを復元する方法について取り上げる。4章では，地球環境変遷史を組み立てるうえで基本となる時間軸の設定，すなわち年代測定の方法について触れる。1章から4章までの基礎的で長期間を対象にした内容を土台にして，5章と6章では近年の地球環境の諸問題について解説する。

災害に関しては，7章で地震に関する基礎的事項，8章でプレート境界型地震，9章で活断層型地震を，それぞれ取り上げる。そのうえで，10章では地震災害の実態を対象に過去の事例を交えながら解説し，地震防災にとって重要な点をまとめる。また火山については，11章で火山活動に関する基礎的な事項と過去の火山災害を整理する。さらに，12章では水害および土砂災害を取り上げ，特に河川の特性と水害に見られる地域性を説明する。13章では，人間活動が原因になって起こる地盤沈下と海岸侵食の問題を扱う。

以上に加えて14章では，自然地理学的な解析において重要になる地形のとらえ方と，地形変化が人間活動に与えてきた影響に関する具体的な事例を，それぞれ取り上げる。

本文中および図表で引用した図書などは引用図書としてまとめ，それ以外の図書は参考図書として項目別のリストを示した。

本文中で年代測定値に基づいて推定される年代（「～年前」）は，原則として暦年較正を行った値に基づいたもの（cal BP）である（年代測定および暦年較正については4.1節参照）。

目次

1 章

地球環境変遷とその原因

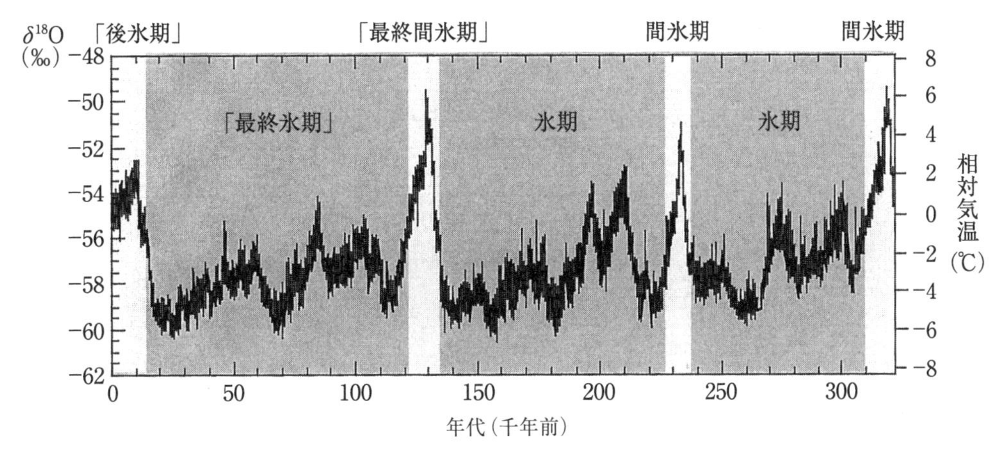

氷期・間氷期サイクル　藤井（2005）を改変

南極ドームふじにおける氷床コア解析によって復元された過去32万年間の気温変化曲線。
相対気温は現在の地球の年平均気温との差を示す。

1.1　地球環境の歴史と現在の位置づけ

【目的】 地球の歴史を概観したうえで，地質時代区分から見た現在の位置づけを理解する。
【キーワード】 大気，海洋，陸地，生物，第四紀，更新世，完新世

地球の自然環境は，**大気**，**海洋**，**陸地**，**生物**の4つの要素から成り立っている（図1.1）。これらは，地球誕生以来46億年の間に形成されてきたものであり，その実態は大きく変化してきた。例えば地球の大気組成は，原始地球では水蒸気と二酸化炭素を主体としたものであったが，光合成を行う植物の出現以降，二酸化炭素が減少して酸素が増加するように変化してきた。さらに，大気中の酸素の増加に伴って，オゾン層が形成された。生物にとって有害な紫外線を吸収する役割をもつオゾン層の形成によって，海洋を生活の場としていた生物が陸上にもその活動の範囲を広げることができたと考えられている（表1.1）。

地球の歴史の中で最も新しい地質時代である**第四紀（Quaternary）**は，気候変化が周期的に起こり，それに伴って地球上の氷河の顕著な拡大と縮小が見られたことから**氷河時代**とも呼ばれる。また生物の歴史から見ると，第四紀は人類が進化を遂げた時代としても位置づけることができる（表1.1）。

第四紀の始まりの時期に関しては，従来は地中海沿岸地域の古生物学的解析から，およそ180万年前とされてきた。これに対して，IUGS（国際地質科学連合）は，深海底堆積物の解析結果に基づいて，第四紀の始まりを北半球に本格的に氷床（大陸氷河）が形成されるようになった258万年前とする新しい定義を2009年6月に批准した（町田，2009；遠藤・奥村，2010など参照）。

第四紀は**更新世（Pleistocene）**と**完新世（Holocene）**の2つの時期に分けられるが（表1.1），およそ1万2千年前以降の完新世は，気温の急激な上昇とそれに伴う海面上昇で特徴づけられる。現在の沿岸部に発達する低地の多くは，完新世における海面変化に対応して形成されてきたものである。また，考古学的な時代区分から見ると，完新世は日本における縄文時代早期以降の時期にほぼ対応している。

気　圏（atmosphere）　**大気**		
水　圏（hydrosphere）　**海洋**	}	生物圏（biosphere）　**生物，生態系**
岩石圏（lithosphere）　**大陸/海底**		

図1.1　地球環境を構成する要素

表 1.1　地球の歴史

時　代			大気・海洋・陸地	生　物	年 前
新生代 (Cenozoic)	第四紀 (Quaternary)	完新世 (Holocene)	氷期・間氷期サイクル (1.2 節参照)	ホモサピエンスの繁栄	1.17 万
		更新世 (Pleistocene)		人類の発展	258 万
	新第三紀 (Neogene)			人類の祖先 哺乳類の繁栄	2,303 万
	古第三紀 (Paleogene)			哺乳類の発展	6,600 万
中生代 (Mesozoic)	白亜紀 (Cretaceous)		大規模な海進	アンモナイト，恐竜の絶滅 被子植物の出現	1 億 4,500 万
	ジュラ紀 (Jurassic)			アンモナイトの発展 恐竜の出現	2 億 130 万
	三畳紀 (Triassic)			裸子植物，シダ植物の発展	2 億 5,190 万
古生代 (Paleozoic)	ペルム紀 (Permian)		パンゲア超大陸分裂	両生類の繁栄 裸子植物の発展	2 億 9,890 万
	石炭紀 (Carboniferous)		湿潤温暖環境での森林・沼沢地の形成 →石炭の起源	両生類の発展 爬虫類の出現 シダ植物の繁栄	3 億 5,890 万
	デボン紀 (Devonian)			“魚類時代” アンモナイトの出現	4 億 1,920 万
	シルル紀 (Silurian)		オゾン層の形成	陸生植物，陸生動物の出現 サンゴ類の繁栄	4 億 4,380 万
	オルドビス紀 (Ordovician)			サンゴ類，魚類の出現	4 億 8,540 万
	カンブリア紀 (Cambrian)			「バージェス動物群」 藻類の繁栄	5 億 4,100 万
先カンブリア時代 (Precambrian)			最初の超大陸 酸素の増加 原始大気形成 (H_2O，CO_2 主体) 海洋の形成 地球の誕生	「エディアカラ動物群」 光合成生物の誕生 生命の誕生	46 億

時代区分は International Commission on Stratigraphy (2018) の International Chronostratigraphic Chart に基づく。

1.2　第四紀における気候変化と海面変化

【目的】 第四紀における気候変化と海面変化の特徴，および両者の因果関係を理解する。

【キーワード】 氷期・間氷期サイクル，氷床コア，最終氷期，後氷期，氷河，融氷水，海水

1.2.1　氷期・間氷期サイクル

第四紀の気候変化を特徴づける寒冷期と温暖期の周期的な繰り返しを**氷期・間氷期サイクル**（glacial-interglacial cycle）と呼ぶ。こうした気候変化については，19世紀から始まったヨーロッパや北米の氷河地形・氷成堆積物の調査ですでに明らかにされていたが，20世紀後半になって，グリーンランドや南極の氷床（大陸氷河）を掘削して得られた**氷床コア**の**酸素同位体比**（$\delta^{18}O$）の解析に基づいて，より詳細な気温変化が復元されている（2.4節参照）。その結果，第四紀後半にあたる過去約100万年間において，気温は約10万年周期，およそ10℃の幅で変化していることが明確になった（1章の扉の図，図1.2）。このうちの寒冷期を**氷期**（glacial stage），温暖期を**間氷期**（interglacial stage）と呼ぶ。間氷期は，2つの氷期に挟まれている温暖期に対して使われる。1章の扉に示した過去32万年間における気候変化では，3回の氷期が確認できる。このうち，約11万年前～約1万5千年前の最も新しい氷期は，**最終氷期**（The Last Glacial Stage）と呼ばれる。また，その後の温暖期は，**後氷期**（Post-glacial Stage）と呼ばれている。

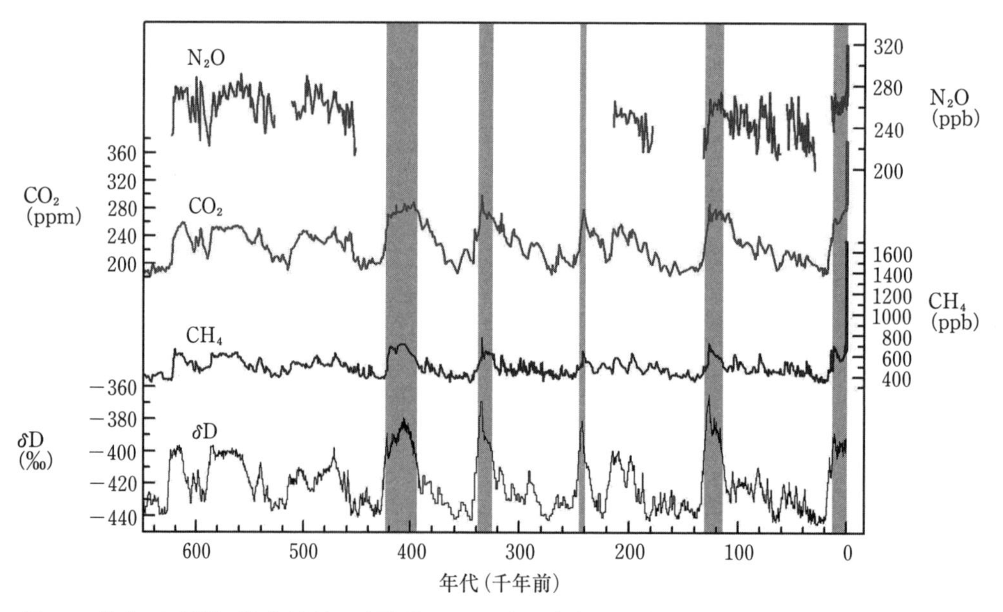

図1.2　氷床コア解析に基づく過去65万年間における気温変化および温室効果気体（二酸化炭素，メタン，亜酸化窒素）の濃度変化　IPCC WGI（2007）を改変

δD（水素同位体比）からは気温変化が復元できる。陰影部は，すでに明らかにされている間氷期（温暖期）を示す。

$\delta^{18}O$の解析によれば，氷期および間氷期の中でもそれぞれ気温の変動が認められ，特に長期間継続する氷期には複数回の温暖期が存在することが明らかになっている。グリーンランドの氷床コアを対象にした$\delta^{18}O$解析では，最終氷期の約10万年間に20回以上の短い温暖期が確認されており，これらは**ダンスガード-オシュガー・イベント**と呼ばれている。

一方，氷河氷中の気泡の成分分析から明らかになった二酸化炭素（CO_2）やメタン（CH_4）の濃度変化を見ると，気温変化とよく対応しており，これらの間に密接な関係があることが推定できる（図1.2）。

1.2.2　気候変化と海面変化の関係

図1.3は，深海底堆積物の解析によって復元された過去14万年間の海面変化である（2.4節参照）。これを見ると，1章の扉の図および図1.2の気温変化パターンとよく似ていることがわかる。すなわち，寒冷期と海面低下期，また温暖期と海面上昇期とがそれぞれ対応している。最終氷期と後氷期に関して見れば，約20,000年前の最終氷期最寒冷期は，海面変化における最低海面期にあたり，この時の海面の高さは現在よりも120m以上低かったことが推定される。一方，後氷期の最温暖期である約7,000年前は最高海面期に相当する。

このように，気候変化と海面変化には密接な関係があると考えられることから，以下では両者の因果関係について解説する。

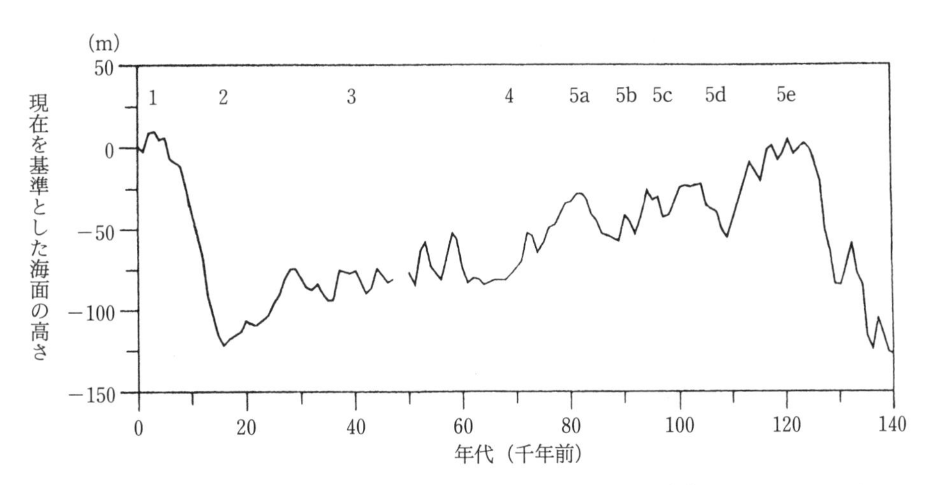

図1.3　深海底コア解析によって復元された過去14万年間の海面変化　町田ほか編(2003)
上の数字は酸素同位体ステージを示す。深海底コア解析については2.4節参照。

気候変化と海面変化の関係を理解するためには，まず地球上の水の循環について確認しておく必要がある。地球上の水の分布を見ると，海洋が全体の97%以上を占めているが，水は陸地にも多様な形態で存在しており（表1.2），これらが地球上で水の循環システムを形成している（図1.4）。大気中の水蒸気は降水（降雨・降雪）として陸地や海洋に水を供給する。一方，陸地や海洋の水は**蒸発**あるいは植物からの蒸発である**蒸散**（両者を合わせて**蒸発散**）によって水蒸気として大気中に戻る。また，陸上の水の一部は河川を経由して海洋に注ぎ込み，氷河が融解した水は

表 1.2　地球上の水の分布

	貯　水　量（×10^3 km^3）			割　合（%）		
				対全量	対陸水	対その他
天　水	13			0.001		
海　水	1,348,850			97.4		
陸　水	35,987			2.60		
陸水の内訳		氷　河 27,500		1.986	76.42	
		地下水　8,200		0.592	22.79	
		その他　287		0.021	0.80	
その他の内訳			塩水湖　107.0	0.0077	0.297	37.28
			淡水湖　103.0	0.0074	0.286	35.89
			土壌水　74.0	0.0053	0.206	25.78
			河川水　1.7	0.0001	0.005	0.59
			動植物　1.3	0.0001	0.004	0.45
総　計	1,384,850	35,987	287.0	100.0	100.0	100.0

国立天文台編『理科年表プレミアム』

地球の水は海水（海洋の水），陸水（氷河，地下水を含む陸地の水）および天水（大気中の水）に分けられる。貯留量には約 10%の誤差が含まれる。

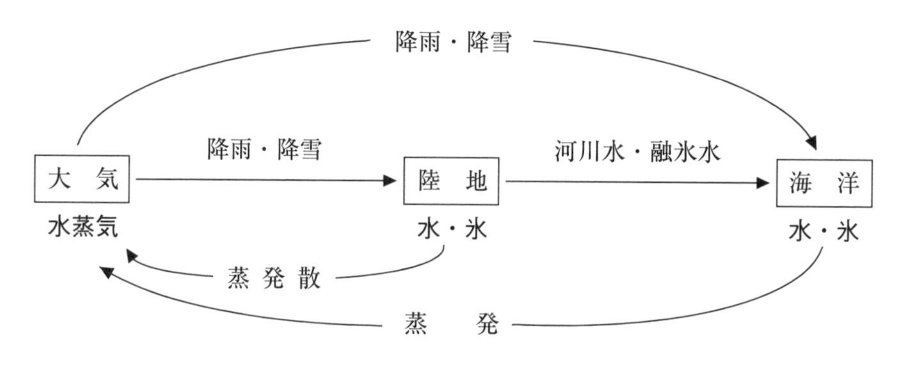

図 1.4　地球上の水の循環

融氷水として海洋に流入する。このように，気体（水蒸気），液体（水），固体（氷）の形態をとる地球上の水は，大気・陸地・海洋の間を循環している。

地球規模の気候変化は，特に氷河の消長に影響を与える（表1.3）。それによって氷河から融け出した融氷水の海水への流入量に変化が起こり，最終的には海面の変化につながる。したがって，気温が上昇することによって海面上昇が，また気温低下によって海面低下がそれぞれ起こる。こうした氷河の消長による地球規模の海面変化を**氷河性海面変化**（glacial eustasy）と呼ぶ。さらに，気温変化は海水面の体積を変化させるため，これによっても海面変化が起こる。すなわち，気温の上昇によって海水面は膨張し，そのことが海面上昇につながる。一方で，気温が低下すると海水面の収縮が起こり，海面低下となって現れる（図1.5）。

表 1.3　地球上の氷河面積の変化

現在		最終氷期（最拡大期）	
地域	面積（$\times 10^3 km^2$）	地域	面積（$\times 10^3 km^2$）
南極	**13,985.000**	南極	**14,510.000**
北アメリカ	**2,056.467**	北アメリカ	**17,190.000**
グリーンランド	1,802.600	ローレンタイド氷床	11,180.000
クイーンエリザベス諸島	109.057	グリーンランド氷床	2,160.000
アラスカ	51.476		
バフィン島	37.903		
ロッキー山脈	12.428		
ユーラシア	**260.517**	ユーラシア	**9,010.000**
スピッツベルゲン	68.425	北ヨーロッパ氷床	3,660.000
ヒマラヤ	33.200	中央シベリア北部氷床	1,320.000
カラコルム	16.000	ウラル山脈	240.000
アイスランド	12.173	カムチャツカ・コリヤク山脈	190.000
チベット	9.100		
テンシャン	6.190	スピッツベルゲン	160.000
スカンジナビア	3.800	アイスランドとヤンマイエン島	120.000
アルプス	3.200		
コーカサス	1.805	アルプス山脈と周辺	30.000
カムチャツカ山脈	0.866		
コリヤク山脈	0.650		
ヤンマイエン島	0.117		
ウラル山脈	0.028		
ピレネー山脈	0.015		
南アメリカ	**26.500**	南アメリカ	**830.000**
オセアニア	**1.015**	オセアニアとアフリカ	**60.000**
ニュージーランド南島	1.000		
ニューギニア	0.015		
アフリカ	**0.012**		
世界全体	**16,329.511**（陸地の 11.0%）	世界全体	**41,600.000**（現在の陸地の 27.9%）

『理科年表プレミアム』に基づいて作成

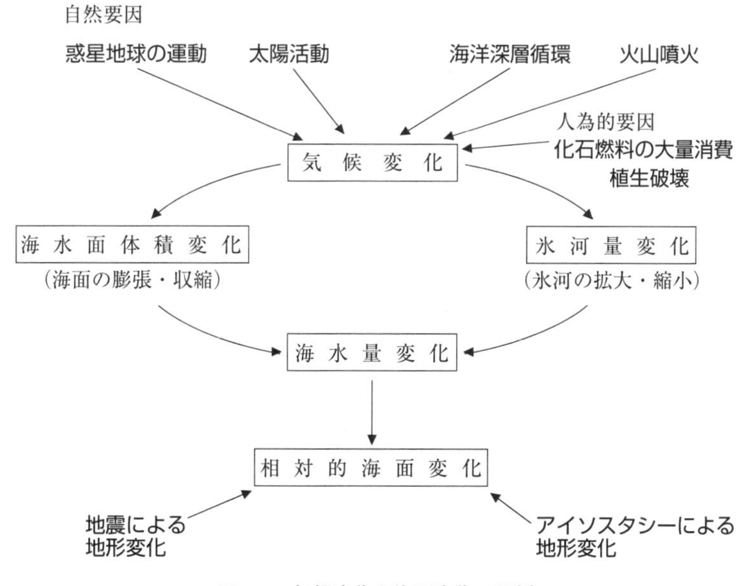

図 1.5　気候変化と海面変化の関係

1.3　気候変化の原因

【目的】 地球規模の気候変化に多様な要因が関わっていることを理解する。

【キーワード】 ミランコビッチ・サイクル，海のコンベアーベルト，ヤンガー・ドリアス期，太陽黒点，小氷期，日傘効果

1.3.1　気候変化に関わる諸要因

地球規模の気候変化には，複数の要因が関与していると考えられる。特に，対象とする時間スケールによってその期間における気候変化の主要因が異なる。長期スケールで見た場合，第四紀は**氷期・間氷期サイクル**（1.2.1項参照）で特徴づけられるが，そこには数万年から十万年ほどの周期をもつ**惑星地球の周期的運動**（地球の公転軌道，自転軸の傾き，自転軸の歳差運動）が影響していると推定される。また氷期・間氷期サイクルの特徴として，氷期がおよそ10万年間という長期間継続していることがあげられる。氷期が長期間に及んだ原因として，地球上の氷床の存在が指摘されている。すなわち，氷床の拡大によって**アルベド（albedo）**（地球表面が太陽光を反射する割合）が増加して地表付近の気温が低下し，それがさらに氷床の拡大を招くという過程が繰り返されたために（アイスアルベドフィードバック），寒冷化が継続していった可能性が考えられる。一方，数千年程度の中期スケールで見た場合，地球の年平均気温は数度の幅で変化している（図2.22，図4.4参照）。そこに関わっている気候変化の原因として，**海洋の深層循環**（表層流と深層流からなる海洋の循環システム）や**太陽活動**があげられる。さらに，過去百年程度の短期スケールで見た場合，地球の年平均気温の上昇傾向（「地球温暖化」）が顕著になっている（5.1節参照）。この期間における気候変化には，化石燃料起源の温室効果気体の増加や大規模な植生破壊といった人為作用に加えて，太陽活動や**火山活動**などの自然要因も影響していることが考えられる（図5.8参照）。

以上のように，地球の気候変化には多様な要因が複雑に関わっているため，さまざまな時間スケールで自然要因と人為的要因の両面から総合的に気候変化をとらえる視点が必要である。ここでは，上にあげた4つの主要な自然要因（惑星地球の周期的運動，海洋の深層循環，太陽活動，火山活動）について解説する。

1.3.2　惑星地球の周期的運動 —— ミランコビッチ・サイクル

ミランコビッチ・サイクルとは，セルビアの数学者であり天文学者でもあったミランコビッチ（1879～1958）が，「惑星・地球の周期的運動が，地球に及ぶ日射エネルギーの地理的分布に変化を与え，その結果として地球規模の気候変化が起こる」という仮説の中で示したものである。地球の周期的運動としては，公転軌道の変化（約10万年周期），自転軸（地軸）の傾きの変化（約4万年周期），歳差運動（約2万年周期）の3つの要素があげられる（図1.6）。ミランコビッチ・サイクルは計算上過去の日射量変化を推定したものであるが，酸素同位体比（$\delta^{18}O$）の解析によっ

て明らかにされた**氷期・間氷期サイクル**とおおむね一致していることから，長期スケールにおける地球規模の気候変化に関わる重要な要素と考えられる（図1.7）。

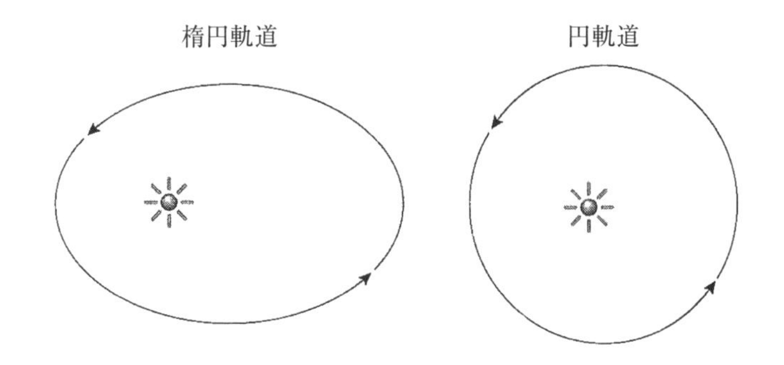

B：地球の自転軸の傾き変化（約4万年周期）

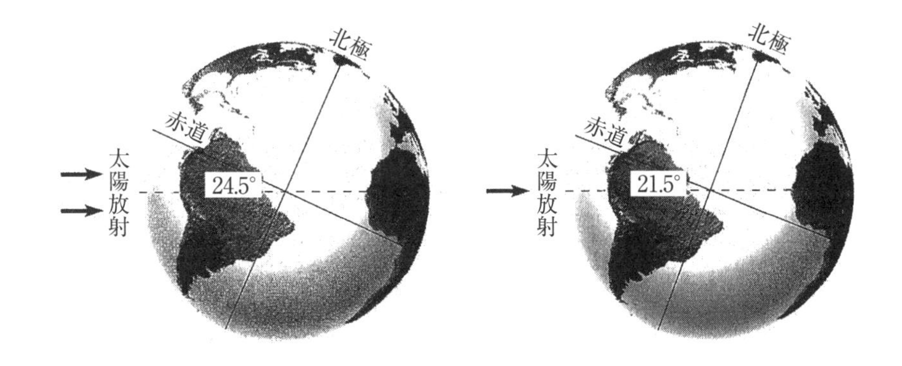

C：地球の歳差運動（約2万年周期）

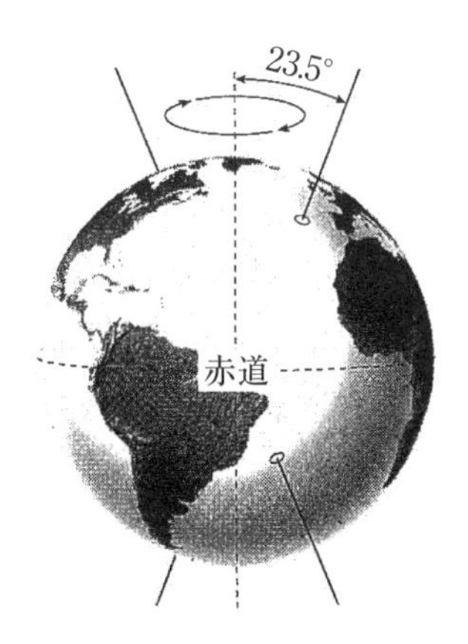

図1.6　ミランコビッチ・サイクルの3要素　Lowe & Walker（1997）を改変

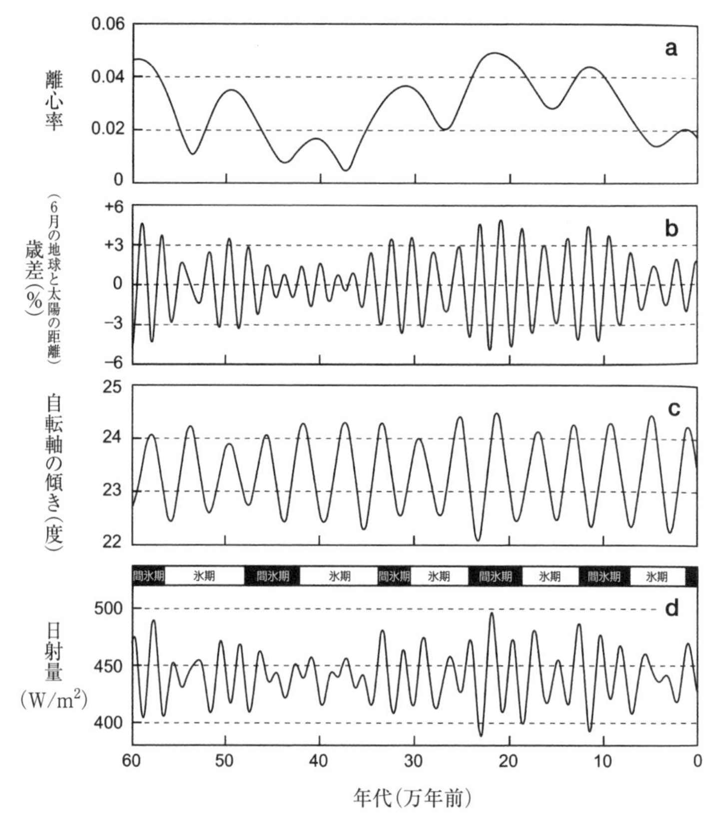

図 1.7 過去60万年間における地球の軌道要素の変化と日射量変化の推定 大河内(2008)

a. 公転軌道の離心率変化 b. 歳差による6月の地球と太陽の距離変化 c. 自転軸の傾き変化 d. 北緯65°における7月中旬の日射量変化。dの上には，氷期(白)と間氷期(黒)の期間を示した。dがミランコビッチ・サイクルに相当する。

1.3.3 海洋の深層循環 —— 海のコンベアーベルト

海洋には，水深数百m以浅の**表層流**と，水深約2,000m以深の**深層流**が存在する。表層流は，暖流や寒流といった海流を形成している。一方，深層流は水温がほとんど変化しない水深で形成され，その分布の実態は深層海水の^{14}C年代測定結果などによって明らかにされてきた（図1.8）（^{14}C年代測定については4.1.2項参照）。このように，形成される場が異なる表層流と深層流であるが，両者は相互に関連し合って循環系を形成していると考えられている（図1.9）。

このような深層循環システムは，**海のコンベアーベルト（Conveyor Belt）**と呼ばれ，北大西洋北部にあたるグリーンランド東方のグリーンランド海に深層流の出発点が存在すると推定されている。ここでは表層の暖流であるメキシコ湾流起源の**北大西洋海流**が北上して冷却され密度を増している。これに加えて，海水が凍結して海氷になる際，氷には塩分がほとんど含まれないため，周辺の海水の塩分濃度が上昇して密度が増し，“重い水”が形成される。表層に形成された重い水は，ここを起点にして沈み込み始め，**北大西洋深層水**（North Atlantic Deep Water；

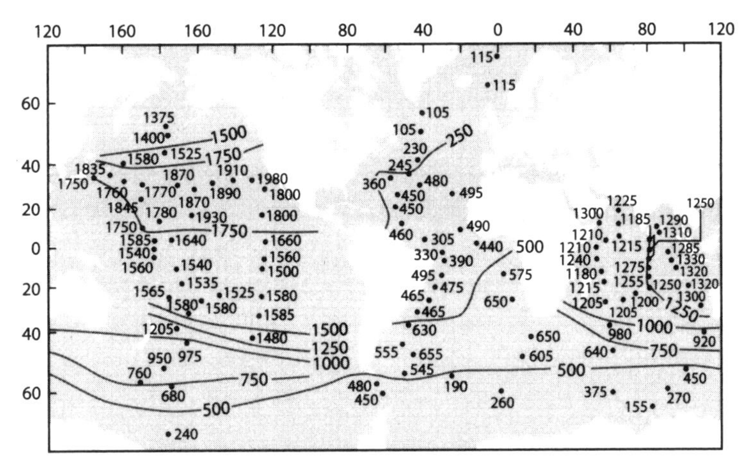

図 1.8　水深 3,000 m における海水の年代分布　Broecker(2010)を改変
数字は，放射性炭素同位体(^{14}C)から推定された年代値。

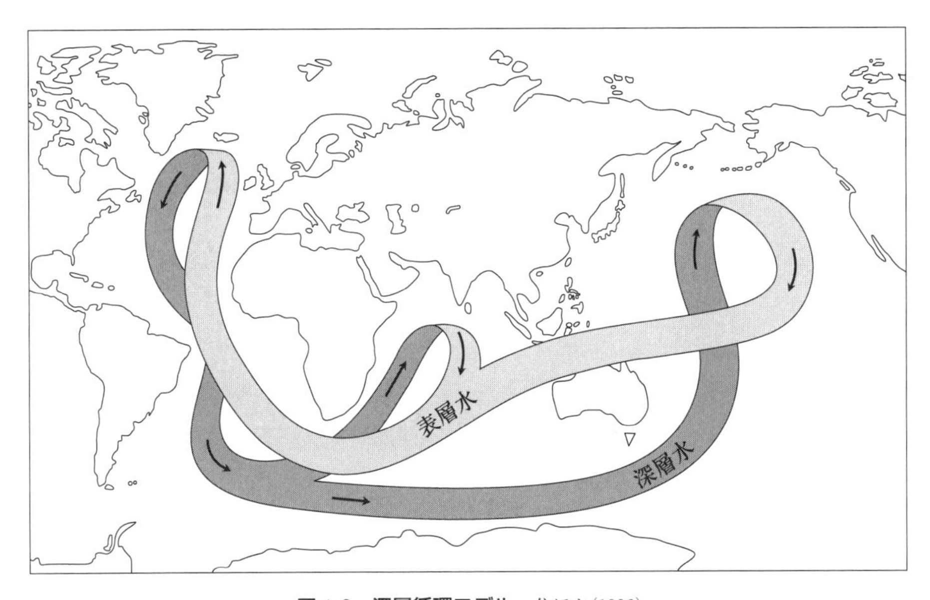

図 1.9　深層循環モデル　住ほか(1996)

NADW）を形成してコンベアーベルトを駆動させると考えられる。同様の沈み込みの場は，北米大陸北東沖のラブラドル海と，南極のウェッデル海にも存在することが推定されている。深層循環は，低緯度側の高温の海水を高緯度側に輸送するという熱の再分配の役割を担っている。

コンベアーベルトの動きが鈍くなるか，または停止すると気候変化が起こる可能性がある。後氷期において一時的に寒冷化した**ヤンガー・ドリアス（Younger Dryas）期**（約 12,000〜11,000 年前）(図 2.22 参照）の原因として，次のようなことが考えられている。すなわち，気温上昇の過程で最終氷期に北米大陸に分布していたローレンタイド氷床（2.2.3 項参照）起源の融氷水（淡水）が北大西洋北部に大量に流入し，海水の塩分濃度を低下させたことで“重い水”が減少して沈み込みが起こらなくなり，コンベアーベルトが停止した。こうしたコンベアーベルトの停止によって，暖流である北大西洋海流の北上が鈍化して北半球中・高緯度地域が寒冷化したというものである。

1.3.4 太陽活動 —— 太陽黒点数の周期的変化

太陽黒点（sun spot）の存在は古代ギリシア時代からすでに記録されているが，望遠鏡を用いた科学的な観測結果はガリレオ・ガリレイ（1564〜1642）などによって発表されて以降，その観測記録が連続的に残されている（図1.10）。これらの観測記録から，太陽活動の指標である太陽黒点数の変化には周期性があることが明らかになった。こうした太陽活動の周期的な変化は地球の気候変化に関わってきたと推定されるが，太陽放射エネルギーの変動が地球の気候変化に及ぼす影響のメカニズムについては未解明な点も多い。

太陽黒点数変化の明瞭な周期として11年周期がある（図1.10）。太陽黒点数の観測のほか，樹木年輪に含まれる^{14}Cや氷床コア中の^{10}Beといった放射性同位体濃度の測定によっても，過去の

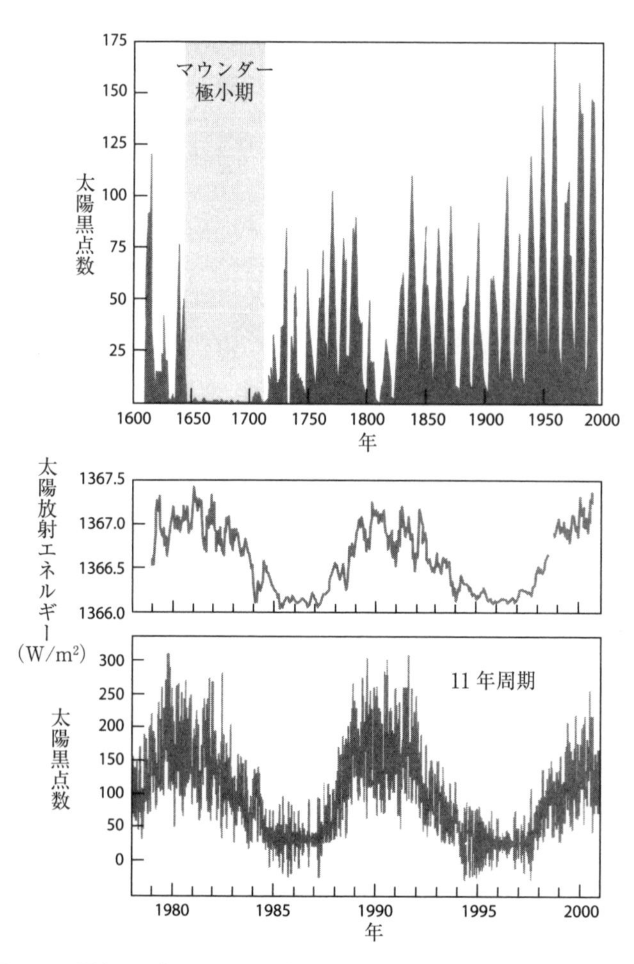

図1.10 過去400年間における太陽黒点数の変化 Broecker (2010) を改変

太陽活動変化が復元されている。その結果，太陽活動には11年周期以外に，より長い数百年～数千年周期も存在することが明らかになった。したがって，太陽活動は中・長期的な時間スケールにおける地球の気候変化にも影響を及ぼしてきた可能性が考えられる。その例の1つとして，太陽活動の著しい低下期である**マウンダー極小期**（1645～1715年）があげられる。この期間において，太陽黒点数はほとんどゼロになった（図1.10）。放射性同位体を用いた解析で明らかになった過去1,000年間における太陽活動の低下期として，マウンダー極小期のほかに，オールト極小期（11世紀前半），ウォルフ極小期（13世紀末～14世紀前半），シュペーラー極小期（15世紀～16世紀前半），ダルトン極小期（18世紀末～19世紀初め）の存在が明らかになっている。このうちのマウンダー極小期とダルトン極小期は，北半球で共通に認められる16～19世紀の寒冷期，**小氷期**（**Little Ice Age**）の原因の1つと考えられている。

1.3.5　火山活動による日傘効果

大気中に浮遊している微粒子は**エアロゾル**（または**エーロゾル**）（**aerosol**）と総称され，その中には，太陽放射を遮ることによって気温を下げる作用（**日傘効果**，**parasol effect**）をもつも

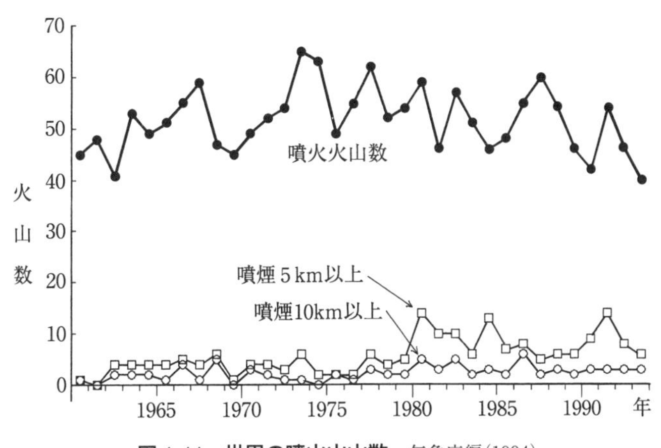

図1.11　世界の噴火火山数　気象庁編(1994)

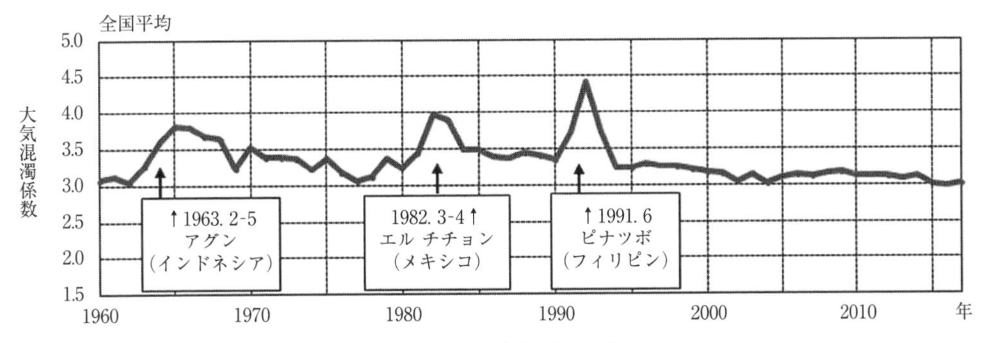

図1.12　日本における大気混濁係数の変化　『理科年表プレミアム』

大気混濁係数は，エアロゾル，水蒸気，オゾンなどによる大気全層の濁り具合を表す。大気混濁係数が大きいほど光を散乱・吸収する物質の全量が多いことを示している。

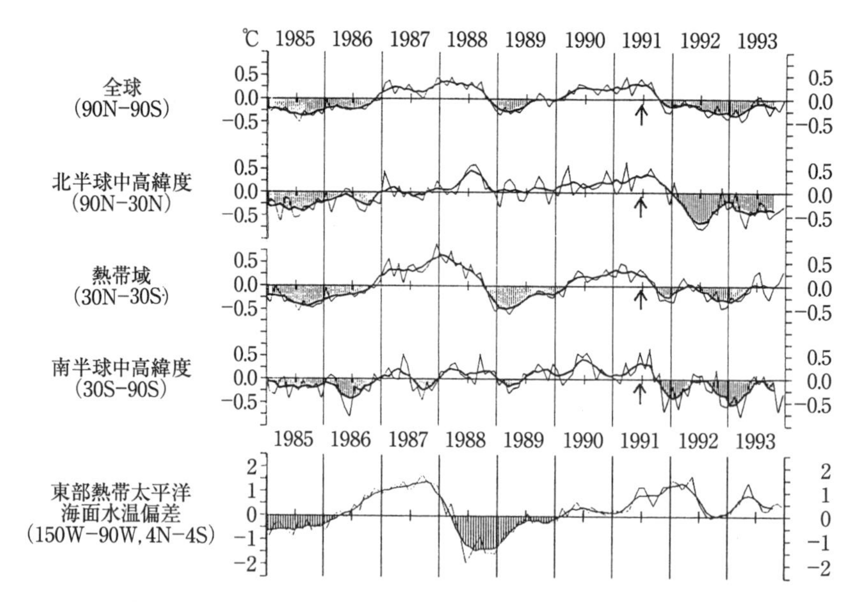

図 1.13 1985〜1993 年の気温・海水温の変化傾向 気象庁編(1994)

単位は℃で，1985〜1990 年の平均値からの偏差。太線は 5 ヶ月移動平均。最下段は太平洋東部熱帯域の海面水温偏差の時系列を示す。1986〜1987 年と 1991〜1992 年はエルニーニョ現象発生時にあたる。矢印はピナツボ火山の噴火時(1991 年 6 月)を示す。

のがある。エアロゾルには，黄砂などの土壌粒子，森林火災による煤，火山噴火の噴煙といった自然起源のものがある一方，大気汚染物質のような人為起源のものもある。

火山噴火によって放出されるエアロゾルは火山灰や二酸化硫黄（SO_2）からなり，噴火の規模が大きい場合には噴煙の高さが上空10km以上の**成層圏**にまで達することがある（成層圏については5.3.1項参照）。成層圏に到達したエアロゾルは，火山の噴火後，成層圏を吹く風によって広範囲に拡散することが観測されている。したがって，火山起源のエアロゾルの成層圏での拡散が地球規模の気温低下を招く可能性が考えられる。

成層圏にまで達するような大規模噴火の頻度は高くないが（図1.11），過去の大規模噴火のあとに噴煙が地球規模で拡散したことが観測された例がいくつかある（図1.12）。最近のものでは，1991年6月に起こったフィリピンのピナツボ火山の噴火があげられ，噴火後の1992年と1993年には地球全体で気温の低下傾向が認められた（図1.13）。この時期には地球温暖化が進行していたが（5.1.1項参照），火山噴火による日傘効果が一時的に，温暖化の影響を上回ったことが考えられる。ただし，図1.13の最下段に示されているように，熱帯太平洋東部においては，エルニーニョ現象の影響が火山噴火の影響を上回って海水温の上昇が見られる（エルニーニョ現象については5.4節参照）。

過去の火山噴火のうち，1783年のアイスランド，ラーキ火山と1815年のインドネシア，タンボラ火山の噴火は，その後の地球規模の気温低下を招いたことが歴史記録から推定されており（11.2.1項参照），これらは16〜19世紀の寒冷期である**小氷期**（1.3.4項参照）の原因の1つと考えられている。

2章

古気候・古環境の復元

マウントクックから流れ
出す氷河と氷河湖
(ニュージーランド)
(2003年3月撮影)

過去の氷河分布の証拠で
あるフィヨルド
(ニュージーランド,
ミルフォードサウンド)
(2003年3月撮影)

2.1　現在の気候の特徴および古気候の復元方法

【目的】 現在の地球の気候分布を把握したうえで，過去の気候の復元方法を理解する。

【キーワード】 気候区分，気団と前線帯，地形と降水，古気候

2.1.1　現在の気候分布

現在の地球上の気候分布は，過去の気候変化を復元する際の基準になる。**気候区分**には多様なものがあり，なかでもケッペン（1846～1940）の気候区分はよく知られている。ケッペンが行った気候区分の特徴は，気温と降水量の気候要素に植生の要素を加えて分類した点にある。気候区分には，このほかに，地球の大気大循環の基本要素となる**気団**（air mass）と**前線帯**（frontal zone）の分布に基づいたアリソフ（1891～1972）によるものなどがある。図2.1には，ケッペンとアリソフの両方の気候区分を含む気候・植生分布図を示した。以下では，気団と前線帯に基づく気候区分について解説する。

地球上の気団は，おおむね緯度帯ごとに分類され，それぞれの境界部には前線帯が形成されている。赤道を中心とした範囲は**赤道気団**に覆われており，ここから**モンスーン**（monsoon）が吹き出している。赤道気団の高緯度側には**熱帯気団**が広がり，ここには**貿易風**（the trade wind）が吹いている。赤道気団と熱帯気団の境界部に形成される前線帯はITCZ（Intertropical Convergence Zone）（北半球のものはNITCZ，南半球のものはSITCZ）と呼ばれている。熱帯気団の高緯度側の範囲は**偏西風**（westerlies）が吹く**寒帯気団**によって覆われ，熱帯気団と寒帯気

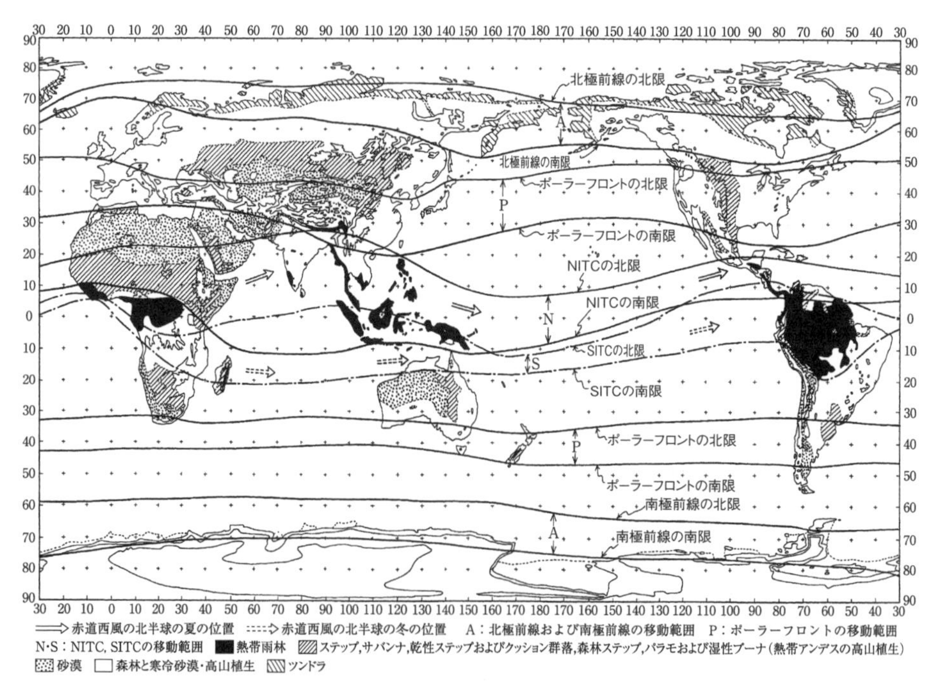

図 2.1　地球の前線帯の移動と気候・植生分布　鈴木（2000）

団の間には前線帯の**ポーラーフロント**（Polar Front）が形成されている。極地域を覆う気団は北半球と南半球で，それぞれ**北極気団**，**南極気団**と名付けられている。また寒帯気団とこれらの気団の境界部は，それぞれ**北極前線帯**，**南極前線帯**と呼ばれている。

各気団が覆う範囲と前線帯の位置は，季節によって南北方向に移動する（図2.1）。したがって，1年を通じて同じ気団に覆われる地域がある一方で，季節によって異なった気団の影響を受ける地域も存在することになる。**サハラ砂漠**に代表される地球上の主な砂漠は20°から30°の緯度帯に分布する傾向が見られるが（図6.1参照），こうした地域を気団と前線帯の観点からとらえると，1年中乾燥した気団である熱帯気団に覆われ前線帯の影響を受けない範囲にあたっている。一方，1年の中で異なった2つの気団の影響を受ける地域では，気団が入れ替わる時期に前線帯が通過することから，その期間に降水がもたらされる。日本列島に影響を及ぼす気団は熱帯気団と寒帯気団であるが，寒帯気団から熱帯気団に入れ替わる際に北上する**梅雨前線**，および熱帯気団から寒帯気団に入れ替わる際に南下する秋雨前線は，それぞれポーラーフロントの一種として位置づけることができる（図2.1）。

2.1.2 地形が気候に及ぼす影響

2.1.1項で述べたように，20°から30°の緯度帯に見られる世界の主な砂漠の成因は，気団と前線帯の分布によって説明することができる。一方で，砂漠の中にはゴビ砂漠やタクラマカン砂漠のように，これらとは異なった緯度帯に分布するものもある。こうした砂漠の形成には地形が大きく影響していると考えられる。それは，山地の風上側と風下側の降水量の違いで説明することができる。すなわち，山地に向かって吹く風が風上側の斜面を上昇する過程で断熱膨張によって冷却されて雲をつくり降水をもたらすのに対して，風下側には乾燥した風が降下するという関係である。ゴビ砂漠およびタクラマカン砂漠の南側には**ヒマラヤ山脈**，**チベット高原**があり，これらの地形がインド洋から吹く赤道気団起源の高温多湿な季節風，**モンスーン**を遮るために内陸側が乾燥すると推定される。同様の例として，アメリカ西部ネヴァダ州の乾燥地帯グレートベーズンがある。ここでは，海岸線に沿って2列の山脈（カリフォルニアの海岸山脈とシェラネヴァダ山脈）が太平洋側からの風を遮っている。さらに，カリフォルニア沖には寒流であるカリフォルニア海流が南下しており，水温が低いために海水面からの蒸発量が少ないこともこの地域の乾燥環境に関わっている。

以上の例のほかに，**海洋島**においても，山地の風上側と風下側の降水量の差が顕著に認められる場合がある。図2.2は，ハワイ島の地形と年降水量分布を示したものである。ハワイ島の中央部には海抜高度が4,000mを超える活火山マウナケアとマウナロアがある。ハワイ諸島は年間を通して熱帯気団の影響を受ける範囲に位置し，北東からの恒常風である**貿易風**の影響下にある。そのため，ハワイ島の東部は貿易風の風上側にあたり，年降水量が6,000mmを超える地域もある。これに対して，風下側にあたる島の西部には年降水量が500～1,000mmの地域が広がる。具体的には，ハワイ島東岸の町ヒロの年降水量が約3,000mmであるのに対して，西岸の町カイルアコナでは300mm以下で，明瞭な違いが見られる。

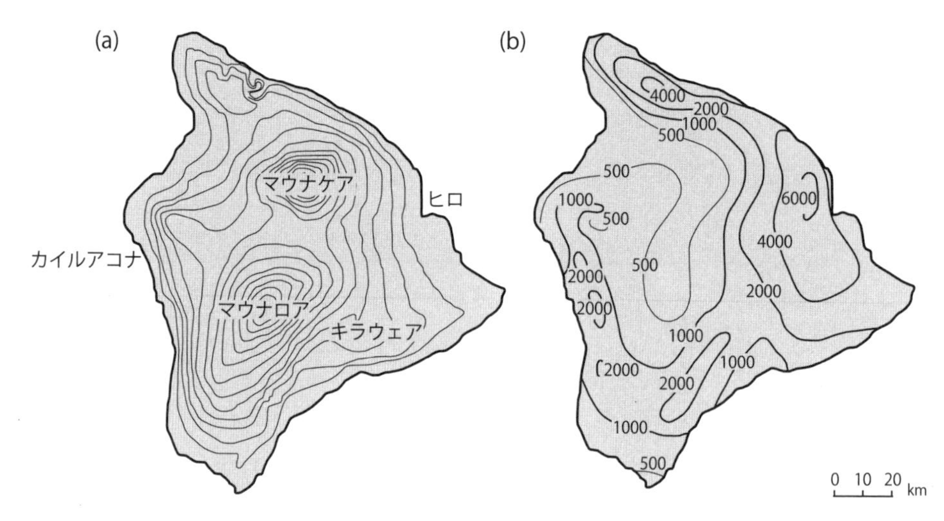

図 2.2 ハワイ島の(a)地形と(b)年降水量(mm)分布 清水(1998)を改変
(a)の等高線は 1,000 ft 間隔。

2.1.3 古気候・古環境の復元方法

古気候や古環境を復元する方法は多様で，それぞれに特徴があり，復元可能な時間幅もさまざまである（表2.1)。

気温に関していえば，温度計による実測値が最も精度の高いものであるが，それだけでは数百年前までしかさかのぼることができない。そこで，さらに古い時期の気温を復元するための方法として，人間が書き残した歴史記録を用いるものや，樹木年輪，花粉化石，氷河地形・氷成堆積物，氷河や深海底の掘削試料などを対象にした分析方法がある。これらの方法は，いずれも過去の気温を直接復元できるものではないが，それぞれ現在の地球上の気温と，樹木の成長，植生，氷河分布，積雪・氷河氷および海水の酸素同位体比（$\delta^{18}O$）との間に認められる関係に基づいて，過去の気温変化を推定するものである。こうした方法を組み合わせることで，第四紀における数百年前から約百万年前までのさまざまな時間スケールの気候環境復元が可能になる。

表 2.1 古気候・古環境復元の方法

方 法	特 徴	復元可能な時間
温度計による計測	精度の高い実測値	数百年前まで
歴史記録に基づく復元	古文書の記録の解析	数百年～約千年前まで
樹木年輪の分析	年輪幅の計測，安定炭素同位体比・酸素同位体比の測定	数千年前まで
花粉化石の分析	古植生の復元に基づいて古気候を推定	数万年前まで
氷河の痕跡による復元	氷河地形，氷成堆積物などから過去の氷河分布を推定	数十万年前まで
氷床コア解析	氷に含まれる酸素同位体比から古気温を推定	数十万年～約百万年前まで
深海底コア解析	有孔虫化石に含まれる酸素同位体比から古海水量を推定	数十万年前まで

2.2　氷河の痕跡を用いた古気候復元

【目的】氷河が残した痕跡から過去の氷河分布を復元し，氷期の存在を明らかにする方法を理解する。

【キーワード】氷床（大陸氷河），山岳氷河，氷河の流動，蓄積域，消耗域，雪線高度，氷河地形，氷成堆積物，氷縞粘土，擦痕，北ヨーロッパ氷床，ローレンタイド氷床

2.2.1　現在の氷河分布と氷河の流動

氷河（glacier）は，万年雪が蓄積される過程で圧密・再結晶によって形成される氷河氷が成長していくもので，流動する性質をもっている。氷河は，南極とグリーンランドに見られるような**氷床（大陸氷河）**と，ヒマラヤやヨーロッパアルプスなどに発達する**山岳氷河**とに大別され，現在の地球上では高緯度地域または高山地域に限定的に分布している（表1.3，図2.3）。

日本では，北アルプスの立山とその周辺で氷河の存在が明らかになっている。これらの氷河は以前から存在していたと考えられるが，GPSを用いた観測によって流動の実態が確認されたことから，2012年以降氷河として正式に認定されたものである。

氷河は，氷河氷が形成される**蓄積域**（涵養域）から斜面に沿って流れ出し，平衡線（均衡線）をはさんで，より下流側の**消耗域**まで分布する。この平衡線の高さは，その地域の**雪線高度**（万年雪形成の下限高度）（図2.4，2.5）にほぼ一致する。氷河は，氷河氷の蓄積量と消耗量（融解量）の大小関係によって拡大もしくは縮小する。すなわち，蓄積量＞消耗量ならば氷河は拡大（前進）

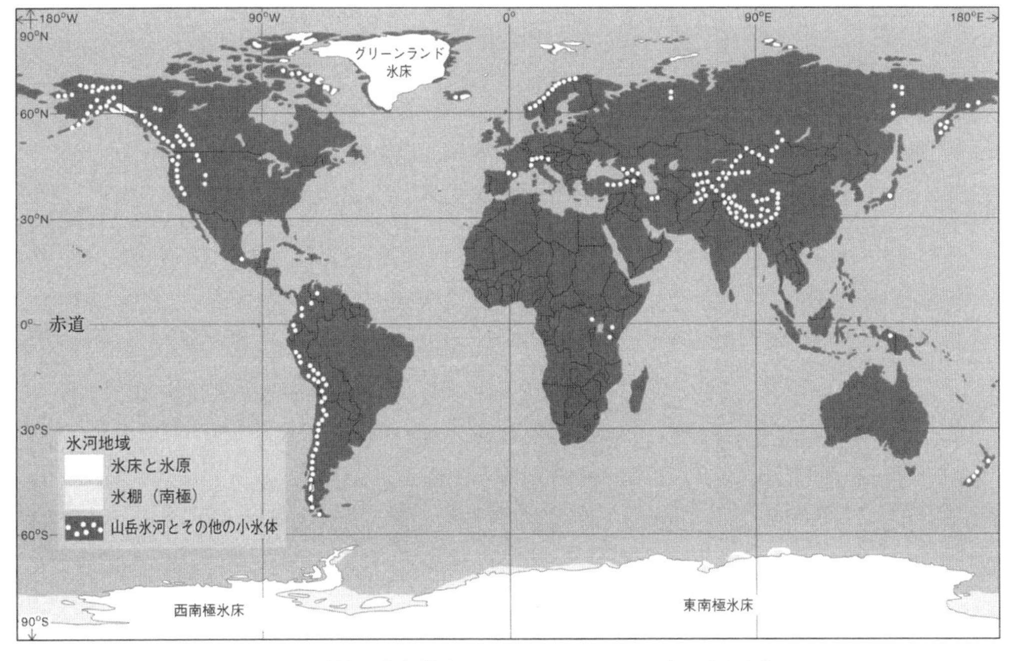

図2.3　現在の氷河分布　ハンブリー・アレアン(2010)を改変

するが，蓄積量＜消耗量の場合には氷河は縮小（後退）する。こうした変化は，季節変化としても見られるが，長期的な気候変化によっても起こる。したがって，過去の氷河分布を復元することによって，古気候の推定が可能になる。

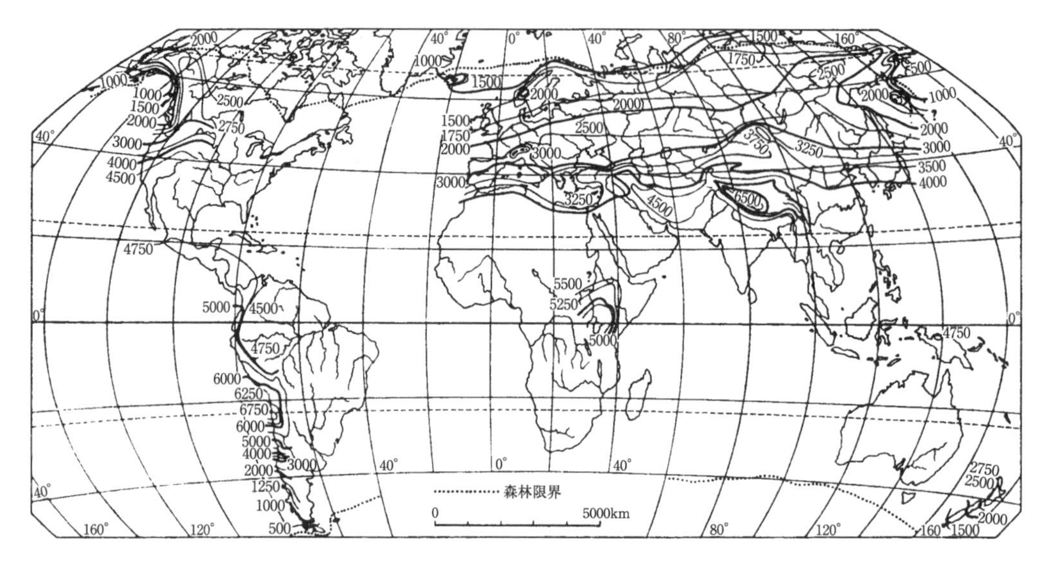

図 2.4　現在の雪線高度　『理科年表プレミアム』

ここでの雪線高度とは気候的雪線高度のことで，もしそこに氷河が存在した場合，その蓄積域と消耗域の境となる高度を示す(単位 m)。破線は回帰線の位置。

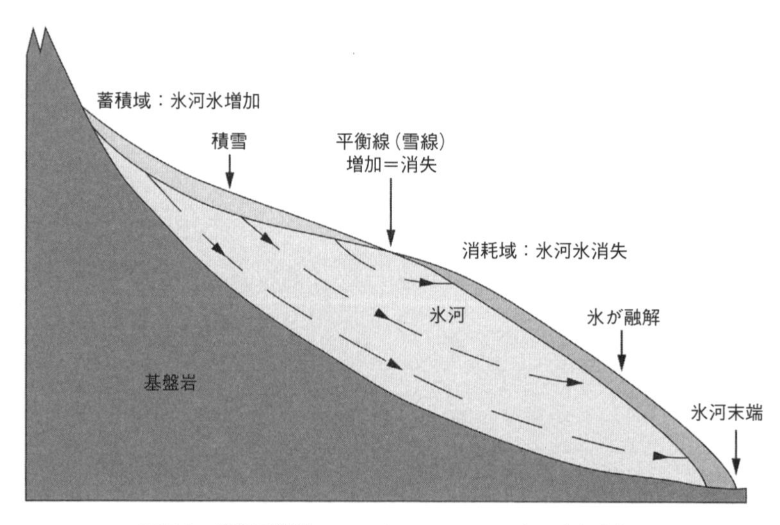

図 2.5　氷河の流動　ハンブリー・アレアン(2010)を改変

2.2.2　氷河が残す痕跡

過去の氷河分布を復元するにあたっては，現在の氷河が形成する地形や堆積物の特徴を把握しておく必要がある。

代表的な氷河地形として，侵食地形である**U字谷**（U-shaped valley），**フィヨルド**（fiord, fjord），**カール（圏谷）**（cirque）と，堆積地形である**モレーン（堆石）**（moraine）があげられる。U字谷は，氷河の侵食作用で形成された谷の横断面の形状がU字形であることから名付けられた地形で，河川による侵食でできるV字谷と異なり，谷壁が急峻で谷底の幅が広いという特徴をもつ（図2.6）。また，気温の上昇によって氷河が後退もしくは消失し，海面の上昇に伴ってU字谷に海水が侵入して形成された入り江はフィヨルドと呼ばれる。フィヨルドは，水深が大きく，奥行きのある細長い形態をもつことで特徴づけられる（2章の扉の写真）。さらに，カールは山頂付近に形成された凹地で，U字谷同様谷底が丸みを帯びている（図2.7）。一方，モレーンは氷河の侵食によって生産された土砂（岩屑）が氷河の末端や側方に堆積してできた高まりの地形である。このうち，末端部に形成されたものは**末端モレーン**（terminal moraine, end moraine），側方部のものは**側方モレーン**（lateral moraine）とそれぞれ呼ばれる（図2.8）。氷河地形は氷河が消失した後も残されるため，過去の氷河分布を推定する際の重要な証拠となる。さらに，モレーンの中でも末端モレーンからは，過去における氷河の拡大範囲を復元することが可能である。

氷河起源の堆積物（氷成堆積物，氷成層）は**ティル**（till）と総称されるが，河成層（河川起源の堆積物）や海成層（海の波や沿岸流などによる堆積物）とは異なり，層理が見られず（地層の境界が不明瞭），淘汰されていない（粒子の大きさがそろっていない）という特徴をもつ。

カールから氷河が消失した後に形成される湖や，氷河の後退によって氷河末端部と末端モレーンとの間に形成される湖などは**氷河湖**（glacial lake）と呼ばれる（図2.8，2章の扉の写真）。この

図2.6　U字谷（アメリカ，ヨセミテ）（2014年9月撮影）

うち氷河末端に形成された氷河湖の湖底には，氷河から流入する融氷水量の季節変化を反映して**氷縞粘土**（varved clay）が堆積する。この堆積物は，融氷水量が増加する夏季に堆積した粗粒な層と，融氷水量が減少する冬季に堆積した細粒な層の互層（種類の異なる堆積物が交互に堆積している地層）からなる。氷縞粘土は粗粒層と細粒層が1組で1年の堆積物を示しており，縞の数から氷縞粘土の堆積期間，すなわち氷河湖が形成されていた期間を推定することができる。

その他に，氷河特有の痕跡としてあげられるものが**擦痕**（striation）である。これは，氷河の流動に伴って氷河の底に取り込まれた岩屑が氷河とともに下流側に移動し，氷河の下にある岩盤

図 2.7　カール(アメリカ，ヨセミテ)(2014年9月撮影)

図 2.8　スイス・アルプスの氷河と氷河地形(2004年8月撮影)

手前は氷河湖，その下流側および横の高まりは，それぞれ末端モレーン，側方モレーンである。

の表面に複数の平行な筋を刻んでできたものである。擦痕によって，過去の氷河の分布範囲が推定できるのと同時に，氷河の流動方向を復元することも可能になる。

2.2.3 過去の氷河分布に基づく氷期の復元

2.2.2項で説明したような証拠に基づいて，最終氷期における地球上の氷河分布が復元されている（表1.3，図2.9）。それによれば，現在は南極とグリーンランドにのみ存在する**氷床**が，最終氷期には北ヨーロッパと北米にも分布していたことが明らかになった。北ヨーロッパに分布していた氷床全体は**北ヨーロッパ氷床**と呼ばれ，西部の**フェノスカンジア氷床**と東部の**バレンツ・カラ氷床**で構成される。一方，北米では，**ローレンタイド氷床**と呼ばれる氷床が，ハドソン湾周辺を中心にしてカナダからアメリカ合衆国の北部にかけて広がっていたと考えられている。

また，末端モレーンのような過去の氷河の痕跡に時代の異なるものが存在することなどから，第四紀において，氷河が拡大した時期，すなわち氷期が複数回存在したと推定されている。氷期は，ヨーロッパでは新しい方から順に，ヴュルム，リス，ミンデル，ギュンツ氷期と呼ばれている。一方，北米では新しい方から順にウィスコンシン，イリノイ，カンザス，ネブラスカ氷期という名称がつけられている。このうちのヴュルム氷期とウィスコンシン氷期が，それぞれ氷期・間氷期サイクルにおける**最終氷期**（1.2.1項）に対応する。

アジア内陸部でも，第四紀において氷河が拡大していたことが明らかになっている。日本でも，主に日本アルプスと日高山脈において氷河地形，氷成堆積物の存在が確認されることから，これらの地域に山岳氷河が分布していたと考えられる。

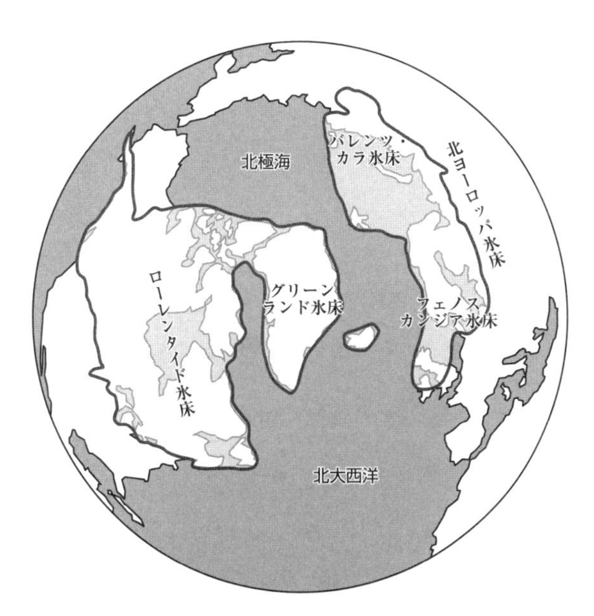

図 2.9 最終氷期における北半球の氷床分布 大河内（2008）を改変

2.3　化石による古気候・古環境復元

【目的】化石を用いた古気候・古環境復元の原理を知り，種々の化石から復元できる環境要素を理解する。

【キーワード】化石，古生物，花粉，サンゴ，貝，有孔虫

2.3.1　化石の種類と復元可能な環境要素

化石（fossil）とは，過去の生物（**古生物**）の痕跡を示すものである。化石は，植物化石と動物化石に大別される。さらに，動物化石には遺骸と生痕化石がある（表2.2）。また，化石は大きさによって大型化石（肉眼で観察できるもの），微化石（光学顕微鏡で観察できるもの），超微化石（電子顕微鏡で観察できるもの）に分けられる。

化石は，生物進化の歴史を研究するうえできわめて重要な手がかりとなるが，同時に，化石によって生物が生息していた当時の環境を復元することも可能である（表2.3）。現在の地球上の生物のほとんどの種類は，第四紀の地層中からも化石として産出されている。したがって，少なくとも第四紀においては，現在の生物とその生息環境の対応関係を過去にあてはめて，古環境の復元を行うことができると考えられる。

ただし，化石として残る生物，さらに実際に発見される化石は古生物全体のごく一部でしかないことを念頭に置いたうえで，古環境復元を行う必要がある。

表 2.2　化石の種類

植物化石	葉，茎，幹，実，種子，花粉，胞子など
動物化石(遺骸)	骨，歯，殻など
動物化石(生痕)	足跡，這い跡，巣穴，糞石など

表 2.3　化石から復元できる環境要素

気候環境	気温，降水量
水域の環境	水温，塩分濃度*，水深，底質
水塊形成の場	外洋，沿岸，入江，湾，潟湖，湖沼，湿地など

*塩分濃度によって水塊は**海水**(塩分濃度 30‰以上)，**汽水**(0.2‰以上 30‰未満)，**淡水**(0.2‰未満)に分けられる。なお，‰(パーミル)とは千分率のことである。

2.3.2 花粉化石による古植生・古気候復元

植物化石の中でも**花粉**（pollen）の化石は，古気候復元において特に有効である。その理由として，花粉が大量に生産されることと，化石として残りやすいことがあげられる。一般に統計的解析を行うためには300個体以上の化石が必要であるため，小さくて大量に生産される花粉は，少量の試料中から効率よく抽出することが可能である。花粉が化石として残りやすいのは，花粉壁がスポロポレニンという化学的に安定な物質からできていて，分解されにくいためである。

化石としての花粉が最初に記載されたのは，19世紀前半である。大型化石に比べて発見が遅かったのは，微化石である花粉化石の存在が光学顕微鏡を用いて初めて確認されたからである。その後，花粉化石を用いた古気候復元の研究が進められていくことになる。

花粉化石から古気候を復元する手順は，花粉化石の同定（花粉の大きさや形態などに基づいて植物の種類を鑑定すること）を行い，花粉の構成比から優勢な種類に注目して過去の**植生**（vegetation）を復元し，現在の植生と気候との関係に基づいて古気候の復元を行うというものである。

花粉化石が最も残りやすい堆積物に，沼沢地や湿地に形成される**泥炭層**（peat）がある。泥炭層が堆積する泥炭地は，河川などの流水の直接的な影響を受けにくいため，降下して堆積した花粉がそのままの状態で保存されやすいという特徴をもつ。日本においても，北海道の泥炭地や尾瀬ヶ原などの湿原に見られる泥炭層を対象にして，花粉化石に基づく古気候の復元が行われている（図2.10）。

花粉化石による古気候復元を行う際に特に注意すべき点は，花粉のほとんどが風によって飛散してから堆積したものであり，必ずしも化石が発見された場所そのものの古植生を復元できるわけではないこと，また植物の種類によって花粉の生産量が異なることなどである。したがって，現生植物を対象に種類ごとの花粉の飛散距離や生産量などを把握したうえで，花粉化石群集の解析を行うことが必要になる。

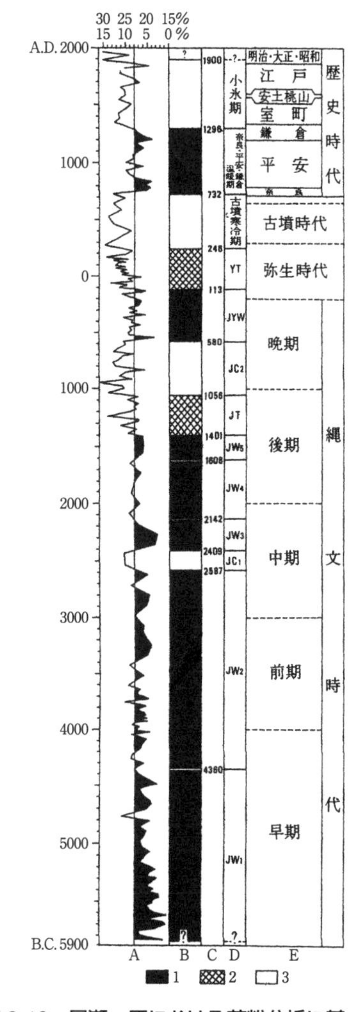

図2.10 尾瀬ヶ原における花粉分析に基づいた古気温変化曲線
阪口(1993)

A：古気温曲線（上の段の30～15%の目盛はAD 1800年以降），B：寒暖の傾向，C：気候期境界の年代，D：気候期名，E：先史・歴史時代区分
1. 温暖期，2. 移行期，3. 寒冷期

日本における花粉化石の解析結果に基づいて，現在の日本の植生分布（図2.11）を基準にした約20,000年前と約7,000年前の古植生が復元されている（図2.12，2.13）。これによれば，およそ20,000年前には北海道の日高山脈や知床半島を中心にしてツンドラ（コケ類，地衣類主体）が広がっていた。また，現在は北海道に分布の中心がある亜寒帯針葉樹林（エゾマツ，トドマツなど）は，東北日本全体および西南日本の山岳地域にも広く分布していた。一方，現在西南日本のほか関東平野にも分布している照葉樹林（常緑広葉樹林）（シイ，カシ，クスノキなど）の北限は，約20,000年前には種子島・屋久島付近にあった。これらのことから，約20,000年前は現在に比べて年平均気温が7〜8℃低かったと推定されている（**最終氷期最寒冷期**）。これに対して，およそ7,000年前の植生分布を見ると，現在と比較して亜寒帯針葉樹林の分布範囲が縮小している一方で，照葉樹林の分布域は現在よりも北上している。このことから，この時期は現在よりも数℃年平均気温が高かったものと推定されている（**後氷期最温暖期**）（安田，1990など）。

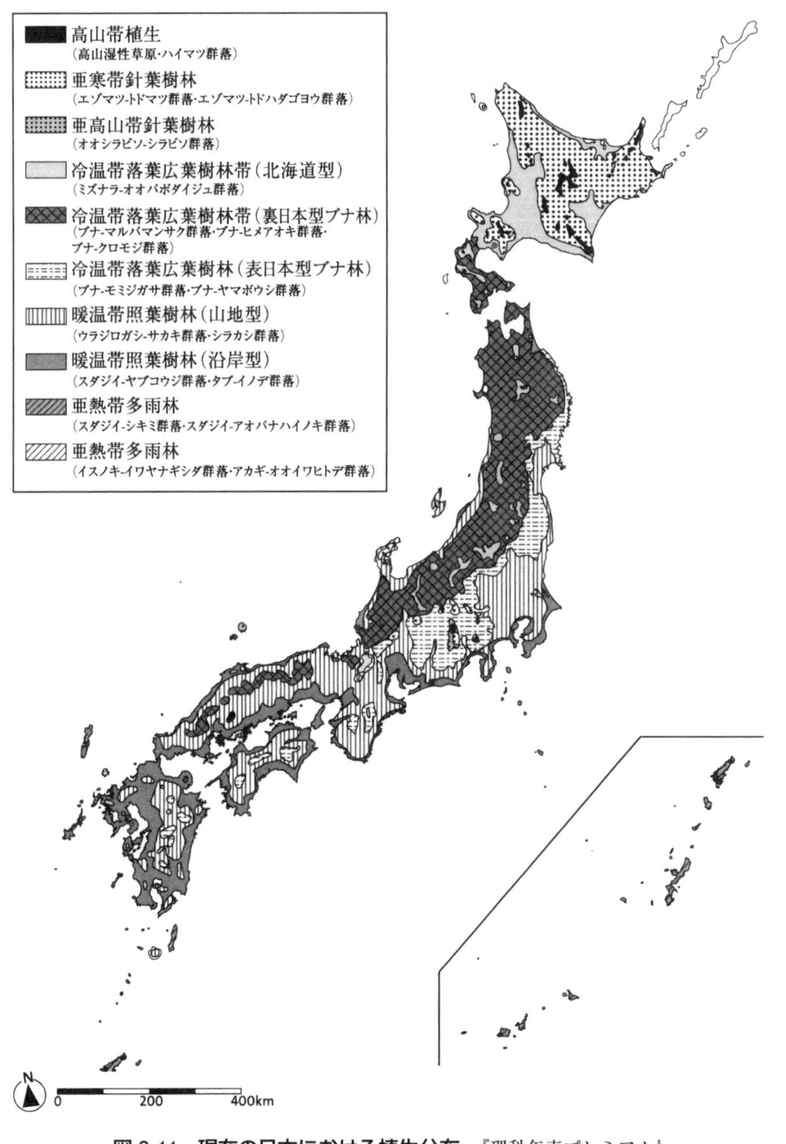

図2.11　現在の日本における植生分布　『理科年表プレミアム』

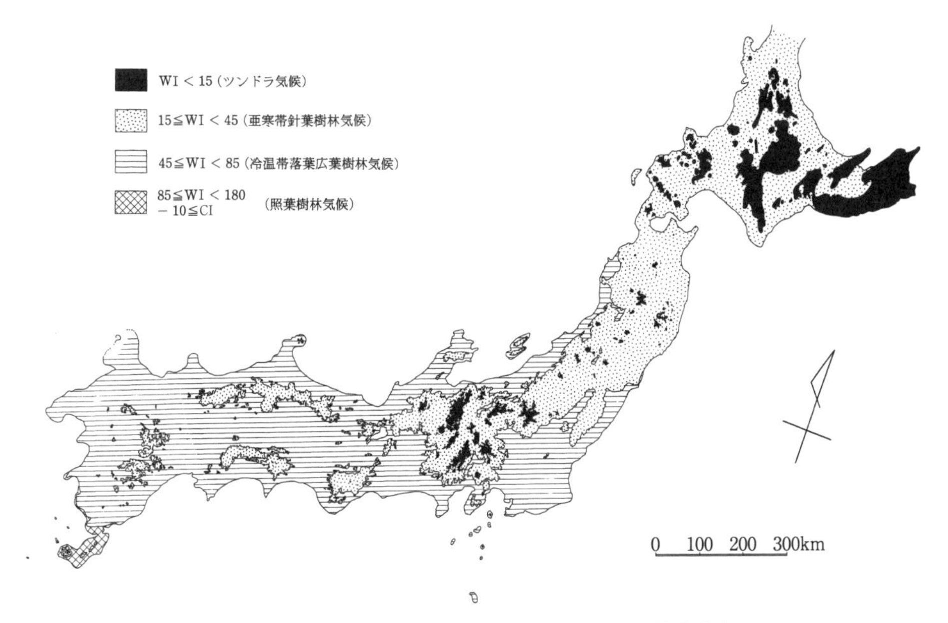

図 2.12 最終氷期最寒冷期(約 20,000 年前)における日本の植生分布 安田(1990)

WI(暖かさの指数):[月平均気温(5℃以上の月)− 5]の積算(正)
CI(寒さの指数):[月平均気温(5℃以下の月)− 5]の積算(負)

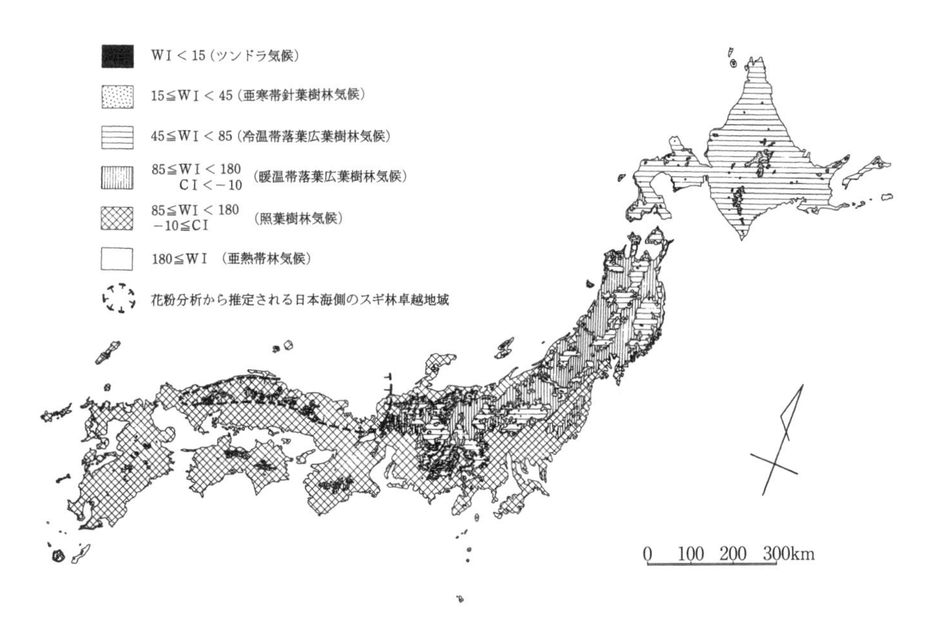

図 2.13 後氷期最温暖期(約 7,000 年前)における日本の植生分布 安田(1990)

WI(暖かさの指数):[月平均気温(5℃以上の月)− 5]の積算(正)
CI(寒さの指数):[月平均気温(5℃以下の月)− 5]の積算(負)

2.3.3 動物化石による古環境復元

・サンゴ化石による高水温期の復元

サンゴ（coral）は腔腸動物に属し，造礁性のイシサンゴと非造礁性の宝石サンゴに大別される。このうち，**サンゴ礁**（coral reef）を形成するのはイシサンゴ（造礁サンゴとも呼ぶ）である。

サンゴ礁が形成される主要な水域は，水温18～29℃，塩分濃度34～37‰，水深数十mの3つの条件が整った範囲である。現在のサンゴ礁は熱帯から亜熱帯の海域に分布し，日本列島はその北限付近に位置している（図2.14）。また，塩分濃度の条件から，サンゴ礁の形成には淡水である陸水の影響を受けない場所が適していることがわかる。したがって，河川水の影響が及ぶような大陸の沿岸部にはサンゴ礁は形成されていない。さらに，水深の浅い海域に限定されるのは，サンゴ礁の形成に太陽光が必要なためであるが，それは，イシサンゴと共生関係にある**褐虫藻**が光合成を行うからである。すなわち，褐虫藻はイシサンゴの呼吸で排出される二酸化炭素を利用して光合成を行い，イシサンゴは褐虫藻が光合成で生産したエネルギーを吸収して，骨格形成を行うという共生関係が成り立っている。

造礁サンゴ化石から古環境を復元した典型的な例として，房総半島南部の館山平野で発見された**沼サンゴ**がある（図2.15）。館山平野の南端に位置する沼（地名）で見つかった沼サンゴは，サンゴ礁の化石であり，年代測定の結果からおよそ7,000年前のものであることが明らかになった。現在の館山湾にもイシサンゴは生息しているがサンゴ礁は形成されていない。これに対して，沼サンゴ化石では多様な種類のイシサンゴがサンゴ礁を構成しており，当時の館山周辺の水温は現在よりも高かったことが明らかになった。沼サンゴが形成されていた時期は，**後氷期最温暖期**にあたり，この時期には，サンゴ礁の形成に大きな影響を与える**黒潮**が現在よりも北上していた

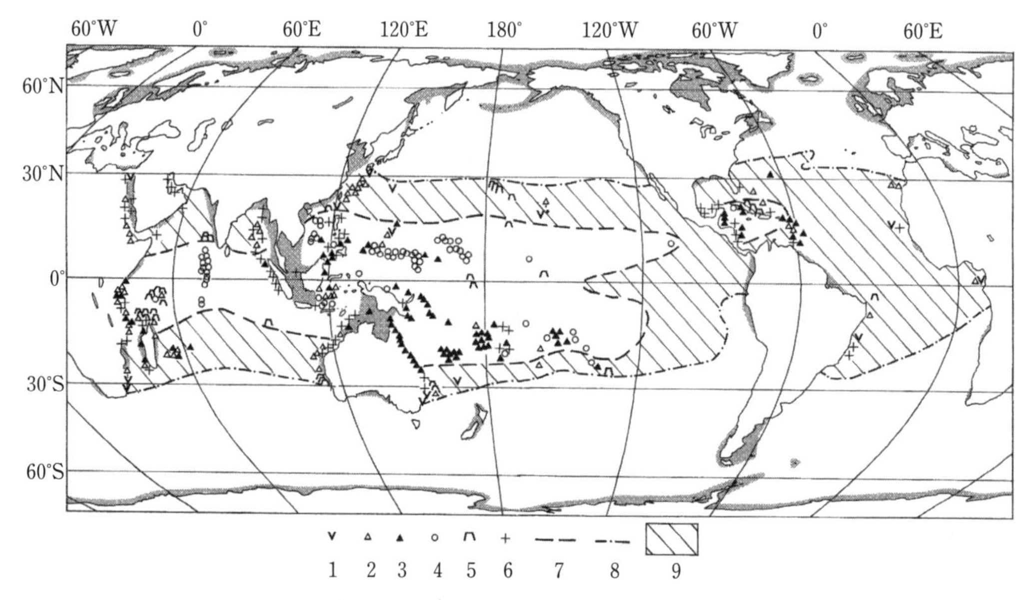

図2.14　世界のサンゴ礁　サンゴ礁地域研究グループ編(1990)

1. エプロン礁，2. 裾礁，3. 堡礁，4. 環礁，5. 卓礁，6. 離礁，7. 核心域(氷期におけるサンゴ礁の形成可能海域)の境界線，8. 周辺域(間氷期に入ってからサンゴ礁の形成可能になった海域)の境界線，9. 周辺域の範囲
アミの部分は氷期に陸化した範囲を示す。

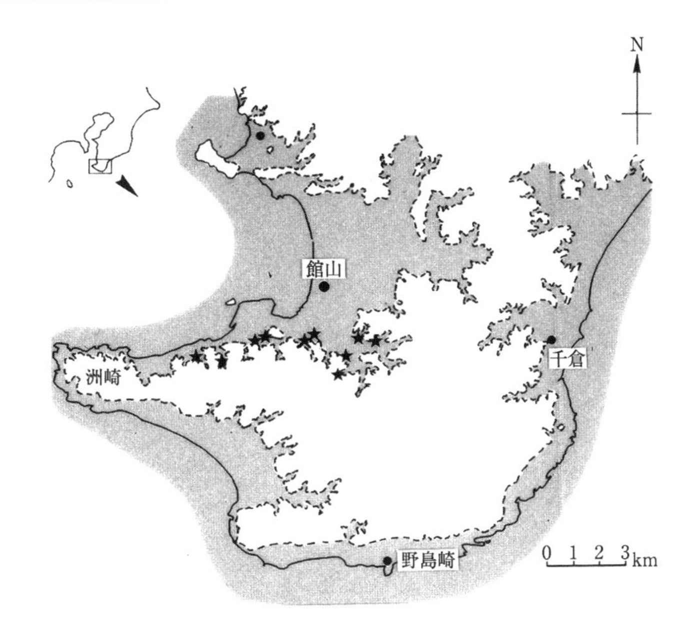

図 2.15　房総半島南部のサンゴ礁化石の分布と約 7,000 年前の海岸線の復元　松島(1984)に基づいて作成
★はサンゴ礁化石が発見された地点を示す。実線は現在の海岸線，アミの部分は約 7,000 年前の海域をそれぞれ表す。

と推定される。

・貝化石による古環境の復元

海棲の貝化石は，海岸や海底に堆積した**海成層**（marine deposits）の中から普遍的に産出される。したがって，貝化石の分析によって沿岸域の古環境変遷が復元できる。貝によって復元される環境要素には，水温，塩分濃度，水深などがあるが，ここでは水温について復元した例を取り上げる（図2.16，2.17）(松島，1984；小池・太田編，1996)。

その方法は，まず現在の熱帯・亜熱帯・温帯の海域に生息している貝の種類を高水温の指標と

●●●●● *Column*

サンゴの白化現象

イシサンゴと共生関係にある**褐虫藻**は，ストレスを受けると光合成機能が低下して生育できなくなり，それが原因でサンゴは十分なエネルギーを得ることができず，骨格が白っぽくなり，やがて死滅する場合がある。これをサンゴの**白化現象**（Bleaching）と呼ぶ。褐虫藻にとってのストレスの1つに高水温（約30℃以上）があげられる。1998年にはエルニーニョ現象の影響などから太平洋を中心として高水温の状態になったために，各地でサンゴの白化現象が起こった。死滅したサンゴの中には再生したものもあるが，今後地球温暖化などの影響で高水温の状態が長く続くと，サンゴの白化現象の発生頻度が高まり，被害が拡大する可能性が指摘されている。

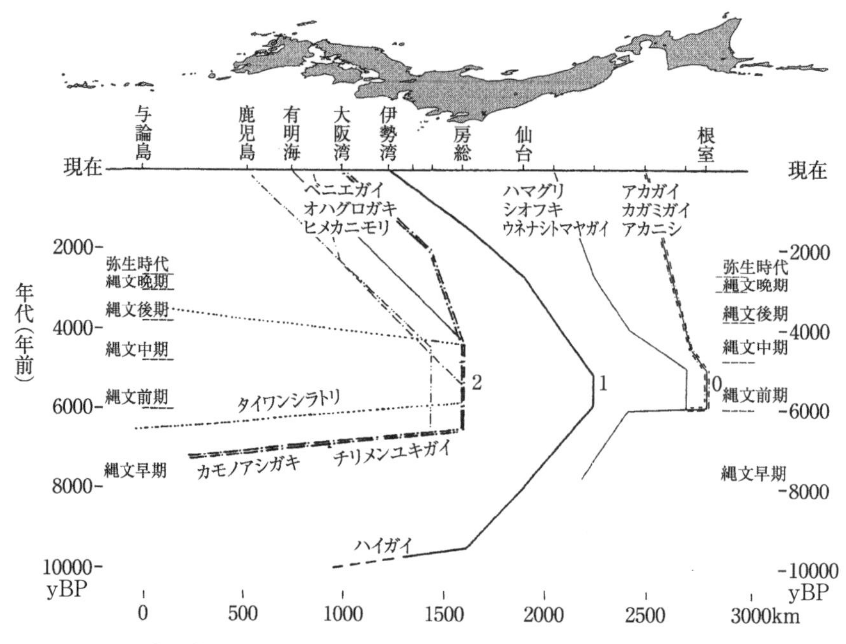

図 2.16 日本の太平洋沿岸地域における温暖性貝化石の時空分布 池谷・北里(2004)
0：温帯種，1：亜熱帯種，2：熱帯種
ここでの年代値は未較正のものである。

貝の学名	貝の和名
Tegillarca granosa	ハイガイ
Anomalocardia squamosa	シオヤガイ
Clypeomorus coralium	コゲツノブエ
Pictoneritina oualaniensis	ヒメカノコガイ
Pliarcularia bellula	カニノテムシロガイ
Barbatia bicolorata	ベニエガイ
Saccostrea mordax	オハグロガキ
Periglypla fisheri	ヨロイガイ
Dendostrea paulucciae	カモノアシガキ
Standella capitlacea	チリメンユキガイ
Gafrarium divaricatum	ケマンガイ
Tellinimactora edentura	タイワンシラトリガイ
Proclava pfefferi	ヒメカニモリ

年代(年前) yBP 10000 9000 8000 7000 6000 5000 4000 3000 2000 1000 1950年 0

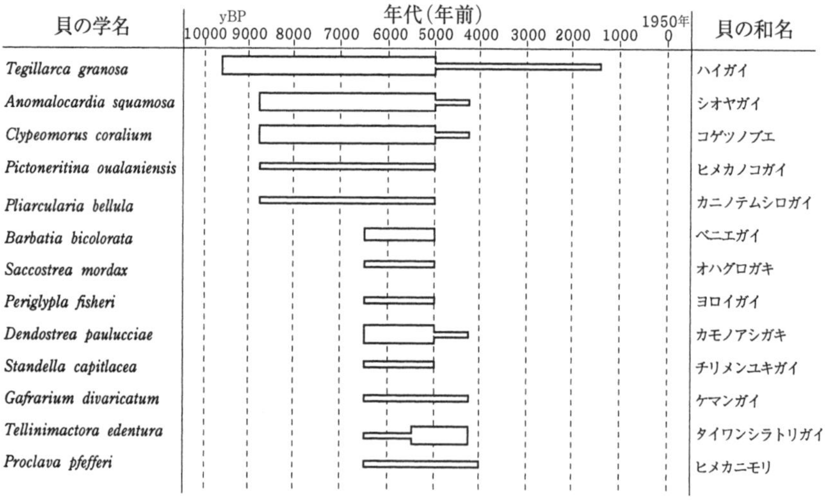

図 2.17 南関東における温暖性貝化石の消長 小池・太田編(1996)を改変
太さは相対頻度の目安を表す。ハイガイからカニノテムシロガイまでが亜熱帯種，ベニエガイからヒメカニモリまでが熱帯種である。ここでの年代値は未較正のものである。

して設定し，それぞれの種類の貝化石の消長を時間的・空間的に復元するというものである。その結果，日本列島の沿岸域では，未較正年代で約7,000 yBP(暦年較正年代では約8,000 cal BP)(年代値の表示方法については4.1.2項参照)には，熱帯種・亜熱帯種・温帯種のいずれもが一斉に出現したことが明らかになった。熱帯種は南九州に，亜熱帯種は三陸海岸南部以南に，温帯種は北海道南部以南に，それぞれ出現している。さらに未較正年代で6,000 yBP頃（暦年較正年代では約7,000 cal BP）には，熱帯種は南関東まで，亜熱帯種は本州北部まで，温帯種は北海道東部まで，それぞれ分布範囲を広げた。この時期は，後氷期最温暖期に相当する。以上のことから，温暖性の貝の分布は短期間に広範囲に広がったと推定される。その理由として，日本列島沿岸の暖流（**黒潮と対馬海流**）の影響の拡大が考えられる。対馬海流起源の暖流は，現在も日本海を北上して津軽海峡とオホーツク海沿岸に達しているが（津軽暖流，宗谷暖流），後氷期最温暖期においては黒潮の北上に加えて，これらの暖流の影響が大きくなっていたものと推定される。

・有孔虫化石による古環境の復元

原生動物に属する有孔虫は，直径0.1～1 mmの石灰質ないし砂質の殻を持ち，その生活様式の違いから底生有孔虫（図2.18）と浮遊性有孔虫に大別される。有孔虫は地球上の海域に広く分布しており，水温や塩分濃度などの環境要素を復元するための指標となる。また，浮遊性有孔虫は外洋域に生息していることから，沿岸域においては浮遊性有孔虫の産出頻度が外洋水流入の程度を示す。ここでは，浜名湖の湖底堆積物中の有孔虫化石の分析から復元された古環境変遷と地形形成過程について解説する（松原，2000）。浜名湖は，湾口部を**砂州（coastal barrier）**によって閉塞されてできた**潟湖**（せきこ）**（lagoon）**である（図2.19）（浜名湖の古地理変遷については図3.10，14.3節を，砂州，潟湖の地形に関しては14.2節を，それぞれ参照）。現在のような閉塞的な環境がいつ頃から始まったかを明らかにするために，底生有孔虫について，現在の日本沿岸の湾・入江において特に塩分濃度の低い海域に生息している有孔虫種（*Ammonia beccarii* formaA）を閉塞環境の指標として設定する一方，沿岸水の影響を受ける海域に多く生息している有孔虫種群を沿岸水流入の指標として設定した。さらに，浮遊性有孔虫の産出頻度を外洋水流入の指標とした。そのうえで，これらの指標が全体に占める割合の時間的変化を考察した。その結果，浜名湖は8,000年前頃までは沿岸水や外洋水の影響を強く受ける，湾口が開いた内湾の環境であったが，約7,500年前になると，砂州による閉塞が始まり，5,000～4,000年前には閉塞が完了したことが明らかになった（図2.20）。

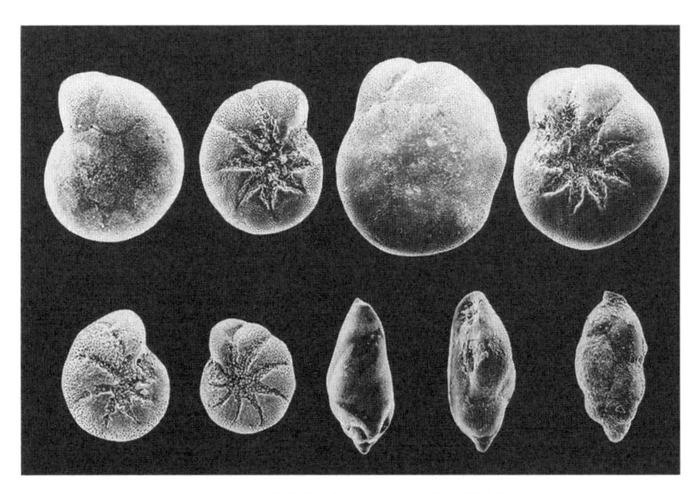

図2.18　底生有孔虫化石の電子顕微鏡写真

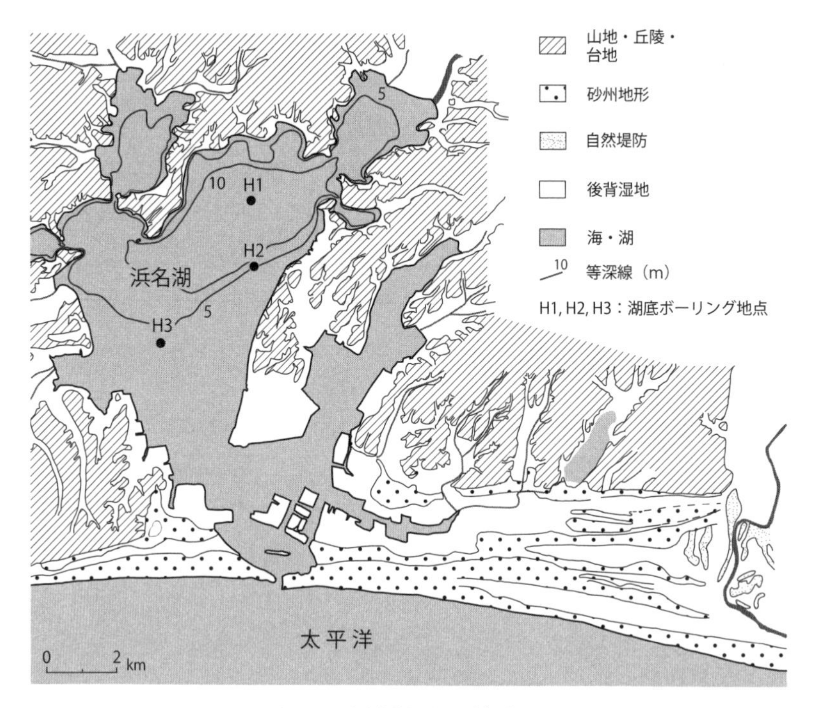

図 2.19　浜名湖周辺の地形

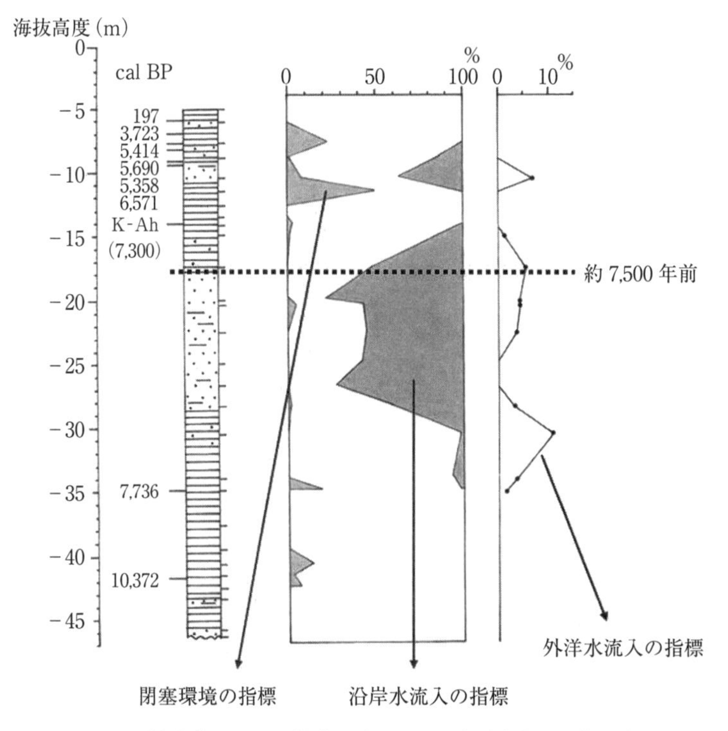

図 2.20　浜名湖（図 2.19 の地点 H2）における有孔虫化石群集の変遷

K-Ah（鬼界アカホヤ火山灰）については表 4.2 参照。

2.4　酸素同位体を用いた古気候・古環境復元

【目的】 酸素同位体による氷床コアおよび深海底コア解析の基本を理解する。

【キーワード】 $\delta^{18}O$，氷床コア，深海底コア

20世紀後半になると，グリーンランドと南極において，氷床を構成する氷河氷の掘削試料（氷床コア）を対象に，氷の**酸素同位体比**（$\delta^{18}O$）分析が行われるようになった。

酸素には^{16}O，^{17}O，^{18}Oの3つの安定同位体が存在するが，このうちの^{16}Oと^{18}Oの存在比と気温との間に因果関係があることを利用して，古気温の復元が行われる。酸素同位体比$\delta^{18}O$は，次のようにして計算される。

$$\delta^{18}O\ (‰) = \frac{[(^{18}O/^{16}O)_{試料} - (^{18}O/^{16}O)_{標準海水^*}]}{(^{18}O/^{16}O)_{標準海水^*}} \times 1000$$

* 標準海水（Standard sea water）：国際海洋学会の決定に基づいて，デンマーク海洋研究所で作成された塩素量測定の基準となる海水。

現在の気温と降雪中の$\delta^{18}O$との関係（図2.21）に基づいて，氷床コア中の$\delta^{18}O$解析から以下のように古気温変化を復元することができる（1章の扉の図および図2.22）。

大気中の気温によって飽和水蒸気量は変化し，降雪の回数が変わる。^{18}Oは^{16}Oよりも重く降雪の過程で先に落ちるため，降雪回数が多いほど雪の中の$^{18}O/^{16}O$は減少していく。氷床を涵養する雪は，「周辺の海域から供給された水蒸気が雲を形成して降雪をもたらす」という過程を繰り返して内陸に移動しながら降ったものである。気温が低下すると飽和水蒸気量が減少するため，降雪回数が増加し，降雪中の$^{18}O/^{16}O$は減少していく。反対に気温が上昇した場合には，降雪回数が減少するため，降雪中の$^{18}O/^{16}O$は低温時に比べて増加することになる。

一方，深海底堆積物の掘削試料（深海底コア）中の有孔虫化石についても，気温と海水中の$\delta^{18}O$との間に成り立つ関係に基づいて，石灰質の殻を対象に酸素同位体比分析が行われている。^{18}Oは^{16}Oに比べて重いため蒸発しにくく，水蒸気中の$^{18}O/^{16}O$は海水中のそれよりも小さくなる。陸水の供給源の大半は海水から蒸発した水蒸気であることから，海水の方が陸水に比べて$^{18}O/^{16}O$は大きくなる。一方で，海水には陸水が流入しており，陸水の中でも融氷水量は気温に左右されることから，気温の変化によって海水中の$^{18}O/^{16}O$も変化する。すなわち，気温が低下した場合には融氷水量が減少するため，海水中の$^{18}O/^{16}O$は増加する。反対に，気温が上昇した場合には融氷水量が増加し，海水中の$^{18}O/^{16}O$は減少することになる。有孔虫は海水中の酸素を取り込んで殻を形成するため，殻に含まれる$\delta^{18}O$の変動から気候変化に伴う融氷水量，すなわち海水量の変化を推定し，それに基づいて海面変化を復元することが可能になる（図1.3参照）。

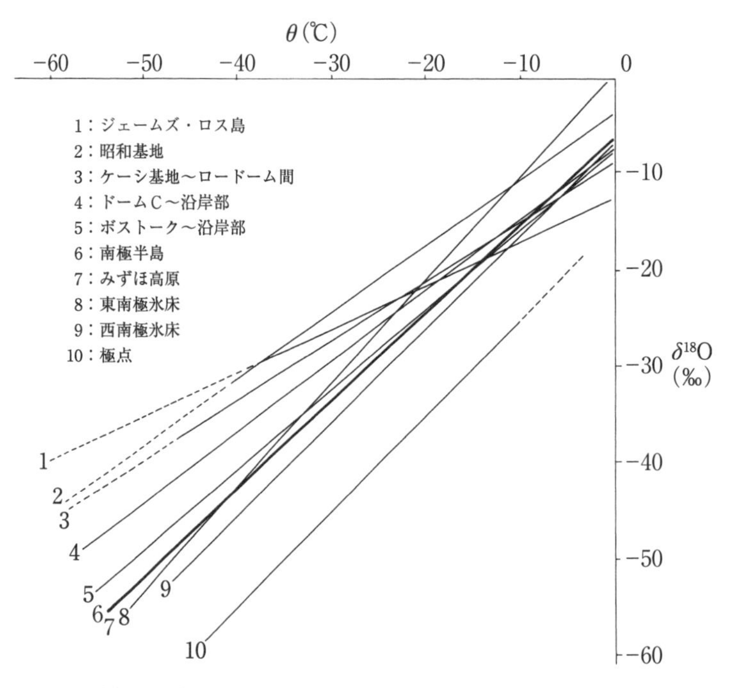

図 2.21　南極氷床各地における降雪中の δ^{18}O と気温との関係　藤井ほか(1997)

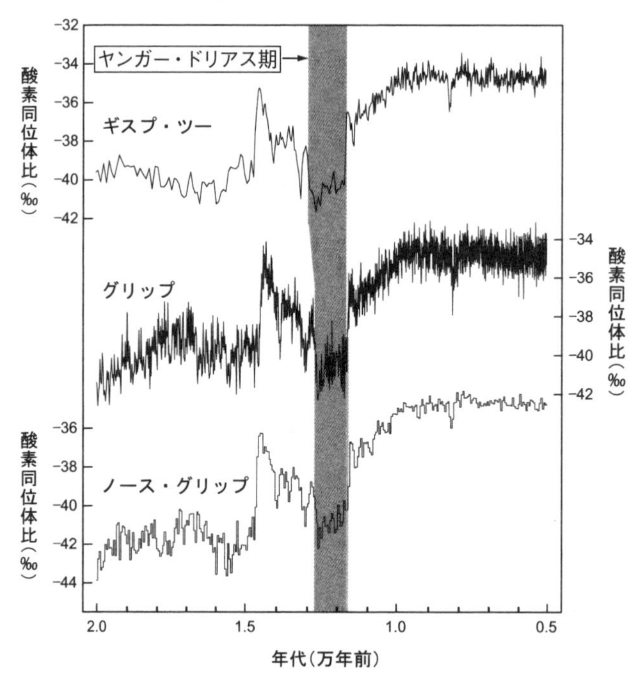

図 2.22　グリーンランドにおける3地点の氷床コア解析によって明らかになった 20,000〜5,000 年前の気候変化　大河内(2008)を改変

ヤンガー・ドリアス期については 1.3.3 項参照。

3章
旧海水準および海岸線の復元

イギリス海峡に面した海岸の地形（海食崖と波食棚の間に広がる砂礫浜）
（イギリス，セブンシスターズ）(2009年9月撮影)

波食棚の地形は潮間帯に形成されることから海水準の指標になる。

3.1　海面変化の原因および旧海水準の復元方法

【目的】 海面変化の多様な原因を把握し，過去の海面の高さを復元する方法を理解する。

【キーワード】 氷河性海面変化，相対的海面変化，旧海水準，沈水谷・埋没谷，古東京川，海食崖，波食棚，海成層

3.1.1　海面変化の原因

海面の高さの変化として観測される現象には，海面自体の変化によるものと，相対的な海面変化にあたる地盤の垂直方向の変化によるものとがある。

海面変化の原因は，対象とする時間の長さによって異なる。短期的に見た場合には，地球と月・太陽との間の引力変化に起因する日々の潮汐作用が主要な原因である。これに対して，中・長期的時間スケールで見た場合の海面変化の原因は多様である（表3.1）。

海面自体の変化に地球規模の気候変化が関与していること（**氷河性海面変化**）は，すでに1.2.2項で述べた。一方，相対的な海面変化の原因としての地盤変化には，地震性・非地震性の地殻変動や地盤沈下などがある（表3.1）。これらの詳細については，3.2節および8章，13章などで触れることにする。

以上のように，海面変化には複数の原因が関わっており，観測される現象はこれらが複合した**相対的海面変化**（relative sea-level change）であるといえる。さらに，気候変化に伴う海面自体の変化傾向が地球規模でおおむね共通しているのに対して，地盤変化には地域による違いが存在することから，相対的海面変化にも地域差が生じる（3.2節参照）。

表 3.1　中・長期的海面変化の主な原因

海面自体の変化の原因	相対的な海面変化の原因
・気候変化による氷河の消長 （融氷水量の変化） → 氷河性海面変化（1.2.2 項参照） ・気候変化による海水面の体積変化 （1.2.2 項参照）	・地震性の地殻変動（地盤の隆起・沈降） （8.2 節参照） ・氷河性アイソスタシー，ハイドロアイソスタシーによる地盤の変形（非地震性の地殻変動） （3.2.2 項参照） ・沿岸部の地盤沈下（13.1 節参照）

3.1.2 地形による旧海水準の復元

過去の海面変化を復元するためには，**旧海水準**（過去の海面の高さ）を示す証拠を得る必要がある。ここでは，まず，地形的な証拠について取り上げる。

現在よりも海面が低かった時期の旧海水準を示す地形は，現在の海底に残されていると考えられる。海底地形として旧海水準を示すものに，**沈水谷**（submerged valley）と**埋没谷**（buried valley）がある。これらは，いずれもかつて陸上を流れていた河川による侵食で形成された谷地形であるが，現在の海底面においても谷地形が確認できる**沈水谷**と，谷地形が堆積物によって埋積されている**埋没谷**に区別される。東京湾の海底における地質調査の結果，埋没谷の存在が確認された（図3.1）。これによって，かつて東京湾全体が陸地で，その西部をほぼ南北方向に河川（**古東京川**と呼ばれる）が流れていたことが明らかになった。古東京川は，当時の多摩川や房総半島側の河川を合流して現在の東京湾の湾口付近で海に注いでいたと考えられている。推定される河口の位置の現在の水深から，当時の海面は100m以上低かったことが復元される。また，埋没谷

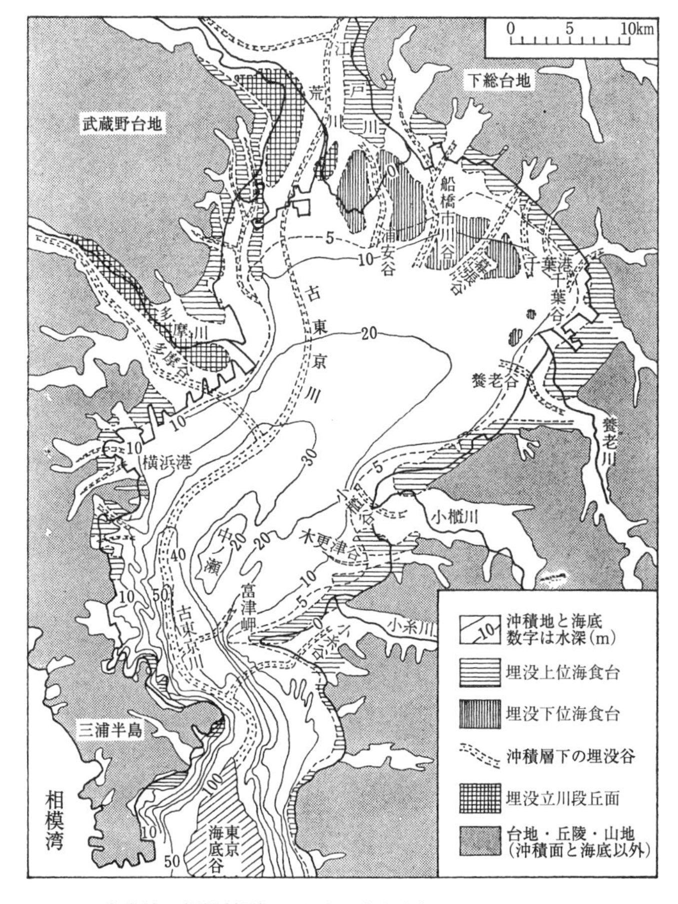

図 3.1 東京湾の埋没地形 貝塚(2011)を改変

沖積地とは最終氷期末から後氷期にかけて形成された低地のこと，また沖積層はその低地を構成する地層を指す。
立川段丘については14.2.2項参照。

底の河成堆積物の年代値などから，その時期はおよそ20,000年前と推定されている（貝塚，2011など）。これは**最終氷期最寒冷期**に相当し，こうした証拠は世界で共通に見つかっている。

一方，現在よりも海面が高かった時期の旧海水準を示す地形は，主に陸上に残されていると考えられる。旧海水準を示す証拠は，現在の海水準に対応して形成されている地形の特徴に基づいて得ることができる。具体的には，侵食作用が卓越している岩石海岸において特徴的な地形が見られる。岩石海岸を構成する地形要素には，**海食崖**，**海食洞・ノッチ**，**波食棚**，**海食台**などがあり，これらの痕跡をもとにして旧海水準を推定することが可能である（図3.2）。なかでも，ノッチや海食洞の奥部の海面高度は高潮位面にほぼ対応すること，また波食棚は**潮間帯**（高潮位面と低潮位面の間）に形成され，平均海面高度の指標になりうることから，それぞれ旧海水準の復元において有力な証拠となる（本章の扉の写真参照）。

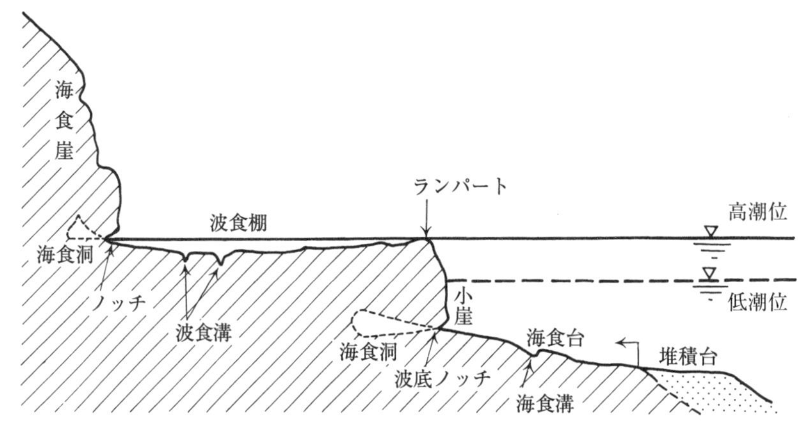

図 3.2　岩石海岸の地形　貝塚ほか編（2019）を改変

3.1.3　堆積物による旧海水準の復元

3.1.2項の地形的証拠だけでは，連続的な海面変化を復元することは難しい。そこで，堆積物から旧海水準とその時期を復元する方法が用いられる。海岸や海底に堆積した**海成層**は貝や有孔虫などの海棲化石を含むため，堆積物の観察や化石分析によって区別することが可能であり，その分布高度に基づいて旧海水準の復元が行われる。ただし，海成層から旧海水準を復元する際には，対象となる海成層の現在の海抜高度に，当時の水深を加える必要がある。水深の復元は，海成層に含まれる貝化石などの種類からその生息水深を推定して行う。また旧海水準の時期は，貝化石などを対象にした年代測定値に基づいて推定することができる（4.1節参照）。

一方，2.4節で述べたように，深海底コア中の有孔虫化石の殻に含まれるδ^{18}Oの解析によって，海水量変化の復元が可能になり，そこから海面変化が推定できる。この方法は，地域ごとの地形や堆積物に基づく海面変化が相対的海面変化の復元にあたるのに対して，地球規模の海面変化，すなわち**氷河性海面変化**を推定する際の情報を提供するものである。

3.2　相対的海面変化曲線

【目的】相対的海面変化曲線における地域差，およびその原因について理解する。

【キーワード】氷河性アイソスタシー，ハイドロアイソスタシー

3.2.1　相対的海面変化曲線の地域差

3.1.2項，3.1.3項で解説したような方法で得られた旧海水準およびその時期に関する証拠に基づいて，地域ごとに海面変化曲線が描かれてきた（図3.3，3.4）。海面変化曲線では通常，横軸に時間（現在から何年前）を，また縦軸に現在の平均海面を基準にした海面高度（旧海水準）を，それぞれ設定する。ただし，ここでの海面変化は，3.1.1項で触れたように海面自体の変化と地盤の変化とが複合したものであり，氷河性海面変化だけを表したものではない。したがって，描かれた海面変化曲線は，あくまでも**相対的海面変化**を示したものであるため，地域によって大きな違いが認められる（図3.4）。

日本においても多数の**相対的海面変化曲線**が描かれている。図3.3は，駿河湾沿岸の清水低地において海成層に含まれる貝化石などから推定した旧海水準（貝化石の産出海抜高度に，貝の種

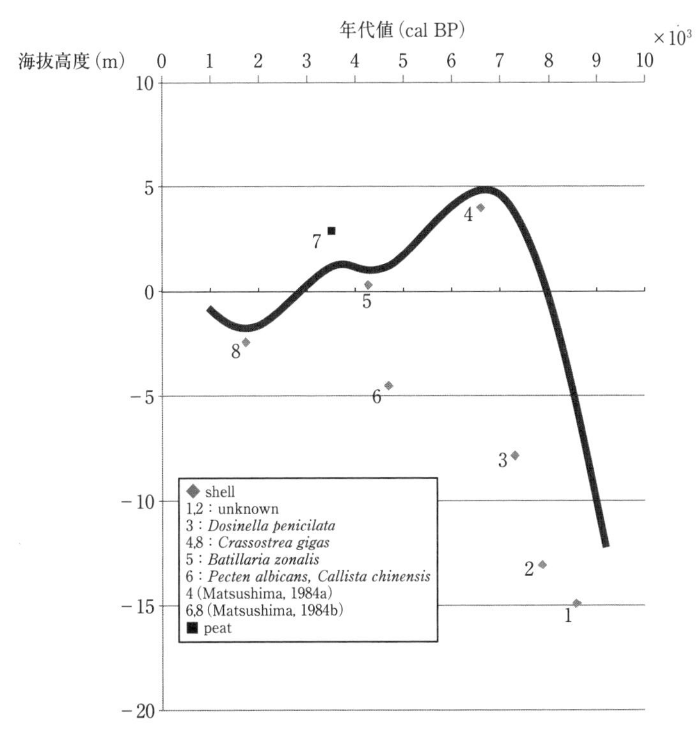

図3.3　駿河湾沿岸清水低地における完新世の相対的海面変化曲線
松原（2000）を改変
3，6は上部浅海帯の貝，4，5，8は潮間帯の貝である。
年代値のcal BPについては4.1.2項参照。

類によって推定された生息水深を加えたもの）と，貝化石の年代測定値に基づいて描かれた相対的海面変化曲線である。この曲線からは，過去に現在よりも海面の高い時期（最高海面期）が認められ，その時期はおよそ7,000年前の**後氷期最温暖期**にあたることが読み取れる。日本のほかの地域で復元されている相対的海面変化曲線にも同様の変化傾向を示すものが多いが，地域によっては最高海面期の存在が認められない場合もある。

図3.4は世界各地で描かれた相対的海面変化曲線の3つのパターンとそれぞれの分布域を示したものである。これによれば，日本のような相対的海面変化曲線は，Cの範囲でほぼ共通に見られる。一方，BのパターンはCに類似しているが，過去に最高海面期が確認されない点が異なる。さらに，B，Cに対してAのパターンは，「完新世において約100m海面が低下してきた」と読み取れるもので，氷河性海面変化が反映されていないように見える。

このように，地域によって相対的海面変化曲線に違いが見られる理由を次の3.2.2項で解説する。

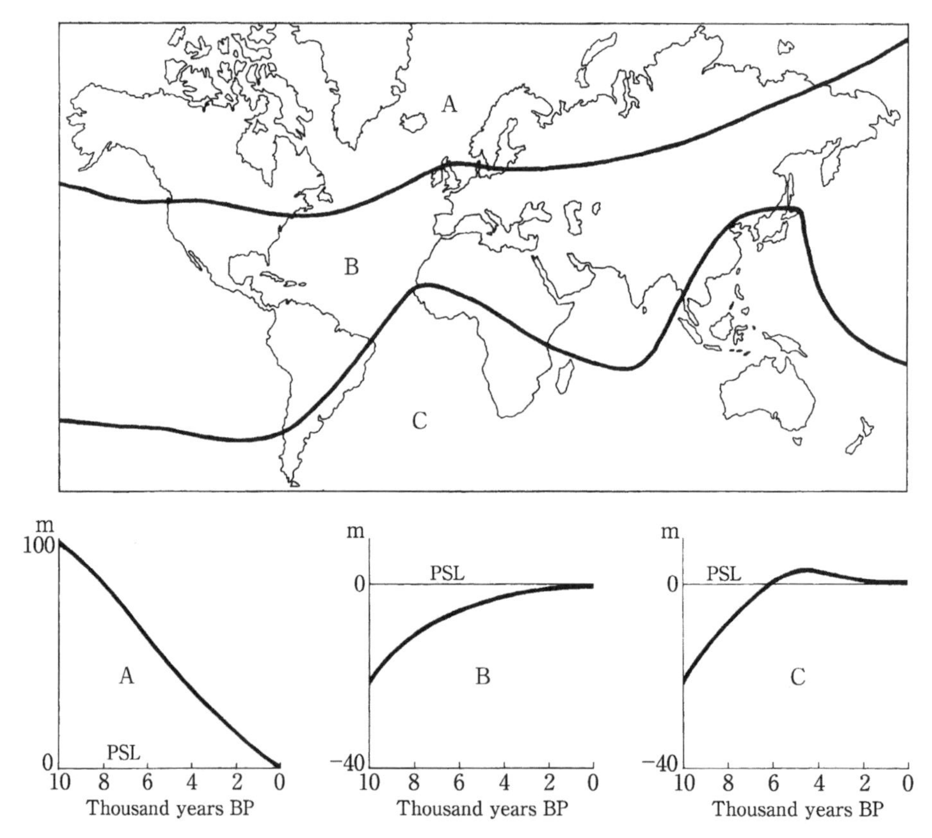

図3.4 世界の相対的海面変化曲線のパターン Bird (2008)
PSLは現在の海面高度を示す。

3.2.2　アイソスタシー

図3.4に見られるような相対的海面変化曲線の地域差を説明する考え方の1つに**アイソスタシー（地殻均衡説，isostasy）**がある。アイソスタシーとは，地球の表層を構成する地殻が地表面の凹凸に関わらず，深部では圧力一定で均衡を保っているとするものである。図3.4のAの地域について，アイソスタシーの考え方が導入されるきっかけになったのは，北欧と北米で確認された特徴的な地殻変動である（図3.5）。両地域とも，それぞれボスニア湾とハドソン湾を中心にした顕著な隆起傾向が認められる。その特徴は，中心ほど隆起量が大きく，等隆起量線が同心円状に配列している点である。これは，「ドーム状隆起」と呼ばれる。

2つの地域に共通するのは，最終氷期において，それぞれ**北ヨーロッパ氷床**と**ローレンタイド氷床**に覆われ，後氷期の気温上昇に伴ってこれらの氷床が消失していった点である（2.2.3項参照）。ドーム状の隆起と氷床の消失との関係は，アイソスタシーを用いて説明することができる。すなわち，氷床に覆われている期間はその**荷重**で地盤が沈降し，荷重が最大になる氷床の中心部ほど沈降量が大きかったが，氷床が縮小を始めると地盤はもとの状態に戻ろうとして周辺部から順に隆起に転じたと推定される。このように氷河に関連して地盤が均衡を保とうとするアイソスタシーを**氷河性アイソスタシー（glacial isostasy）**と呼ぶ（図3.6）。

図3.4で，Aのパターンの相対的海面変化曲線が描かれている範囲は，北ヨーロッパ氷床とローレンタイド氷床が分布していた地域にほぼ対応する。Aの地域では，完新世における氷河性海面変化（海面自体の上昇）の大きさを上回る地盤の隆起（相対的な海面低下）のために，「完新世に海面が低下してきた」という相対的海面変化が読み取れると解釈できる。これに対して，Bのパターンの相対的海面変化曲線が描かれている範囲の一部（中部ヨーロッパ，北米大陸南部）は，氷床が拡大した地域の周辺部に位置している。ここでは，氷床に覆われていた地域が氷床の消失

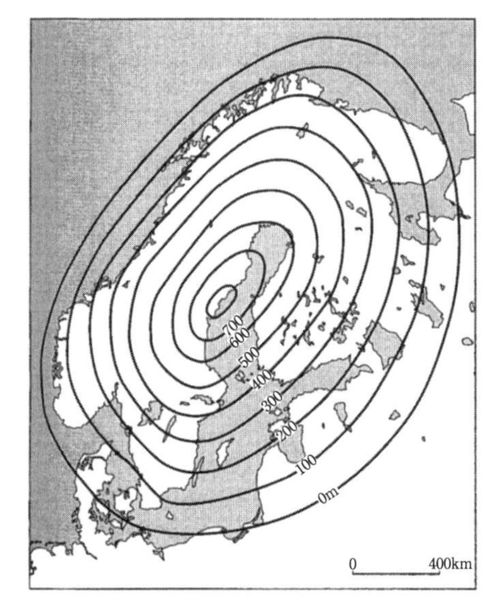

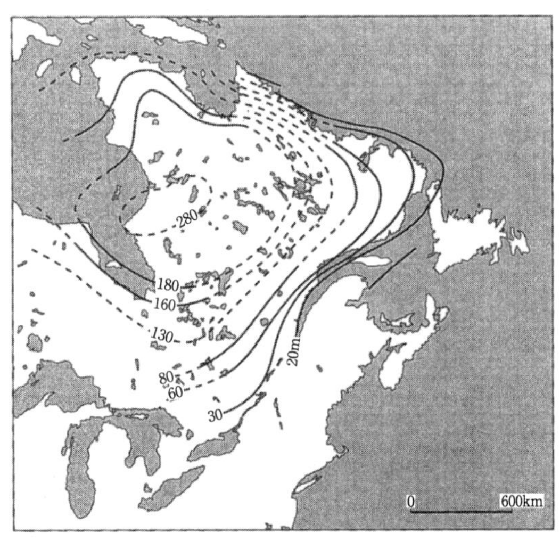

図3.5　完新世における北欧（左）および北米（右）の隆起量（m）　Lowe & Walker（1997）
北欧は過去約1万年間，北米は過去約8,000年間の隆起量を示す。

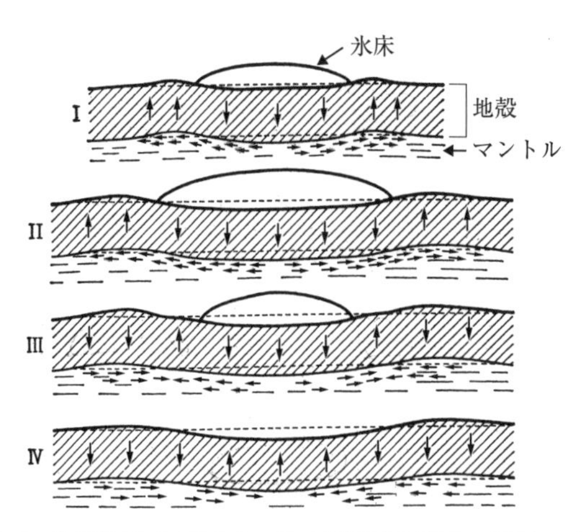

図 3.6 氷河性アイソスタシーによる地盤の変形 成瀬(1982)を改変

上下方向の矢印は地盤の隆起・沈降，水平方向の矢印はマントルの物質の流動方向を，それぞれ示す。
Ⅰ．氷床の荷重によって，氷床の下の地盤は沈降する一方で周辺の地盤は隆起する。
Ⅱ．氷床の拡大に伴って，荷重を受ける範囲の地盤は沈降し，周辺は隆起する。
Ⅲ．氷床の縮小に伴って，荷重から解放された地盤は隆起に転じる一方で外側の地盤は沈降する。
Ⅳ．氷床の消失によって，荷重から解放された地盤は隆起し，周辺の地盤は沈降する。

によって隆起に転じたのとは逆に，氷床が拡大している間は隆起傾向にあり，その後の氷床の縮小に伴って地盤が沈降するようになったと推定される。したがって，後氷期には氷河性の海面上昇に加えて，地盤の沈降による相対的な海面上昇が相対的海面変化曲線に反映されているものと考えられる。

以上のような氷河性アイソスタシーに対して，氷河量の変化に対応して生じる海水量変化に関連した**ハイドロアイソスタシー（hydro-isostasy）**の考え方がある。それによれば，図3.4で氷床分布とは直接関わらないCの地域では，完新世における融氷水の流入によって海水量が増加し，海底にかかる荷重が増すことで海底がより沈降する一方で，沿岸部の隆起傾向が顕著になった（相対的に海面が低下した）影響が現れていると解釈できる（図3.7）。

このように，アイソスタシーによって相対的海面変化曲線の地域差をおおむね説明することができるが，これ以外に，地域によっては地震性の地殻変動などが関わっている場合もあるため，地域ごとの相対的海面変化曲線は，さらに複雑なものになると考えられる。

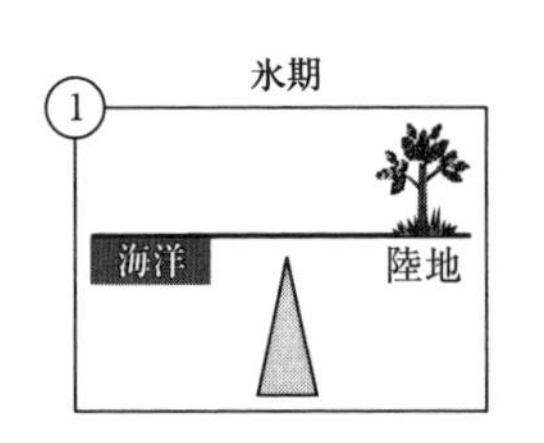

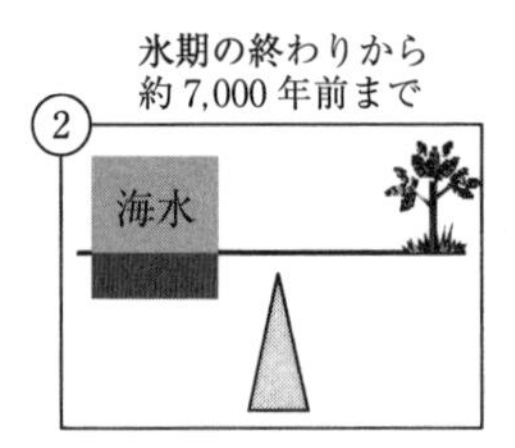

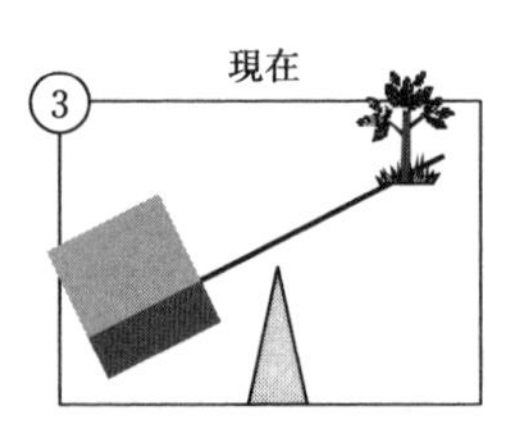

図 3.7 ハイドロアイソスタシーの概念図 日本第四紀学会ほか編(2007)を改変

①最終氷期において，陸地と海洋(海底)の均衡がとれていた。
②最終氷期の終わりから後氷期最温暖期にかけて，融氷水量が増加した。
③海水量増加に伴う海底への荷重の増大がゆっくり進行し，陸地の隆起として現れた。

3.3　沿岸地域における古地理変遷

【目的】海面変化に対する海岸線の変化，および地形的特性が海岸線変化に与える影響を理解する。

【キーワード】海進，海退，縄文海進，古地理図

3.3.1　海面変化に伴う海岸線の移動

陸と海の接線にあたる海岸線の位置は，海面の上昇・低下に対応して変化する。土砂供給や地殻変動などの影響を考慮しなければ，海面上昇に対して海岸線は内陸側に移動し（**海進**，transgression），海面低下に対しては沖合側に移動する（**海退**，regression）。後氷期における海面上昇に伴って起こった海進は，一般に**後氷期海進**あるいは**完新世海進**と呼ばれるが，日本ではその時期が縄文時代にあたることから**縄文海進**（Jomon Transgression）と呼ぶ場合が多い。

海面変化に対する海岸線の移動距離は，地域の地形勾配によって大きく異なる。すなわち，同じ海面変化を受けた場合，地形勾配が急な地域に比べて勾配が緩い地域では海岸線の移動距離が大きくなる。また海岸線の位置は，実際には海面変化だけでなく，海岸部への土砂供給や垂直方向の地殻変動の影響を受ける。したがって，土砂供給速度や垂直方向の地殻変動速度が海面変化速度を上回る場合には，土砂供給や地殻変動による影響が海岸線の位置を決定することになる。

3.3.2　古地理の復元

地形や地質の証拠に基づいて，過去の海岸線の位置や河川の流路などを推定することを**古地理の復元**と呼ぶ。かつての海岸線の位置（旧海岸線）は，旧海水準の復元に用いた海岸および海底の地形や，海成層の分布に基づいて復元することができる（3.1.2項，3.1.3項参照）。古地理は，時期ごとに地図として示すのが一般的であり，このような地図を**古地理図**（palaeogeographical map）と呼ぶ。ここでは，日本列島（図3.8），関東平野（図3.9），浜名湖・浜松低地（図3.10），駿河湾奥部の狩野川下流低地・浮島ヶ原低地（図3.11），および駿河湾西岸の清水低地（図3.12）の例を示す。

最終氷期最寒冷期（約20,000年前）には，日本列島の沿岸域に陸地が拡大しており，地形勾配の緩い西南日本では海退の規模が大きかった。また津軽海峡については，当時も狭い海峡が存在していた可能性はあるが，北海道と本州が現在よりも接近していたことは明らかである（図3.8の左図）。関東平野について見ると，東京湾は完全に陸化しており，そこには古東京川が流れていた（3.1.2項参照）。また，九十九里浜沖や鹿島灘などの緩傾斜の海底地形を示す範囲も広く陸化していた。これに対して，急傾斜の房総半島南部および三浦半島の周辺や，相模湾沿岸では，海退の規模は小さかった（図3.9の左図）。

一方，**後氷期最温暖期**（約7,000年前）には，日本列島の沿岸域に分布する平野を中心に海進が及んだ（図3.8の右図）。関東平野でも，東京湾の奥部に広がる低地や，九十九里浜，霞ヶ浦周

辺などで顕著な海進が認められたが，東京湾沿岸に比べて傾斜の急な相模湾沿岸では，相模川下流域を除いて海進の規模は小さかった（図3.9の右図）。

図3.10〜3.12に示した浜名湖および浜松低地，狩野川下流低地・浮島ヶ原低地，清水低地における古地理復元の結果，それぞれの地域で共通に海進が認められるものの，後氷期最温暖期かつ最高海面期である約7,000年前にはすでに砂州地形（海岸線に平行にのびる細長い高まりの地形の総称，14.3.1項参照）による閉塞が開始されていたことが明らかになった。さらに，その後の海退過程において，砂州地形は海側に拡大していった。約7,000前には島であった清水低地の三保砂嘴は，およそ6,500年前には有度丘陵側とつながり，それ以降，砂嘴（14.2.1項参照）の形成が進んだものと推定される（図3.12）（浜名湖の古環境復元結果については2.3.3項，砂州地形の発達過程については14.3節参照）。

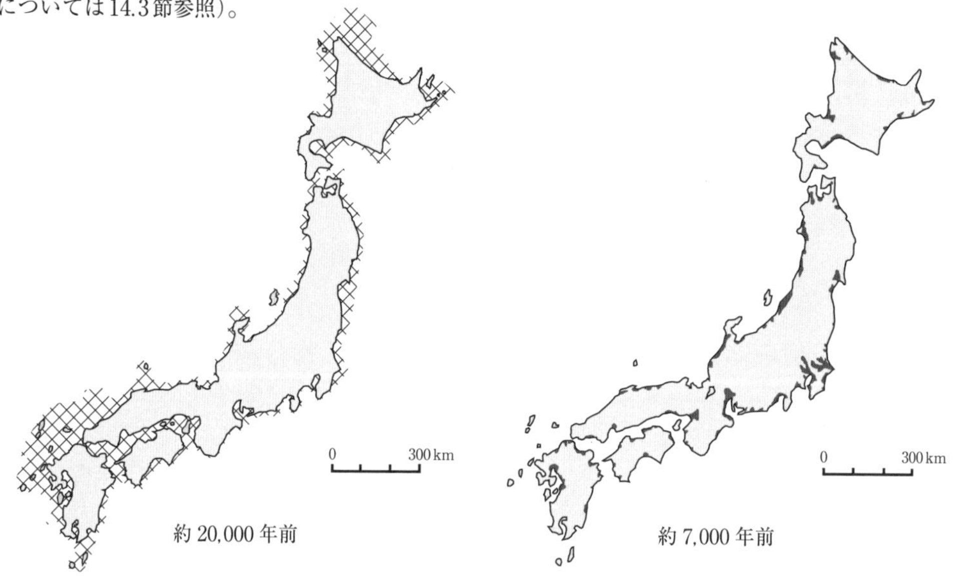

図 3.8 日本列島における古地理変遷 日本第四紀学会編（1987）に基づいて作成
左図の格子の部分が拡大していた陸地，右図の黒色の部分が侵入していた海域をそれぞれ示す。

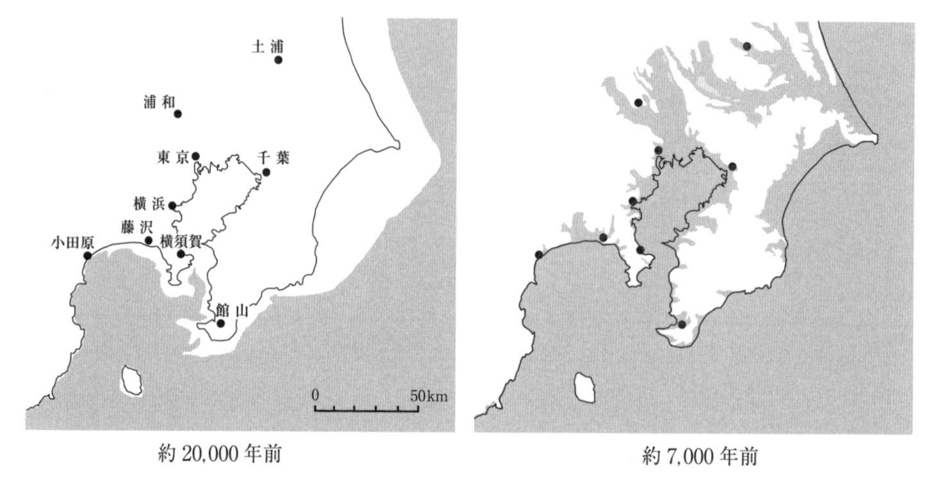

図 3.9 関東地方における古地理変遷 日本第四紀学会編（1987）に基づいて作成
白い部分が陸地，アミの部分が海域をそれぞれ示す。

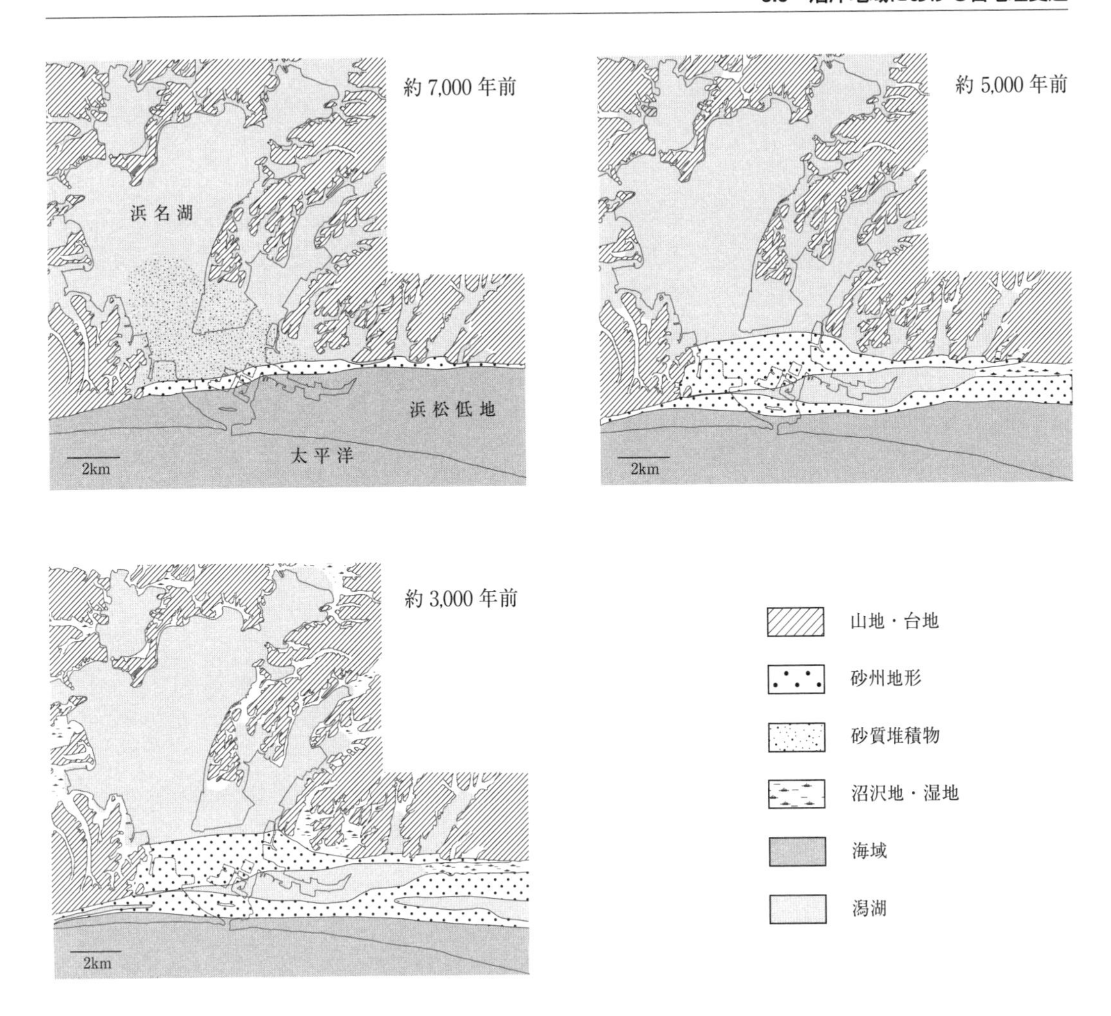

図 3.10　浜名湖および浜松低地における古地理変遷　Matsubara(2015)を改変

現在の浜名湖の起源は，およそ 1 万年前に始まった湾の形成にさかのぼる。湾の環境が外洋水の影響を最も強く受けたのは，9,000〜8,000 年前であったと推定される(2.3.3 項，図 2.20 参照)。この時期に砂州地形の形成が開始され，約 7,500 年前には湾を閉塞したため，湾の環境は潟湖へと変化した(約 7,000 年前の古地理図)。5,000 年前頃には砂州地形による閉塞が完了し，その海側に新たな砂州地形が形成されるようになった(約 5,000 年前の古地理図)。これらの砂州地形は，東側の浜松低地にものび，さらに海側に向かって発達していった(約 3,000 年前の古地理図)。

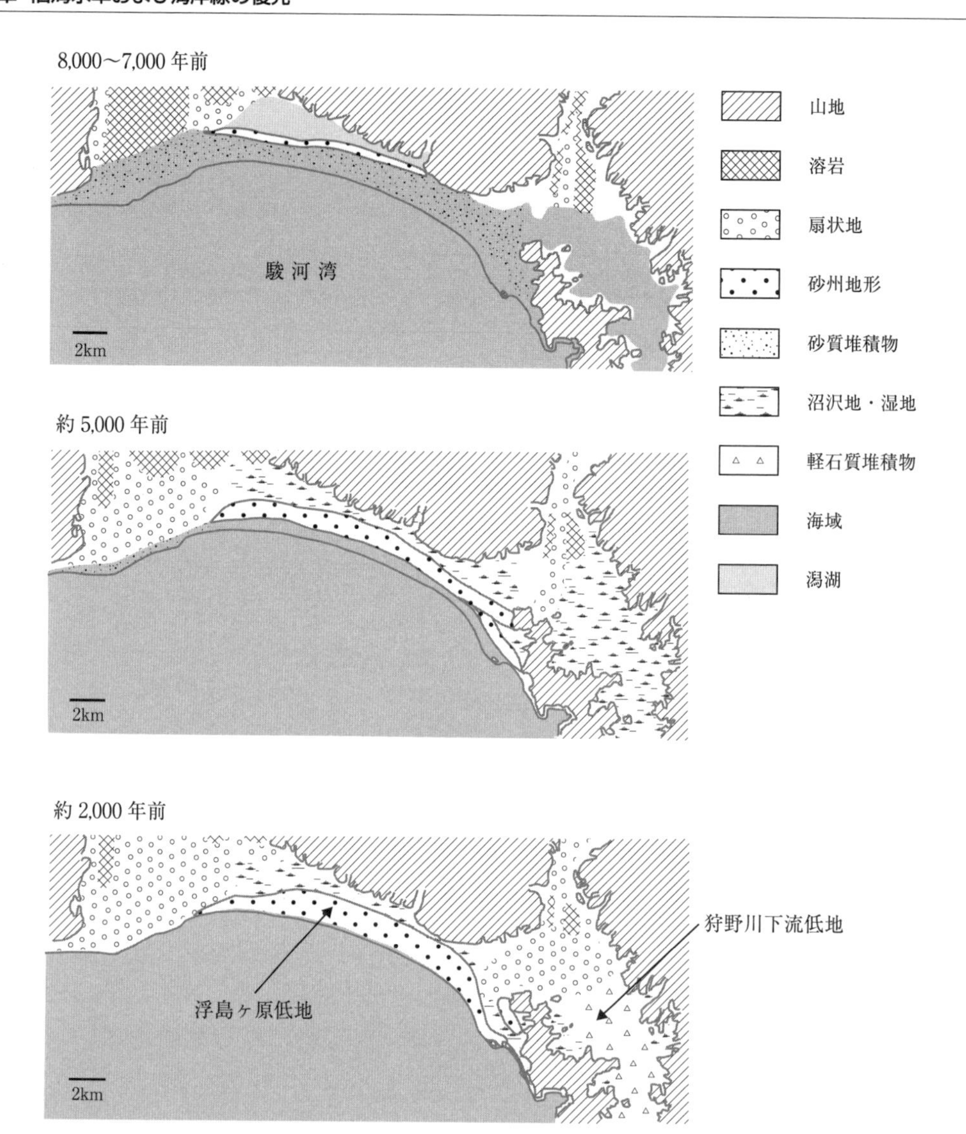

図 3.11　狩野川下流低地・浮島ヶ原低地における古地理変遷　Matsubara (2015) を改変

この地域に海水が侵入して湾が形成されるようになったのは，約 1 万年前である。海水の影響は 9,000〜8,000 年前に最も大きくなったが，外洋水が直接流入するような環境ではなかったと考えられる。8,000〜7,000 年前になると，浮島ヶ原低地側に広がっていた湾は砂州地形によって閉塞され始め，潟湖化していった(8,000〜7,000 年前の古地理図)。さらに，この潟湖は 7,000〜6,000 年前には沼沢地へと変化し，その後は海側に新たな砂州地形が発達していった(約 5,000 年前の古地理図)。現在の海岸部に見られる最も海側の砂州地形は，およそ 2,000 年前にはすでに形成されていたと推定される(約 2,000 年前の古地理図)。

約 7,000 年前

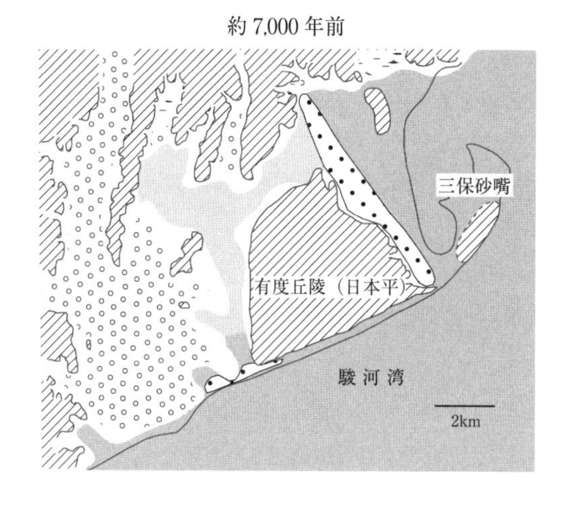

約 5,000 年前

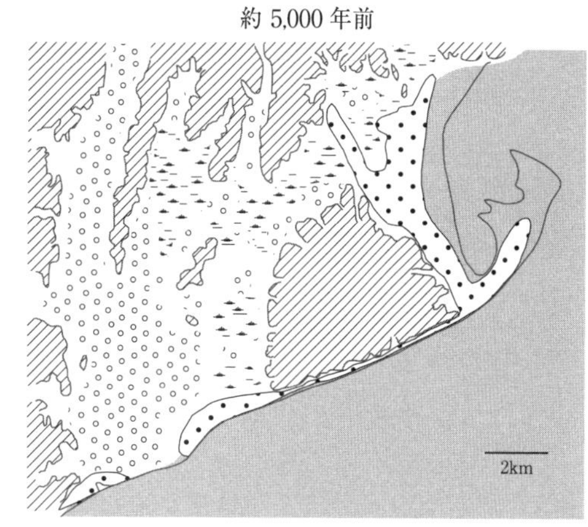

約 3,000 年前

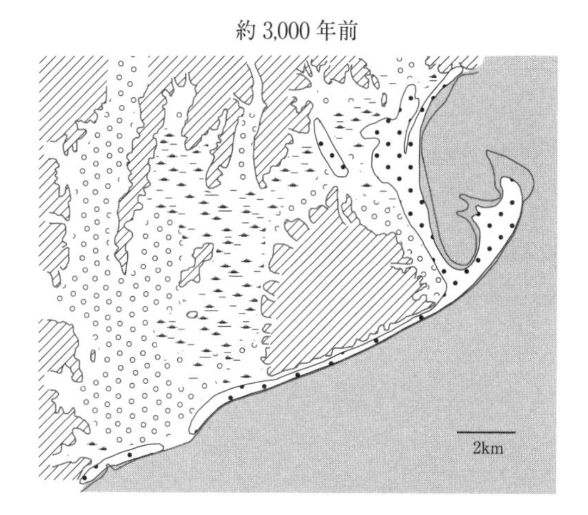

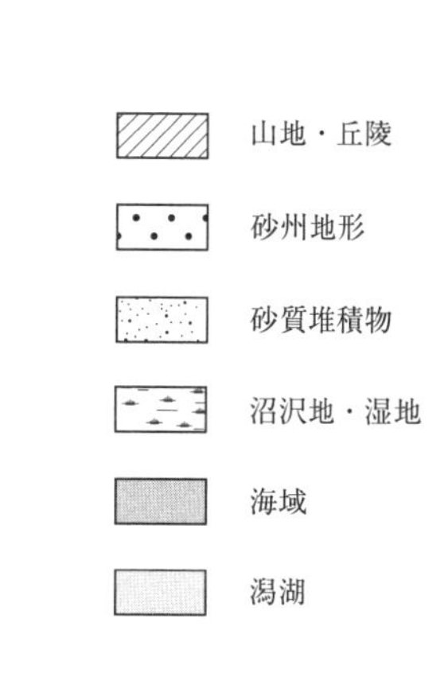

図 3.12　清水低地における古地理変遷　Matsubara(2015)を改変

この地域への海水の侵入は 8,500 年前頃にはすでに始まっており，現在の有度丘陵と三保砂嘴の間には幅の狭い海峡が存在していたと考えられる。砂州地形の形成は，6,500 年前以前に開始されていたと推定される(約 7,000 年前の古地理図)。その後，砂州地形は海側に向かって発達するとともに，有度丘陵側の陸地と沖合の島がつながって三保砂嘴が形成され，成長していった(約 5,000 年前と約 3,000 年前の古地理図)。

4章
年代測定の方法

湿地に堆積する泥炭層（静岡県沼津市雌鹿塚遺跡）(1988年12月撮影)

沼沢地・湿地性の植物が未分解の状態で含まれる泥炭層は、^{14}C年代測定の試料として有効である。

4.1　放射性同位体を用いた年代測定法

【目的】放射性炭素同位体に代表される放射性同位体を用いた年代測定の原理を理解する。

【キーワード】放射性同位体，^{14}C，半減期，β線法，AMS法，暦年較正

4.1.1　放射性同位体による年代測定の原理

近年，第四紀はもとより，地球史全体が詳細に明らかにされてきたのは，2.1節で取り上げたように古気候・古環境変化が多様な方法によって復元できるようになったためであるが，これに加えて，年代に関する精度の高い情報の提供が可能になったことも理由の1つである。特に，放射性同位体による年代測定法が確立したことの意義は大きい。

放射性同位体（radio active isotope）とは，安定同位体と異なり，自然状態において崩壊（壊変）して別の元素に変化する同位体のことである。崩壊する際に放射線を出すが，崩壊には規則性があり，それぞれの放射性同位体は固有の**半減期**（もとの半分の量になるまでにかかる時間）をもつ。放射性同位体を用いた年代測定法は，この性質を利用して，測定試料中に含まれる放射性同位体の量に基づいて，崩壊がいつから始まったか，すなわちその試料の年代が何年前であるかを推定する方法である。年代測定に利用されている放射性同位体には複数の種類があり，それぞれの半減期の長さによって復元可能な年代の範囲が異なる（表4.1）。

表4.1　放射性同位体を用いた年代測定法

放射性同位体	半減期(年)	名　称	適用年代	主な測定対象
Be-10	1.51×10^{6}	Be-10法	1千万年以下	海洋堆積物
C-14	5.73×10^{3}	C-14法	6万年以下	考古・地学試料一般
K-40	1.28×10^{9}	K-Ar法	10万年以上	岩石・鉱物
Rb-87	4.88×10^{10}	Rb-Sr法	1千万年以上	岩石・鉱物
Sm-145	1.06×10^{11}	Sm-Nb法	1億年以上	岩石・鉱物
Pb-210	2.23×10	Pb-210法	百年以下	湖沼堆積物
Th-230	7.54×10^{4}	U-Th法	20万年以下	海洋・湖沼堆積物
Th-232 U-235 U-238	1.40×10^{10} 7.04×10^{8} 4.47×10^{9}	U，Th-Pb法 フィッション トラック法	1億年以上 U含有量に 依存	岩石・鉱物 土器・岩石

今村(1991)に基づいて作成

4.1.2 放射性炭素同位体（^{14}C）による年代測定法

表4.1に示したように，放射性同位体による年代測定は同位体のもつ半減期の長さによって，適用年代が異なる。その中で，更新世末から完新世にかけての年代測定には5,730年の半減期をもつ**放射性炭素同位体** ^{14}C が広く用いられている。

炭素には安定同位体（^{12}C と ^{13}C）と放射性同位体（^{11}C と ^{14}C）が存在する。このうちの ^{14}C は，β 線などを放出して ^{14}N に変化する（β 崩壊）。

生物が生きている間，生物体内には大気中の存在比と同じ ^{14}C が含まれるが，生物が死んで外界との元素のやり取りがなくなると，^{14}C は一定の割合（半減期5,730年）で減少していく（図4.1）。この性質を利用して，貝やサンゴに代表される動物化石や植物起源の泥炭などを対象にした年代測定が行われる。

^{14}C 年代測定法はリビー（1908～1980）によって開発され，1950年代以降，広く用いられるようになった。年代測定値は，1950年を基準にして何年前かを示し，数字のあとにyBPやyrBP（years before the physicsまたはyears before the presentの略）をつける。

^{14}C による年代測定法には，^{14}C が崩壊する際に放出される β 線を測定する方法（**β 線法**）と1980年代に確立した ^{14}C の量を直接測定する方法（**AMS法**）がある。AMS法は，少ない試料での測定が可能なこと，および β 線法よりも古い時期（およそ6万年前）までさかのぼれることから，地球科学分野だけでなく考古学の分野などでも利用されている。

^{14}C による年代測定法では，過去において大気中の ^{14}C の存在比が一定であったことを前提としていたが，実際には太陽活動の変化などによって ^{14}C の存在比が変動していることが明らかになった。そのほか，陸上と海洋で ^{14}C 循環の違いが存在することから，得られた年代値を補正する必要が生じた。補正の方法として，樹木年輪やサンゴの骨格年輪を対象に ^{14}C 年代測定値と年輪年代（暦年代）を対応させる**暦年較正（calibration）**がある（図4.2）。暦年較正を行った年代値はcal BPをつけて表し，補正を行わないyBP（yr BP）と区別する。

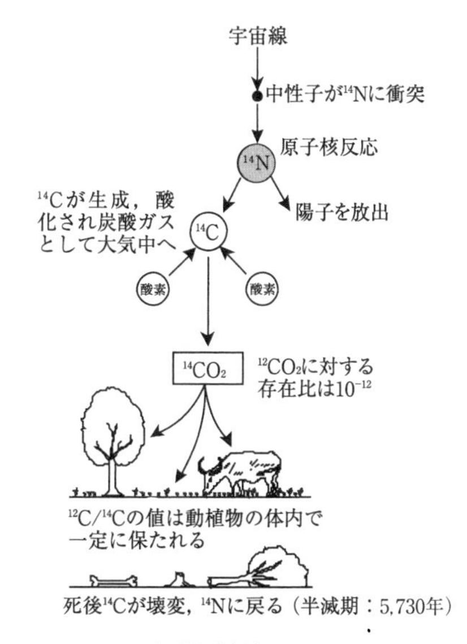

図4.1 ^{14}C 年代測定法の原理 酒井(2003)

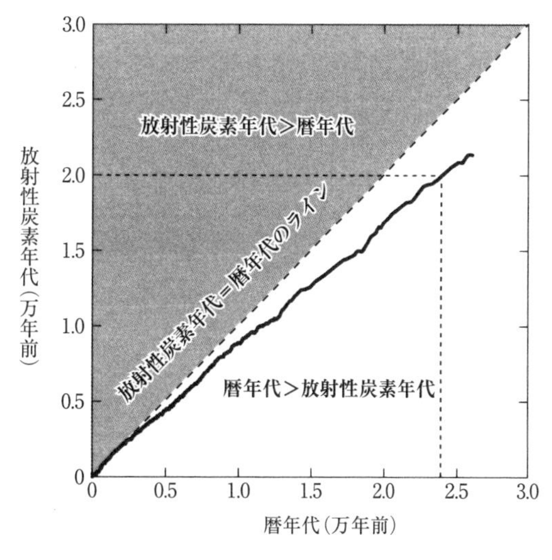

図4.2 放射性炭素年代値と暦年代値との関係 大河内(2008)

4.2 その他の年代推定法

【目的】火山降下物と樹木年輪を用いた年代推定の方法について理解する。
【キーワード】テフラ，テフロクロノロジー，広域テフラ，樹木年輪，暦年標準パターン

4.2.1 火山降下物（テフラ）による年代推定法

火山噴出物は流下物と降下物に大別されるが，**テフラ**（tephra）は一般的に，火山降下物の総称として用いられる。テフラの代表的なものに，スコリア，軽石，火山灰などがある（11.1.2項参照）。

テフラの分布の特徴は，短期間に広範囲に堆積することである。したがって，堆積物中から発見されるテフラを，広い地域を対象にした年代の指標として用いることができる。噴出年代の異なる複数のテフラに基づいて編年を行う研究分野を**テフロクロノロジー**（tephrochronology）と呼ぶ。テフラを年代の指標として利用するためには，テフラの特徴，給源火山および噴出年代を明確にしておく必要がある。個々のテフラの特徴は，野外においては色・粒度・厚さなどの記載によって，また室内では鉱物組成・化学組成の分析や，テフラに含まれる火山ガラスの屈折率の測定によって，それぞれ明確にされる。これらの結果とテフラの地理的分布に基づいて，給源となった火山を推定する。また，テフラの噴出年代については，テフラ自体の年代測定を行う方法や，テフラを含む堆積物（例えば，降下したテフラがそのまま保存されている可能性が高い**泥炭層**など）の^{14}C年代測定を行う方法がある。

テフラのうち，特に広域に分布が確認されることから広範囲に共通する年代指標として利用できるものは，**広域テフラ**と呼ばれる。日本における広域テフラとその分布を表4.2と図4.3に示した。日本列島では，上空の**偏西風**（westerlies）の影響でテフラが火山の東方を中心に広がるため，広域テフラには西南日本または日本の西方を給源とするものが多い。

表4.2　第四紀後期における日本の代表的な広域テフラ

テフラの名称	給源火山	推定降下年代 cal BP
白頭山・苫小牧(B-Tm)	白頭山(北朝鮮)/長白山(中国)	1,000
鬼界アカホヤ(K-Ah)	鬼界カルデラ(現 硫黄島・竹島)	7,300
鬱陵・隠岐(U-Oki)	鬱陵(ウルルン)島(韓国)	10,700
姶良 Tn(AT)	姶良カルデラ(現 鹿児島湾海底)	29,000～26,000
阿蘇 4(Aso-4)	阿蘇山	90,000～85,000

町田・新井(2003)に基づいて作成

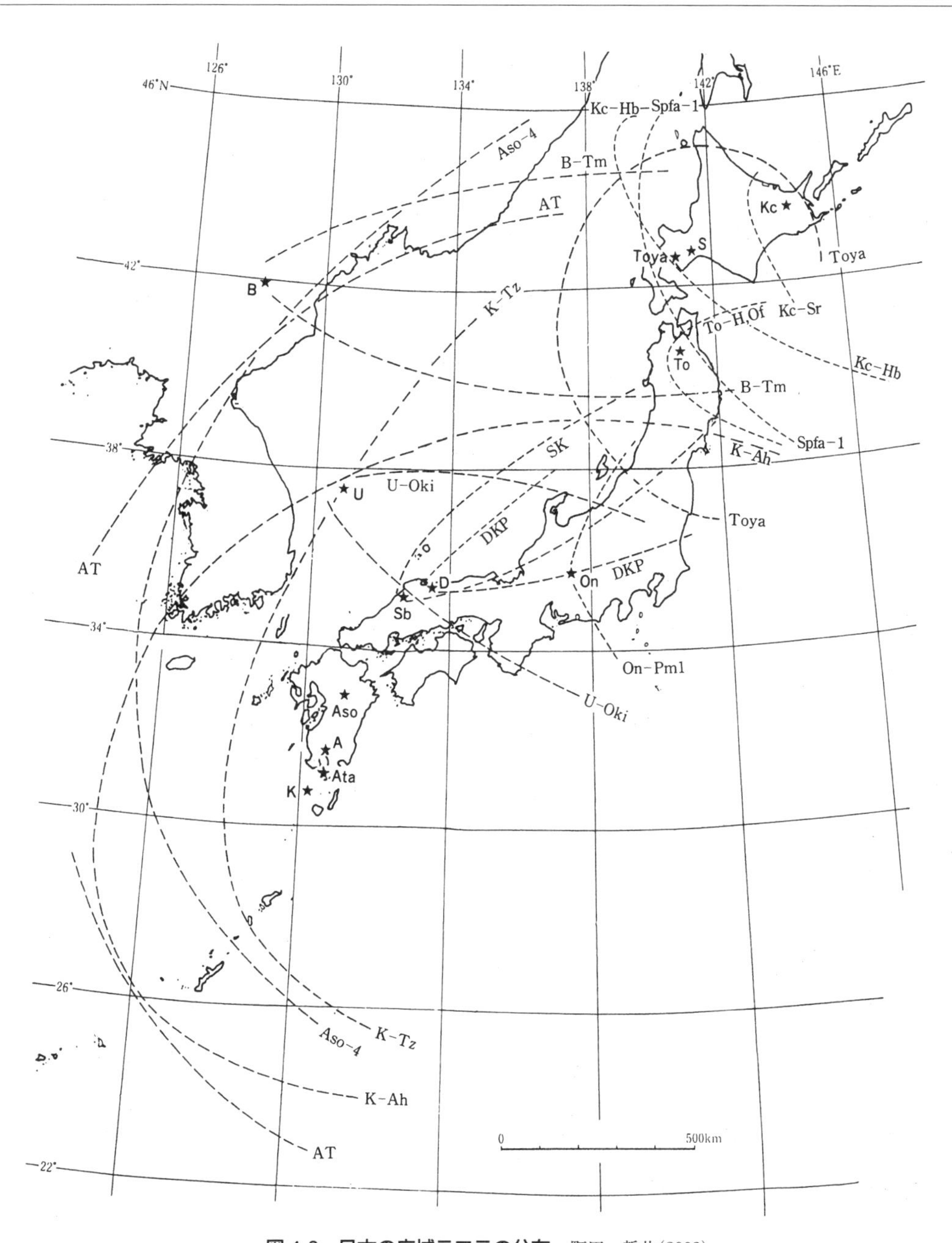

図 4.3　日本の広域テフラの分布　町田・新井(2003)

★ 給源火山・カルデラ

Kc：クッチャロ，S：支笏，Toya：洞爺，To：十和田，On：御嶽，D：大山，
Sb：三瓶，Aso：阿蘇，A：姶良，Ata：阿多，K：鬼界，B：白頭山，U：鬱陵島

4.2.2 年輪年代法

樹木年輪からは時間の情報を得られるが，1本の木だけでは，その樹齢を知ることしかできない。そこで，より長期間の情報を得るために，ある地域に分布する同一樹種の複数の樹木を対象にして，年輪幅の変化パターンの対比を行い，時間軸をのばす方法が実行されている。さらに，木材として使われている同じ樹種の木の年輪パターンを加えて，より古い時代まで時間をさかのぼることも試みられている。このようにして作成された年輪幅の変化パターンを**暦年標準パターン**と呼ぶ。暦年標準パターンの意義は，年代が不明な樹木年輪のパターンを暦年標準パターンと比較することで，年代の推定が可能になる点にある。この方法を用いて，ヨーロッパやアメリカでは完新世全般にわたる暦年標準パターンが作成されている。日本においても，スギを対象にして数千年間のものが整備されている。年輪パターンの調査は，年輪幅を計測することによって行われる。年輪幅の計測は樹木の断面で直接行われることもあるが，近年では芯抜き器を用いて樹木の一部を採取して計測する方法や，X線や超音波による断層撮影法など，木を切らなくても年輪幅を計測する方法が確立したため，以前よりも多くのデータが得られるようになった。

一方，樹木年輪からは，**安定炭素同位体比**（δ^{13}C：^{12}Cに対する^{13}Cの割合）の分析によって気温変化を推定することも可能である（図4.4）。これは，温暖になると軽い^{12}Cがより多く植物に取り込まれるため，樹木の^{13}C／^{12}Cは減少するという性質を利用したものである。また，年輪に含まれる酸素同位体比（δ^{18}O）の分析（2.4節参照）によって，乾湿変化，すなわち降水量変化を推定することも可能である。これは，^{18}Oが^{16}Oに比べて重く蒸発しにくいという性質に基づくもので，降水量が少ない年ほど年輪に含まれる^{18}O／^{16}Oは大きくなる傾向がある。

以上のように，年輪からは時間に加えて，気候環境変化の証拠を得ることができる。したがって，年輪の解析結果は，氷床コアの分析結果や古文書の記録などとともに，歴史時代の気候変化，および自然環境と人間活動との関わりを考察する際にも重要な情報を提供するものといえる。

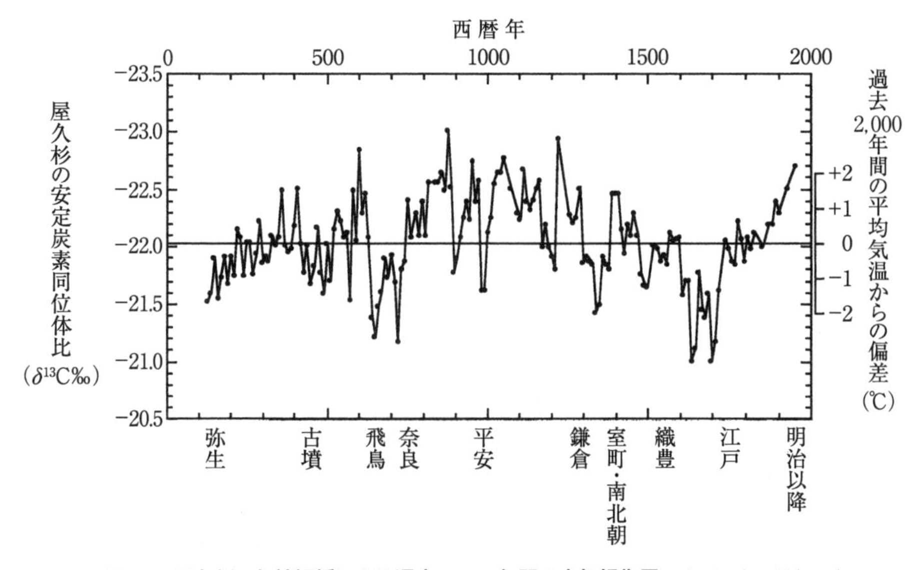

図 4.4　屋久杉の年輪解析による過去 2,000 年間の古気候復元　吉野・安田編(1995)

5章

地球環境の諸問題（1）

ヨーロッパアルプスのモンブラン（上）とモンブランから流下するボソン氷河（下）（1995年7月撮影）
ヨーロッパアルプスをはじめとした世界の山岳氷河は、近年の地球温暖化の影響で後退傾向にある。

5.1　地球温暖化

【目的】長期スケールで見た地球の気温および二酸化炭素濃度変化の中で，地球温暖化をとらえる。さらに，温暖化の実態，原因，将来予測，対策，問題点について理解する。

【キーワード】化石燃料，温室効果(気体)，IPCC，気候変動枠組み条約(地球温暖化防止条約)，京都議定書，パリ協定

5.1.1　気温および二酸化炭素濃度変化の実態と温暖化のメカニズム

長期的な気候変化を示す**氷期・間氷期サイクル**から見ると，現在は温暖期である**後氷期**のピークを過ぎた時期にあたる（1章の扉の図参照）。ところが，過去百数十年間という短期間で見ると地球の気温は上昇傾向にあり，特に1980年代以降については，その上昇速度が速くなっている（図5.1，5.2）。このような地球規模の気温の上昇傾向を**地球温暖化**（**Global warming**）と呼ぶ。こうした温暖化の傾向は，海面水温変化にも現れている（図5.3）。

地球温暖化の原因として，太陽活動の活発化などの自然要因も考えられるが，一方で**化石燃料**（**fossil fuel**）（石炭，石油，天然ガス）の大量消費に代表される人為的要因が関与していることが指摘されている。

地球温暖化は，対流圏の二酸化炭素，メタン，亜酸化窒素（一酸化二窒素ともいう），フロン，

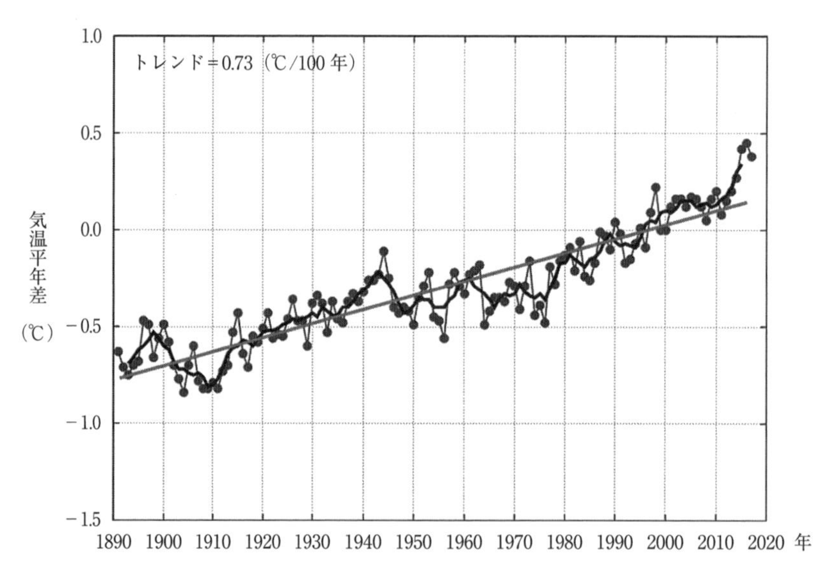

図5.1　1891〜2017年における地球の年平均気温変化　『理科年表プレミアム』

1981〜2010年までの30年間の平均値に対する偏差で表したもの。細線は各年の偏差，曲線はその5年移動平均，直線は長期的傾向(トレンド)をそれぞれ示す。使用したデータは陸上の気温データと海面水温データを組み合わせたもので，陸上気温については2000年まではアメリカ海洋大気庁(NOAA)による300〜3,900地点のデータ，2001年以降は月気候気象通報(CLIMAT報)による1,000〜1,300地点のデータに基づく。

代替フロンなどの**温室効果気体**（greenhouse gases）の濃度が増加することで，太陽放射を受けたあと，地球表面から放射される熱をこれらの気体が吸収する**温室効果**（greenhouse effect）が増大し，気温を上昇させる現象としてとらえられる。

大気中の二酸化炭素（CO_2）濃度および排出量は，20世紀後半以降急速に上昇している（表5.1, 5.2，図5.4，5.5，5.6）。その原因として，炭素（C）を含む化石燃料を燃焼させたために大量のCO_2が放出されてきたこと（図5.7），および光合成によってCO_2を吸収する作用をもつ植物が減少していることなどが考えられる。化石燃料起源のCO_2の増加を示す証拠として，大気中のCO_2を構成する^{14}Cの濃度が減少していることがあげられる。これは，化石燃料が数百万年以上前の生物に由来していて^{14}Cの崩壊が進んだためと解釈できる（^{14}Cについては4.1.2項参照）。

増加傾向にある温室効果気体のうち，二酸化炭素，メタン，亜酸化窒素はもともと自然界に存在していた気体であるが，フロンおよび代替フロンは人工的に作り出されたものである（表5.1, 5.3.3項，5.3.4項参照）。

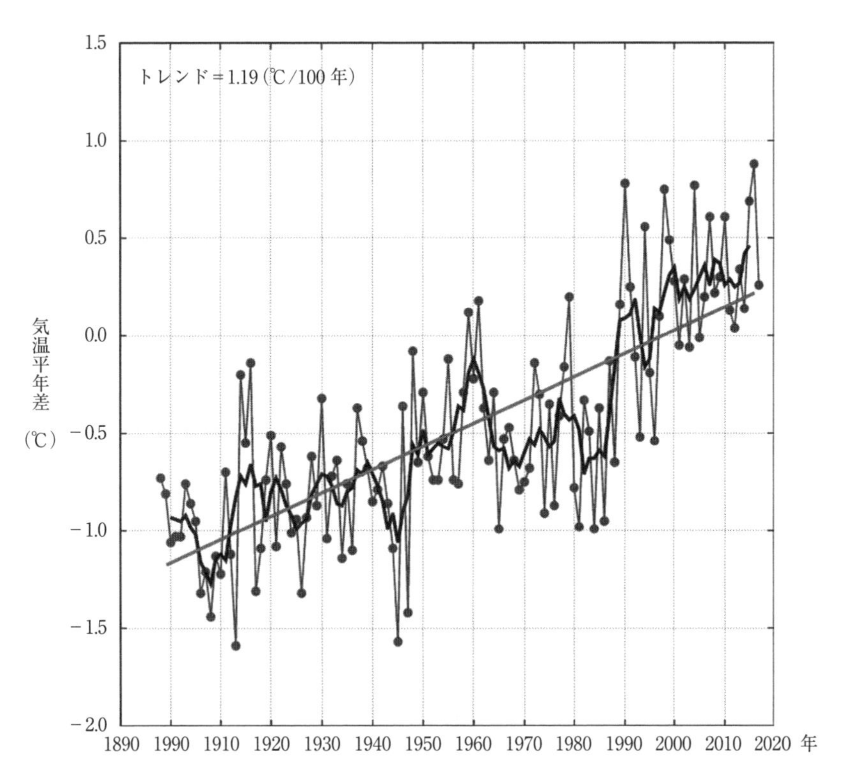

図 5.2　1898〜2017 年における日本の年平均気温変化　『理科年表プレミアム』

1981〜2010 年までの 30 年間の平均値に対する偏差で表したもの。細線は各年の偏差，曲線はその 5 年移動平均，直線は長期的傾向（トレンド）をそれぞれ示す。使用したデータは 1898 年以降観測を継続している気象観測所のうち，都市化の影響が比較的小さい 15 地点（網走，根室，寿都，山形，石巻，伏木，飯田，銚子，境，浜田，彦根，宮崎，多度津，名瀬，石垣島）のもので，地域の偏りがないように選定されている。

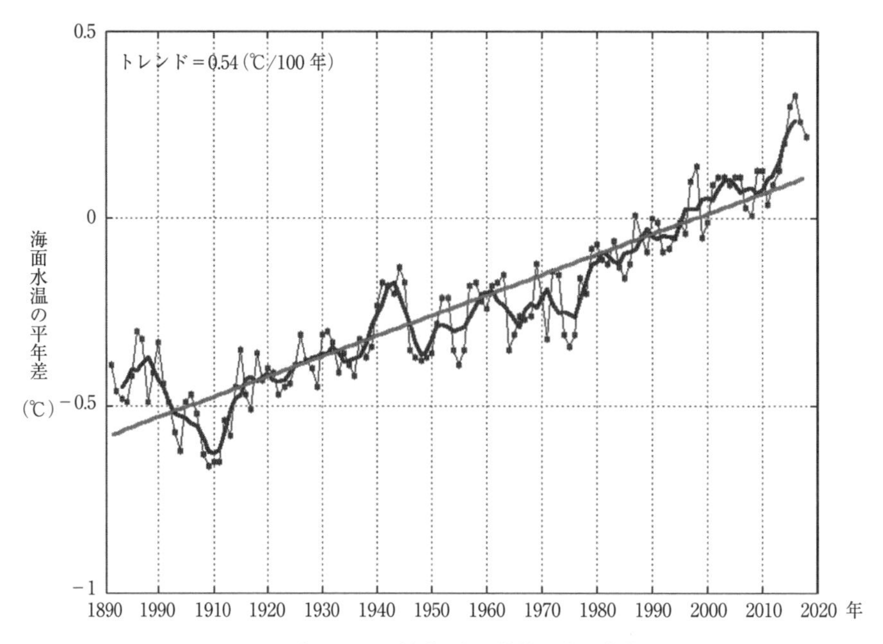

図 5.3　1891～2018 年における地球の年平均海面水温変化　（気象庁 HP）

1981～2010 年までの 30 年間の平均値に対する偏差で表したもの。細線は各年の偏差，曲線はその 5 年移動平均，直線は長期的傾向（トレンド）をそれぞれ示す。

表 5.1　温室効果気体の例

	CO_2 二酸化炭素	CH_4 メタン	N_2O 亜酸化窒素	CFC-11 フロン 11	HFC-23 *3 ハイドロフルオロカーボン	SF_6 六フッ化硫黄	CF_4 四フッ化炭素
工業化以前の大気中濃度	278±2 ppm	722±25 ppb	270±7 ppb	存在せず	存在せず	存在せず	34.7±0.2 ppt
2011 年の大気中濃度	391±0.2 ppm	1803±2 ppb	324.2±0.1 ppb	238±0.8 ppt	24.0±0.3 ppt	7.28±0.03 ppt	79.0±0.1 ppt
濃度の変化率 *1	2.0 ppm/年	4.8 ppb/年	0.8 ppb/年	−2.2 ppt/年	0.9 ppt/年	0.3 ppt/年	0.7 ppt/年
大気中の寿命 *2	—	12.4 年	121 年	45 年	222 年	3,200 年	50,000 年

『理科年表 平成 31 年版』を改変

*1　変化率は，2005～2011 年の平均値。

*2　大気中の寿命は，メタンと亜酸化窒素については「応答時間（一時的な濃度増加の影響が小さくなるまでの時間）」，その他の気体については「滞留時間（気体総量／大気中からの除去速度）」を示す。

*3　HFC-23 は代替フロンの 1 つ。

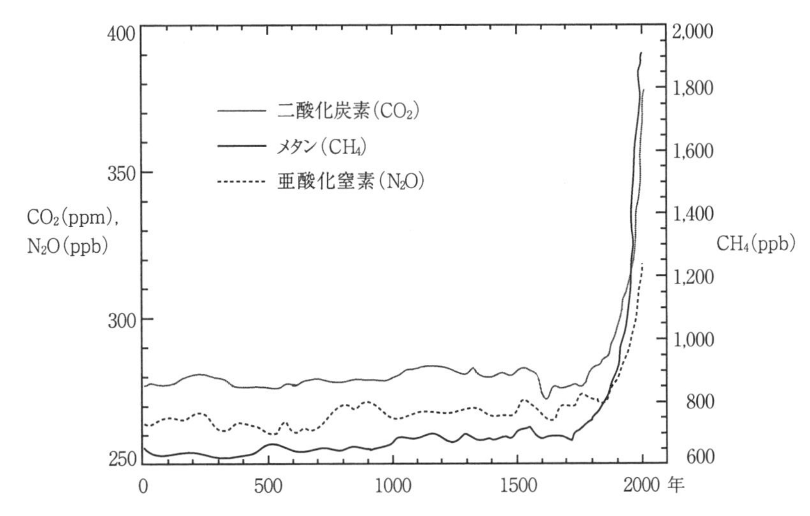

図 5.4　過去 2,000 年間における温室効果気体(二酸化炭素，メタン，亜酸化窒素)の濃度変化　IPCC WGI(2007)

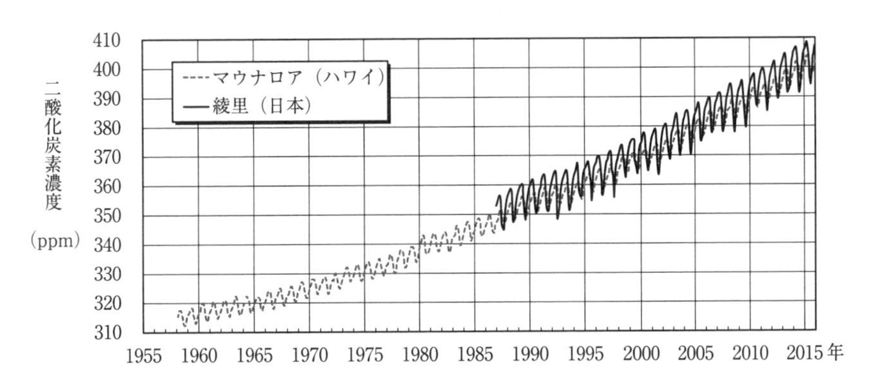

図 5.5　1958〜2018 年におけるハワイ(マウナロア)と日本(岩手県綾里)の二酸化炭素月平均濃度変化　『理科年表プレミアム』

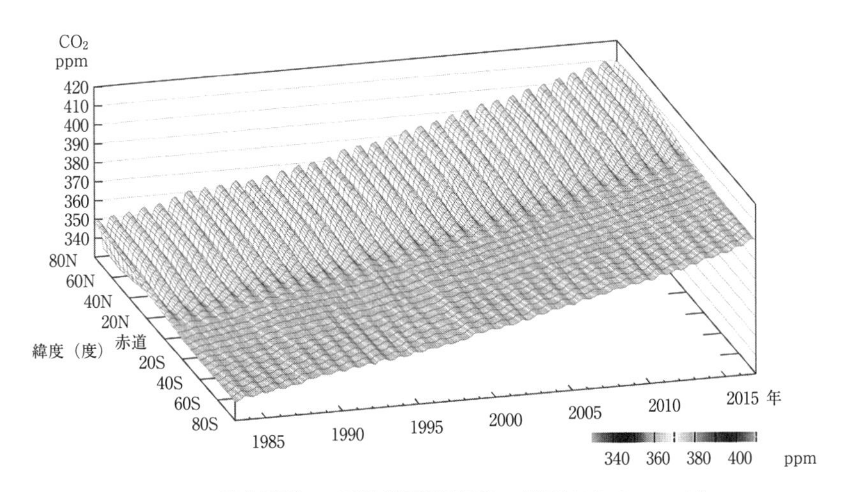

図 5.6　緯度帯別の二酸化炭素濃度変化　『理科年表プレミアム』

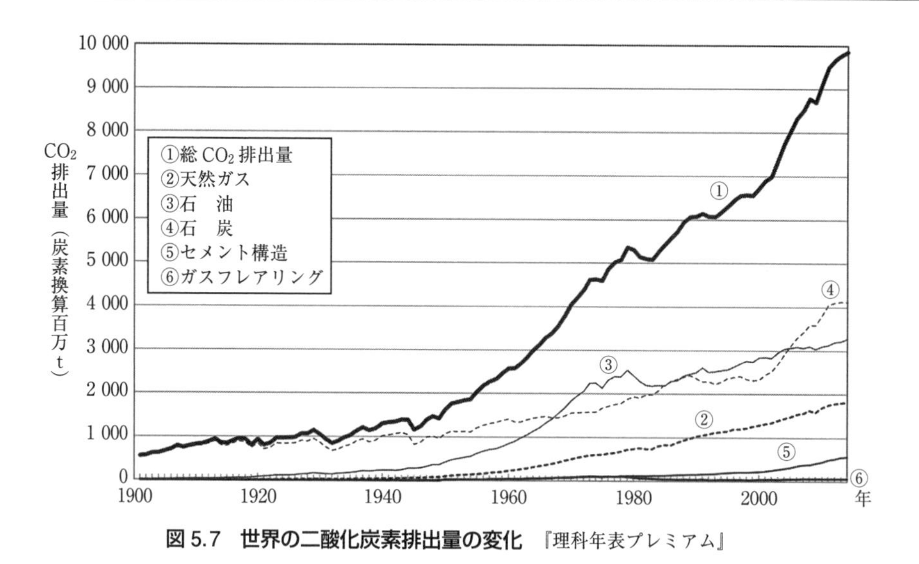

図 5.7　世界の二酸化炭素排出量の変化　『理科年表プレミアム』

表 5.2　日本の温室効果気体の総排出量（百万 t CO_2 換算）

	GWP＊	1990	1991	1992	1993	1994	1995	1996	1997	1998	1999	2000
二酸化炭素（CO_2）	1	1,162	1,171	1,181	1,174	1,235	1,248	1,261	1,259	1,224	1,259	1,280
メタン（CH_4）	25	44.2	43.0	43.8	39.7	43.1	41.6	40.4	39.7	37.8	37.7	37.7
亜酸化窒素（N_2O）	298	31.5	31.2	31.4	31.3	32.6	32.9	34.0	34.8	33.2	27.0	29.6
ハイドロフルオロカーボン類（HFCs）	HFC-134a：1,430 など	15.9	17.3	17.8	18.1	21.1	25.2	24.6	24.4	23.7	24.4	22.9
パーフルオロカーボン類（PFCs）	PFC-14：7,390 など	6.5	7.5	7.6	10.9	13.4	17.6	18.3	20.0	16.6	13.1	11.9
六フッ化硫黄（SF_6）	22,800	12.9	14.2	15.6	15.7	15.0	16.4	17.0	14.5	13.2	9.2	7.0
三フッ化窒素（NF_3）	17,200	0.03	0.03	0.03	0.04	0.1	0.2	0.2	0.2	0.2	0.3	0.3
計		1,274	1,284	1,297	1,289	1,360	1,382	1,396	1,393	1,348	1,370	1,389

	2001	2002	2003	2004	2005	2006	2007	2008	2009	2010	2011	2012	2013	2014	2015
二酸化炭素（CO_2）	1,263	1,299	1,304	1,303	1,311	1,290	1,325	1,240	1,167	1,217	1,266	1,300	1,316	1,269	1,227
メタン（CH_4）	36.6	35.9	34.5	35.5	35.3	34.8	35.0	34.7	33.8	34.9	33.8	33.0	32.7	32.1	31.3
亜酸化窒素（N_2O）	26.0	25.4	25.2	25.2	24.8	24.8	24.2	23.3	22.7	22.3	21.8	21.4	21.4	20.9	20.8
ハイドロフルオロカーボン類（HFCs）	19.5	16.2	16.2	12.4	12.8	14.6	16.7	19.3	20.9	23.3	26.1	29.3	32.1	35.8	39.2
パーフルオロカーボン類（PFCs）	9.9	9.2	8.9	9.2	8.6	9.0	7.9	5.7	4.0	4.2	3.8	3.4	3.3	3.4	3.3
六フッ化硫黄（SF_6）	6.1	5.7	5.4	5.3	5.1	5.2	4.7	4.2	2.4	2.4	2.2	2.2	2.1	2.1	2.1
三フッ化窒素（NF_3）	0.3	0.4	0.4	0.5	1.5	1.4	1.6	1.5	1.4	1.5	1.8	1.5	1.6	1.1	0.6
計	1,361	1,390	1,395	1,391	1,399	1,380	1,415	1,329	1,252	1,306	1,356	1,391	1,409	1,364	1,325

『理科年表プレミアム』を改変

＊ GWP：地球温暖化指数（二酸化炭素を1とした時の各気体の温室効果の程度）

5.1.2　21世紀の気温変化予測および温暖化による地球環境への影響

20世紀における気温変化がどのような要因によって起こったかを検証するモデルの中で，自然要因（太陽活動と火山活動）と人為的要因（化石燃料の消費に伴うCO_2の増加など）を組み合わせたものが，実測データを最もよく説明できる（図5.8）。ただし，1970年代後半以降の気温の上昇傾向は自然要因では説明ができず，人為的な要因が強く関わっているものと推定される。

このような気温の上昇傾向は，1980年代になって地球温暖化と呼ばれるようになり，そこには人間活動が深く関与している可能性が指摘された。これを受けて，1988年に地球温暖化に関する国際的な検討を行うIPCC（Intergovernmental Panel on Climate Change）が発足した。IPCCは，地球規模の気候変動に関する研究成果を集約し，気候変動に伴うさまざまな災害に対して，各国がそれぞれ効果的な対策をとれるようにする目的で設立された国連の組織である。IPCCは，3つの作業部会から構成されている［第一次作業部会（WGI）：気候システムおよび気候変動に関する科学的知見の評価，第二次作業部会（WGII）：気候変動に対する社会経済システムや生態系の脆弱性と気候変動の影響および適応策の評価，第三次作業部会（WGIII）：温室効果気体の排出抑制および気候変動の緩和策の評価］。

IPCCの最新の報告（IPCC WGI, 2013）によれば，1880～2012年の間に地球の年平均気温は0.85℃上昇し，1901～2010年の間に地球の平均海面水位は0.19m上昇している。一方，大気中

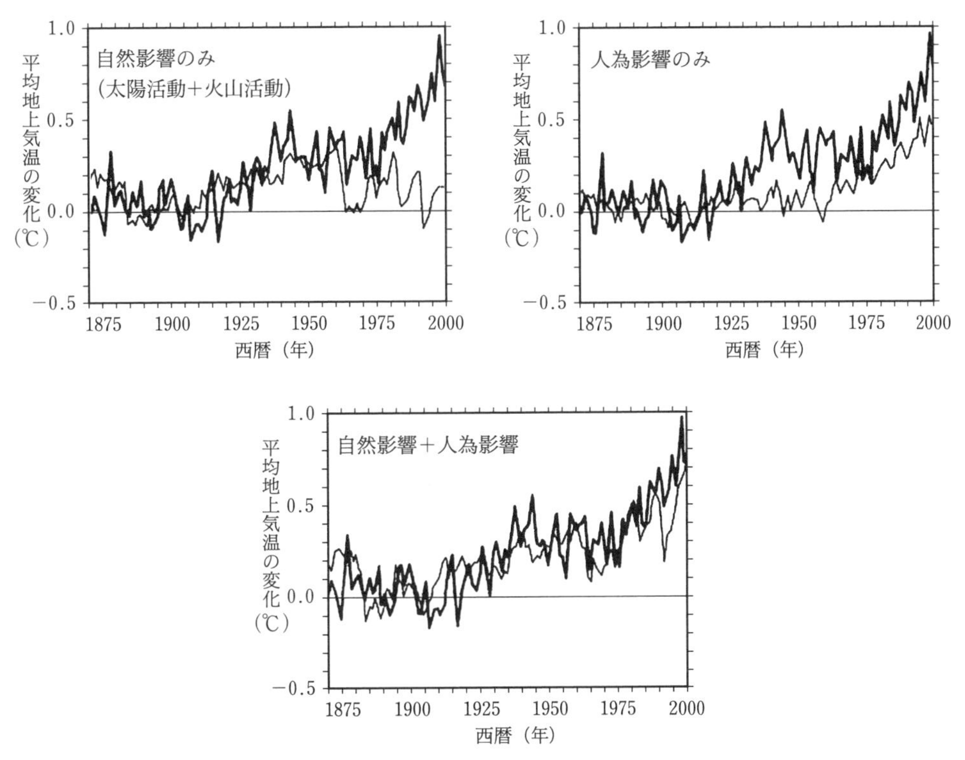

図5.8　20世紀の気温変化を説明する気候変動モデル　日本第四紀学会ほか編（2007）を改変
太線は実測値，細線はモデルによる計算値を示す。
各図とも，縦軸の気温は，1881～1990年の平均気温との差を示す。

の二酸化炭素（CO_2），メタン（CH_4），亜酸化窒素（N_2O）の濃度は，少なくとも過去80万年間では前例のない増加を示している（図1.2参照）。

地球の平均海面水位の平均上昇率は，1901〜2010年で1.7mm/年，1971〜2010年で2.0mm/年，1993〜2010年で3.2mm/年と推定される。海面上昇の原因として，1970年代の初め以降については，氷河の融解と海洋の熱膨張などで全体の約75%を説明することができる。1993〜2010年について見ると，海洋の熱膨張による海面上昇が平均1.1mm/年，山岳氷河の融解によるものが

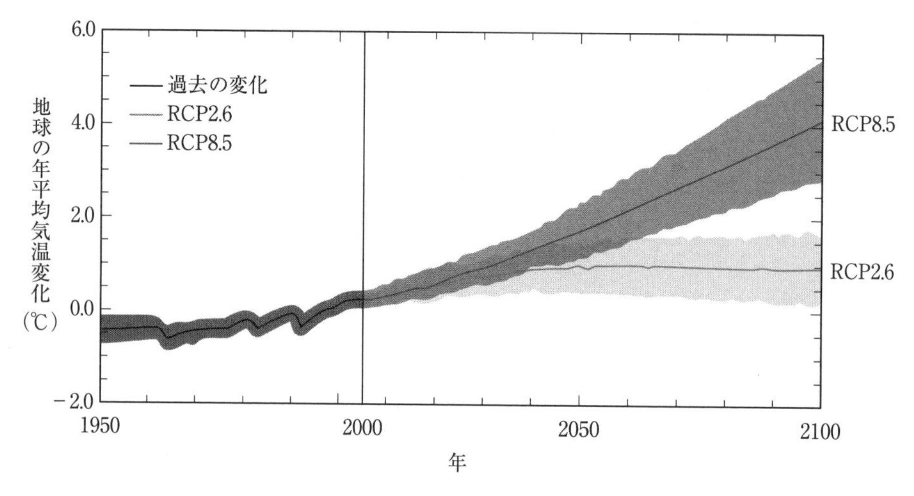

図5.9　21世紀の気温変化予測　IPCC WGI（2013）を改変

1986〜2005年の平均値との差を示したもの。RCP8.5は「高位参照シナリオ」，RCP2.6は「低位安定化シナリオ」による予測。

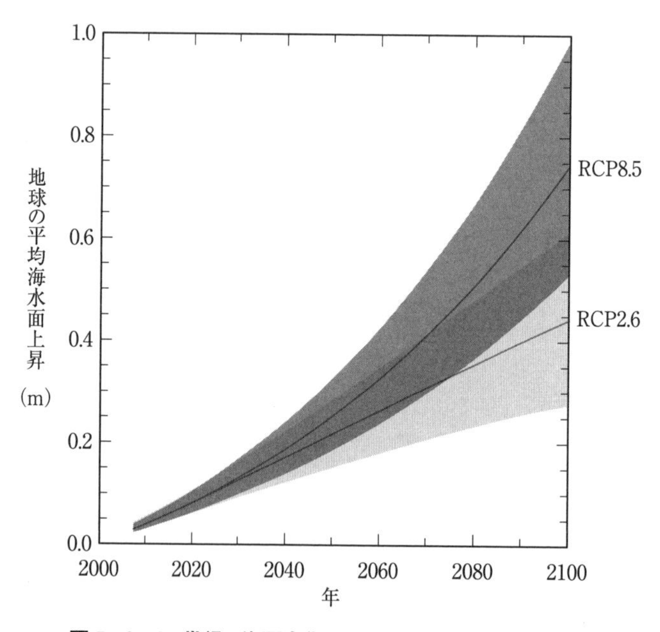

図5.10　21世紀の海面変化予測　IPCC WGI（2013）を改変

1986〜2005年の平均値との差を示したもの。RCP8.5は「高位参照シナリオ」，RCP2.6は「低位安定化シナリオ」による予測。

平均0.76mm/年，グリーンランド氷床と南極氷床の融解によるものが，それぞれ平均0.33mm/年と0.27mm/年，陸域の貯水量減少によるものが平均0.38mm/年である。これらを合計すると平均2.8mm/年の海面上昇を説明することができる（IPCC WGI，2013）。

21世紀末の気温予測はRCPシナリオに基づいて行われている（図5.9）。RCP（Representative Concentration Pathways）シナリオとは，地球温暖化を起こす効果（放射強制力）が将来どのように変化するかについて複数の経路を想定したものである。RCPシナリオには，2100年以降

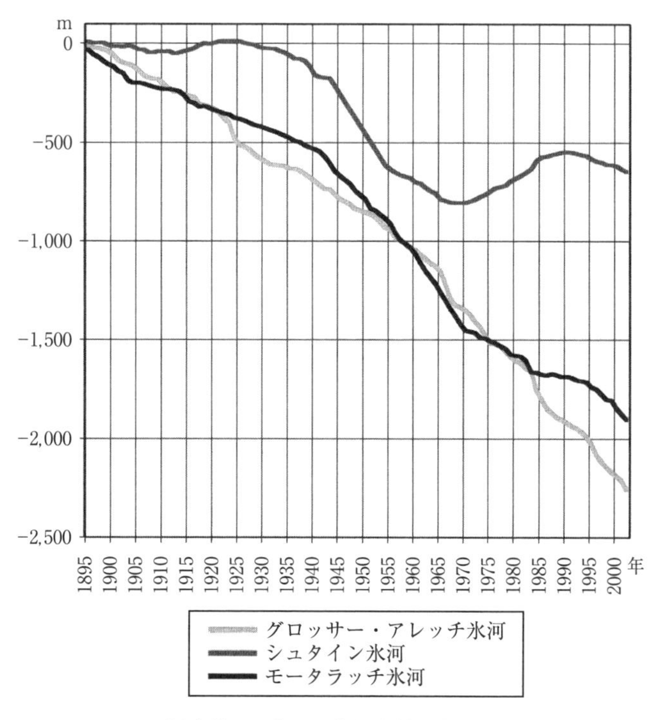

図5.11 スイスにおける過去約100年間の氷河末端の変動 ハンブリー・アレアン(2010)
縦軸のマイナス(−)は氷河の後退を示す。

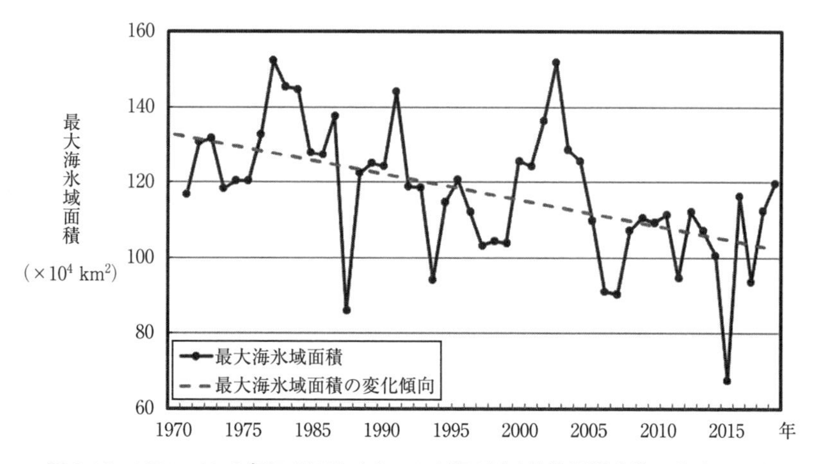

図5.12 1971〜2019年におけるオホーツク海の最大海氷面積変化 （気象庁HP）

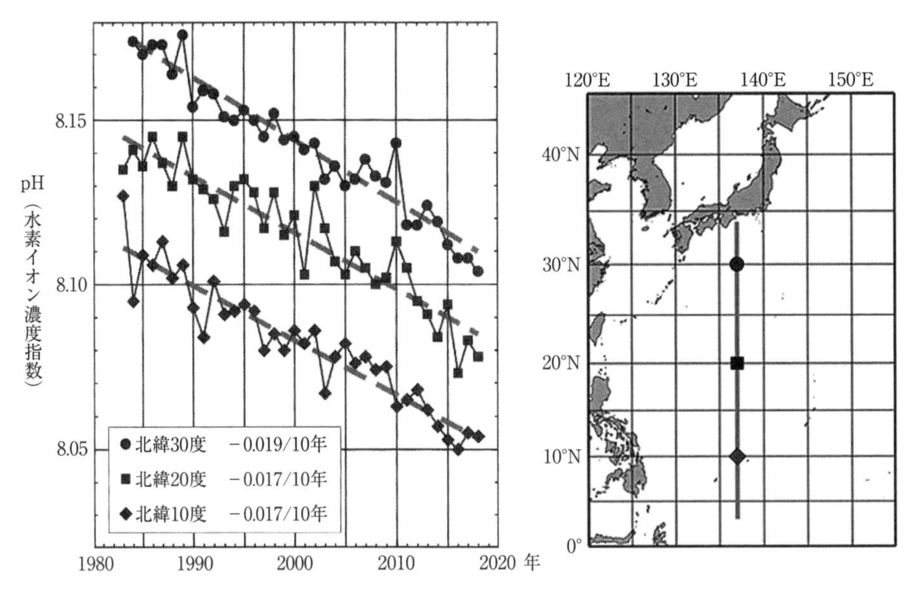

図 5.13 東経 137 度線における冬季(1～3 月)の表面海水の pH 変化 『理科年表 平成 31 年版』

も放射強制力の増加が続く「高位参照シナリオ」(RCP8.5)，2100年までに放射強制力がピークに達し，その後は減少する「低位安定化シナリオ」(RCP2.6)，これらの中間の「高位安定化シナリオ」(RCP6.0）と「中位安定化シナリオ」(RCP4.5）がある（気象庁 HP 参照)。RCP2.6以外のシナリオでは，いずれも1850～1900年と比較した21世紀末の気温上昇が1.5℃を超える可能性が高いという結果が得られている。21世紀末の海面予測に関しては，1986～2005年を基準とした2081～2100年の海面水位はRCP2.6で0.26～0.55m，RCP8.5で0.45～0.82m，それぞれ上昇すると推定されている（図5.10)。

温暖化による地球環境への影響としては，氷河や海氷の融解があげられる（図5.11，5.12)。このほかに，産業革命以降に人為的要因で増加した二酸化炭素を吸収してきた海洋の酸性化も進行している（図5.13)。こうした変化は，さまざまな異常気象や生態系変化の原因になりうる。さらに，温暖化に伴う地球規模の海面上昇は，沿岸地域において高潮や津波による災害の危険度を高める可能性が高いことも指摘されている（IPCC WGII，2007)。

5.1.3 地球温暖化対策と問題点

1980年代以降顕著になった地球温暖化に人間活動が関与していることは，多くの研究者が認めているが，そのメカニズムや人間による関与の程度などについては未解明な点も多い。

地球温暖化問題解決のために，国際的な取り組みが進められてきた。1992年の**地球サミット**において，IPCCによる地球温暖化防止を目的とした**「気候変動枠組み条約」(地球温暖化防止条約)** が設定され，1994年に発効した。翌1995年からは，毎年1回**締約国会議（COP)** が開催されてきた。1997年のCOP3は京都で開かれ，そこで先進国を対象に温室効果気体の削減目標を示した**京都議定書**が採択された（1990年比で日本6%，アメリカ7%，EU 8%)。さらに，これ

表5.3 京都議定書とパリ協定の比較

京都議定書	項 目	パリ協定
・条約の究極目標(人為的起源の温室効果ガス排出を抑制し，大気中の濃度を安定化)を念頭に置く	全体の目標	・産業革命前からの気温上昇を2℃よりも十分下方に抑えることを世界全体の長期目標としつつ，1.5℃に抑える努力を追求 ・今世紀後半に温室効果ガスの人為的な排出と吸収のバランスを達成するよう，世界の排出ピークをできるだけ早期に迎え，最新の科学に従って急激に削減
・附属書Ⅰ国(先進国)全体で2008～2012年の5年間に1990年比5%削減させることを目標として設定 ・附属書Ⅰ国(先進国)に対して法的拘束力のある排出削減目標を義務付け(日本6%減，米国7%減，EU 8%減など)	削減目標の設定	・全ての国に各国が決定する削減目標の作成・維持・国内対策を義務付け ・5年ごとに削減目標を提出・更新
・条約において，温室効果ガスの排出量等に関する報告(インベントリ，国別報告書)の義務付けがあり，京都議定書で必要な補足情報もこれらに含める	削減の評価方法	・全ての国が共通かつ柔軟な方法で削減目標の達成等を報告することを義務付け，専門家レビュー・多国間検討を実施，協定全体の進捗を評価するため，5年ごとに実施状況を確認
・なし	適 応	・適応の長期目標の設定，各国の適応計画プロセスや行動の実施，適応報告書の提出と定期的更新
・附属書Ⅱ国に対して非附属書Ⅰ国への資金支援を義務付け(条約上の規定)	途上国支援	・先進国は資金を提供する義務を負う一方，先進国以外の締約国にも自主的な資金の提供を奨励
・京都メカニズム(先進国による途上国プロジェクトの支援を通じたクレジットの活用，先進国同士による共同実施，国際排出量取引)を通じて，市場を活用した排出削減対策を促進	市場メカニズム	・我が国提案の二国間オフセット・クレジット制度(JCM)も含めた市場メカニズムを削減目標の達成に活用することを可能に

環境省(2016)『平成28年版 環境白書』

らを実現するための方法として，CO_2の排出量取引などを含む京都メカニズムが取り入れられた(表5.3)。しかし，その後アメリカが離脱したことなどもあり，京都議定書は2005年になってようやく発効した。

京都議定書以後，先進国だけでなく新興国や発展途上国も包括した形での「ポスト京都議定書」の取り組みが進められ，2015年のCOP21では，2020年以降の温室効果気体の排出削減ルール（**パリ協定**）が採択され2016年11月に発効した。パリ協定では，気温の上昇を産業革命以前と比べて1.5℃に抑える努力を追求すること，すべての国が削減目標を5年ごとに提出・更新すること，さらに5年ごとに協定の実施状況を確認すること（グローバル・ストックテイク）などが決められた（表5.3)。

今後は，以上のような温暖化対策が適正に実行されていくかどうかの問題があるが，同時に，自然要因と人為的要因を含めた地球の気候変動メカニズムや，CO_2収支の定量的な把握などの基礎研究の継続も不可欠である。

5.2 ヒートアイランド現象

【目的】ヒートアイランド現象について，各種のデータからその実態をとらえ，そこに関与している人間活動を把握する。

【キーワード】日最低気温，人工排熱，土地被覆形態，都市型水害，保水性舗装

5.2.1 ヒートアイランド現象の実態と原因

20世紀において日本全体の年平均気温は約1℃上昇しているのに対して（図5.2），東京都心部の年平均気温は3℃，年平均日最低気温は3.8℃上昇している（図5.14）。こうした都市部の高温化現象は，地球規模の温暖化のほかに，都市特有の構造が関わっているものと考えられる。都市の気温分布において，郊外に比べて都心部の気温が高くなる現象を**ヒートアイランド**（**heat island**）と呼んでいる。都心と郊外との温度差は，特に日最低気温の差として顕著に現れている（図5.14〜5.19）。

ヒートアイランド現象の原因は，人工排熱の増加，土地被覆形態の変化，建物の高層化などであると考えられる（図5.20）。人口が集中し，さまざまなインフラが構築されている都市では，工場・家庭・車起源の多くの熱が放出されている。また，かつては水面や植生に覆われていた土地の表面がコンクリートやアスファルトに変えられていったことも，熱を逃がしにくくする原因である。土地の被覆形態による1日の中での表面温度の変化を見ると，水面や植物に覆われた土地では大きな変化が見られないのに対して，コンクリートやアスファルトに覆われた場所では大きな変化が起こっている。この違いは，水面や緑地には水の**蒸発散**に際して気化熱を消費することで冷却効果がある一方で，コンクリートやアスファルトは熱を蓄積する作用が大きいためと考えられる。さらに，都市における建物の高層化は**天空率**（地上から見上げた時に空が見える割合）を低下させ，地表の熱が逃げにくい状況を助長している。

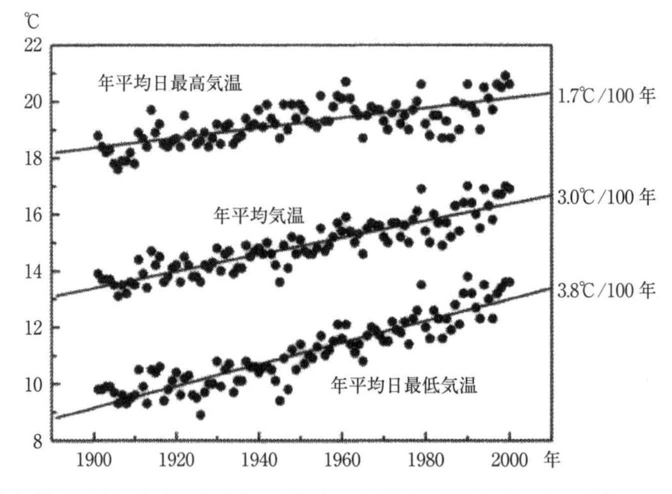

図5.14 東京（大手町）における日最高，日平均，日最低 年平均気温変化の比較 三上（2006）

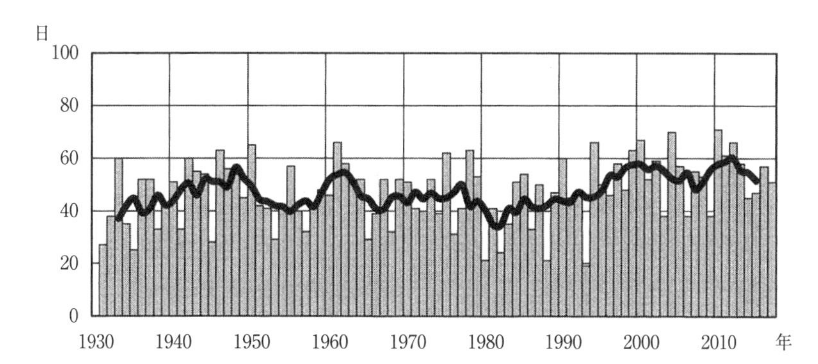

図 5.15　東京における真夏日（日最高気温 30℃以上）の年間日数の変化（1931～2017 年）
『理科年表 平成 31 年版』

棒グラフは毎年の値，折れ線グラフは 5 年移動平均を示す。
東京は 2014 年 12 月 2 日に大手町から北の丸公園に観測地点を移転。

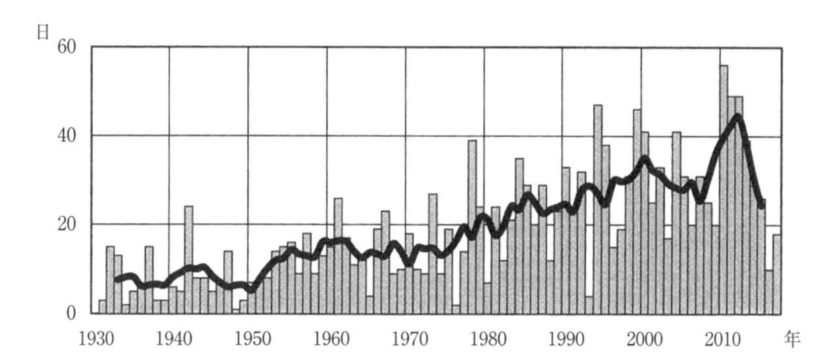

図 5.16　東京における熱帯夜（日最低気温 25℃以上）の年間日数の変化（1931～2017 年）
『理科年表 平成 31 年版』

棒グラフは毎年の値，折れ線グラフは 5 年移動平均を示す。
東京は 2014 年 12 月 2 日に大手町から北の丸公園に観測地点を移転。

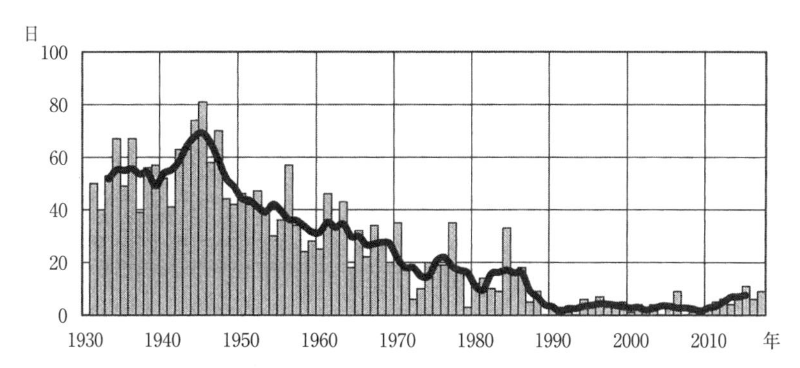

図 5.17　東京における冬日（日最低気温 0℃未満）の年間日数の変化（1931～2017 年）
『理科年表 平成 31 年版』

棒グラフは毎年の値，折れ線グラフは 5 年移動平均を示す。
東京は 2014 年 12 月 2 日に大手町から北の丸公園に観測地点を移転。

こうしたヒートアイランド現象は，単に気温だけの問題にとどまらず，上昇気流の急激な発達によって集中豪雨の発生頻度を増加させ，**都市型水害**の原因の1つにもなる（12.2.1項参照）。

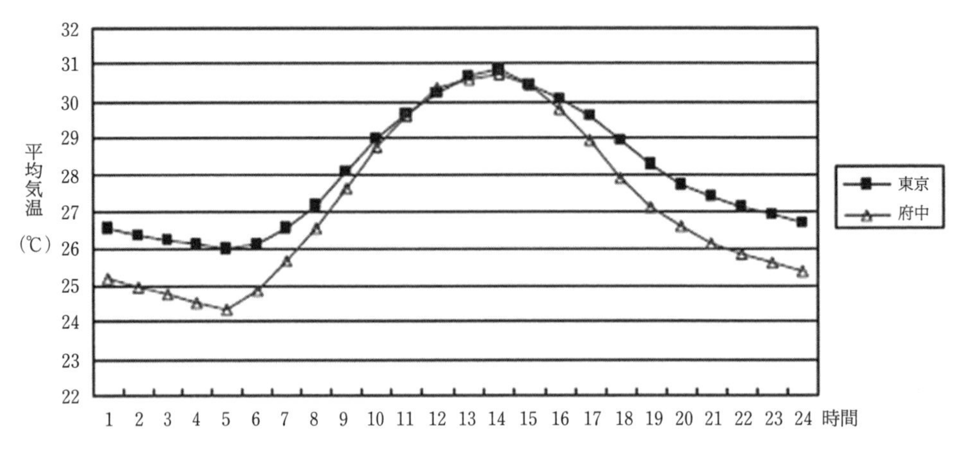

図 5.18 東京の都心（大手町）と郊外（府中）における 8 月の平均気温の時刻変動比較（1998～2000 年）
環境省（2003）

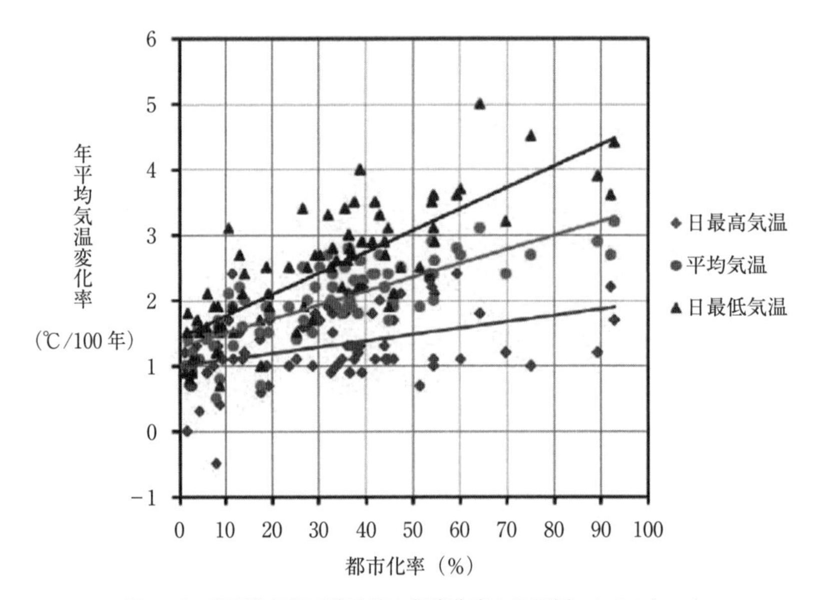

図 5.19 年平均気温の変化率と都市化率との関係 気象庁（2018）
1931～2017 年における全国 78 地点の観測データに基づく。
都市化率は，観測地点を中心とした半径 7km の円内における人工被覆率（建物＋舗装）を示す。

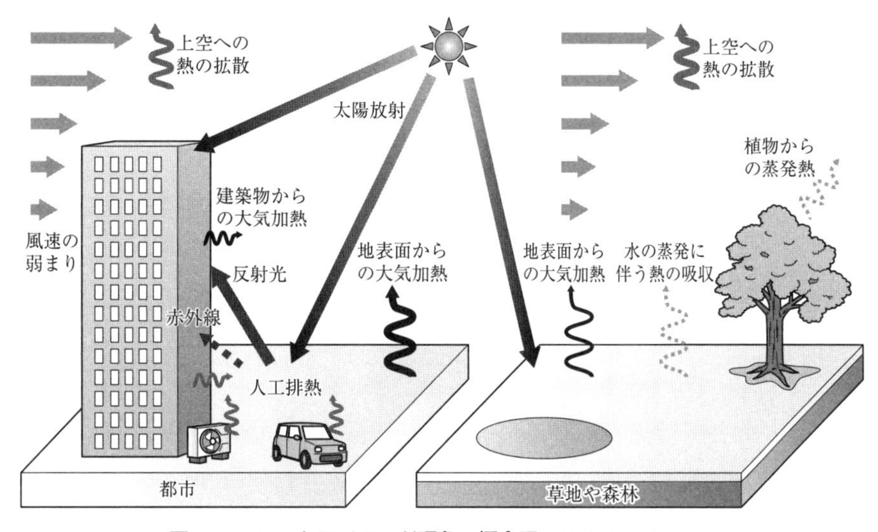

図 5.20 ヒートアイランド現象の概念図 (気象庁 HP)を改変

5.2.2 ヒートアイランド対策と問題点

ヒートアイランド現象の原因およびメカニズムが明らかにされたことで，ヒートアイランドを緩和するためのさまざまな対策が実施されている。その例として，屋上緑化・壁面緑化・校庭の芝生化などによって緑地面積を増やすこと，**保水性舗装**の道路を取り入れること，遮熱性塗料や保水性のある新素材の開発，散水やドライミストの使用，風の通り道を考慮した建築計画などがあげられる。これらは，それぞれヒートアイランド現象の緩和に一定の効果をあげているが，ヒートアイランド現象そのものを解消するまでには至っていない。

Column

道路の舗装方法（排水性舗装，透水性舗装，保水性舗装）

近年では，通常の方法以外に多様な舗装方法が実用化されている。排水性舗装は，高速道路や幹線道路などで用いられている。この舗装の特徴は，不透水層の上に透水層を重ねる形式で，路面の水を透水層に吸収させた後に側溝などを通して排水するものである。これによって，車両の走行の安全性が高められ，騒音を低減させる効果もある。透水性舗装は透水層を重ねた形式で雨水を地中に浸透させるものであり，洪水対策および地下水涵養を目的としたものである。一方，保水性舗装は，透水層の上に保水層を重ねる形式で，雨水を保水層に蓄え，蒸発時に気化熱が消費されることによって路面周辺の温度を低下させる効果（“打ち水効果”）がある。したがって，ヒートアイランド対策の1つとして普及し始めている。さらに，保水層の吸収能力を超える水は，その下の透水層を通って地中に浸透するため，保水性舗装は洪水対策としても有効である。

5.3　オゾン層破壊

【目的】地球大気におけるオゾン層の位置づけを把握したうえで，その破壊の実態と原因を理解する。

【キーワード】オゾン層，成層圏，オゾンホール，フロン（CFCs），塩素原子（Cl），極成層圏雲（PSCs），モントリオール議定書，代替フロン

5.3.1　地球大気の構造とオゾン層

100 km 以上の厚さをもつ地球の大気は，垂直方向の温度分布によって下位から順に対流圏，成層圏，中間圏，熱圏の4つの層に分けられる（図5.21）。**オゾン層**（ozone layer）とは，**成層圏**（stratosphere）の中のオゾン濃度の高い範囲（高度約15～35 km）を指す。温度の垂直方向の分布を見ると，地表に最も近い**対流圏**（troposphere）では上空ほど低温になるが，その上の成層圏では上空ほど高温になるという特徴がある（図5.21）。このような相違は，それぞれの場における熱源の違いによって生じる。対流圏の熱源の主体は地表面からの放射熱であるのに対して，成層圏の熱源の中心は，太陽からの放射熱に加えてオゾン層が紫外線を吸収した際に放出する熱にあると考えられている。

オゾン層の主要な起源は，地表から放出された酸素であり，そこには植物による光合成作用が大きく関わっている。オゾン層には生物にとって有害な紫外線を吸収する作用があるが，オゾン層が完成したのは今から5～4億年前と考えられ，これによって陸上での植物の生育および動物の生息が可能になったと推定されている（1.1節参照）。

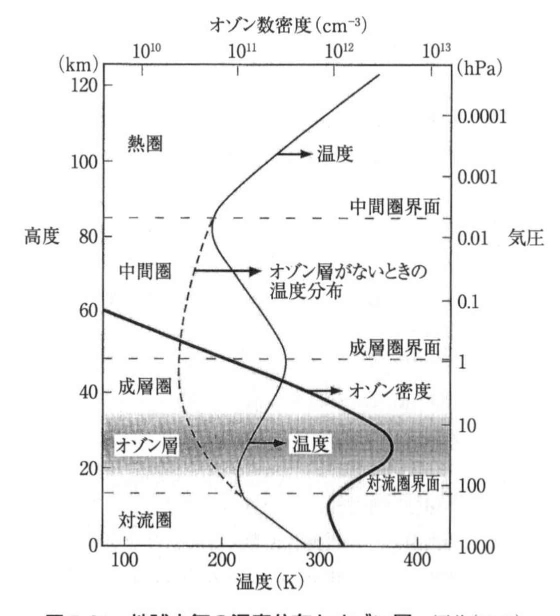

図 5.21　地球大気の温度分布とオゾン層　酒井（2003）

5.3.2　オゾン層破壊の実態

地表面から放出された酸素を起源とするオゾンは，成層圏の中で低緯度側から冬半球の高緯度側に向かう風によって運ばれ極地域に蓄積される。したがって，本来のオゾン層の濃度は極地域の冬から春にかけて最も高い傾向が見られる。ところが，1980年代前半に南極上空のオゾン濃度が極端に低下する現象が確認された。それは，南極の春にあたる9月から10月にかけて顕著に現れ，**オゾンホール**（ozone hole）と呼ばれる（図5.22）。オゾンホールは夏になると一旦消滅するが，次の春にはまた出現する。オゾンホールの面積は，1980年代から1990年代にかけて急速に増大した（図5.23）。

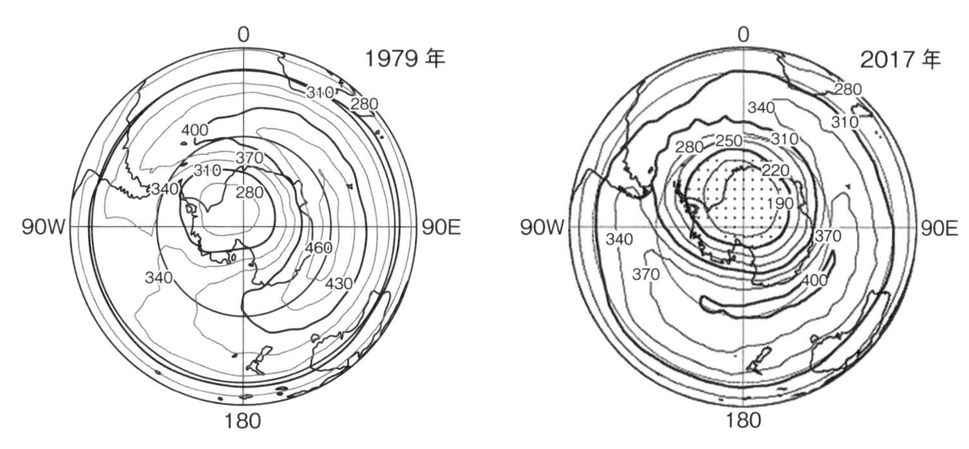

図5.22　南半球における10月の月平均オゾン全量分布（mm atm-cm）の比較（1979年と2017年）
『理科年表プレミアム』を改変

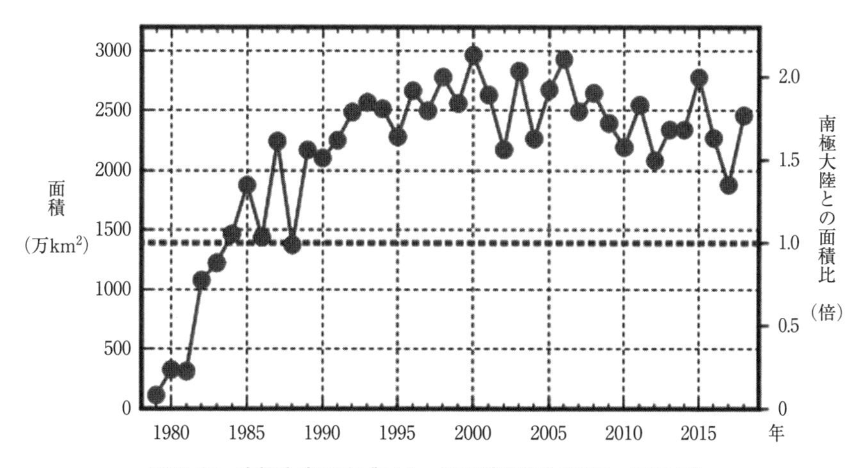

図5.23　南極上空のオゾンホール面積の変化（1979〜2018年）
（気象庁HP）

5.3.3 オゾン層破壊の原因 ── フロンによるオゾン層破壊の過程

オゾン層を破壊する原因物質の代表として，**フロン**（正式名称はクロロフルオロカーボン，Chlorofluorocarbon：略称 CFCs）があげられる。フロンは1920年代に発明された人工物質で，炭化水素類の水素をフッ素や塩素に置換したものである。フロンは安定であること，毒性がないこと，燃えにくいことなどの優れた性質があったため，20世紀後半において半導体の洗浄剤，カーエアコンや冷蔵庫の冷媒（冷却剤）などとして大量に使用されるようになった。

こうしてフロンの需要が急増する一方で，フロンがオゾン層を破壊する可能性を指摘した仮説が発表された（Molina and Rowland, 1974）。この仮説によれば，フロンに含まれる塩素原子（Cl）がオゾンの破壊に直接関わる可能性が示されている。その反応は $Cl + O_3 \rightarrow ClO + O_2$ で，塩素原子がオゾンと反応して一酸化塩素（ClO）と酸素分子になるというものである。さらに，ここで発生した一酸化塩素の一部は酸素原子と結びついて再び塩素原子に戻り，これがオゾンの破壊を繰り返していると考えられた。この仮説は，オゾン層の破壊が明らかになった1980年代以降実証された。

その後，成層圏の中でオゾン層の破壊がどのような条件下で進行するかが明確になっていった。それによれば，オゾン層を破壊する活性化塩素の形成には成層圏の温度が関わっている。南極が極夜の状態で，成層圏の温度が約－78℃以下になると**極成層圏雲**（Polar Stratospheric Clouds；PSCs）が形成され，この中で多量の塩素分子（Cl_2）が発生する。これらは春先になると光化学反応によって，活性化した塩素原子（Cl）になり，オゾンの破壊が一気に進む（図5.24）。したがって，オゾン層の破壊は極地域の春先に顕著に現れることになる。南極と同様に北極上空でも春先（2月～3月）にオゾン濃度が低下する傾向が見られるが，その程度は南極ほどではない。その理由として，南極と北極では海陸分布の違いから成層圏における気象条件が異なることが考えられる。すなわち，北半球ではヒマラヤやロッキーなどの大規模な山脈地形の影響で極地域に昇温現象が起こることがあり，－78℃以下の状態が継続しにくい。これに対して，南半球は海洋の占める割合が大きく，低温状態が安定する傾向が見られるためである。

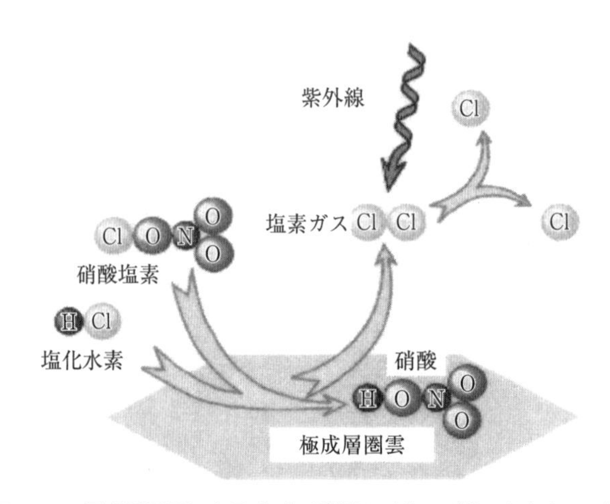

図5.24 極成層圏雲によるオゾン破壊のメカニズム 気象庁HPを改変

5.3.4　オゾン層破壊の防止策と問題点

フロンによるオゾン層破壊の過程が明確になってから，1987年に採択された**モントリオール議定書**に基づいて，国際的にフロンの使用に関する規制が実行されている。これによって，先進国ではフロンの生産が1995年末で停止された（図5.25）。こうした取り組みの効果は，一部のフロンの大気中の濃度が1994年頃をピークにして減少に転じたことからもうかがえる（図5.26, 5.27）。一方，すでに使用されているフロンについては，大気中に放出されないように回収・分解を行うことが必要である。日本では，2002年以降**「フロン回収破壊法」**によって，業務用冷凍・空調機器やカーエアコンに使用されているフロンの回収と分解が義務づけられた。さらに，家庭用のエアコンや冷凍・冷蔵庫に使用されているフロンの処理についても，**家電リサイクル法**の中に盛り込まれている。

こうした取り組みの結果，近年ではオゾン層の回復傾向が認められるようになった。しかしながら，フロンは数十年から百年ほどの寿命をもつことから，過去に放出されたフロンの多くが成層圏に蓄積していると推定され，地表からの放出が減少してもオゾン層がすぐにもとの状態に戻るとは考えにくい（図5.28）。また，オゾン層の減少によって地表に到達する有害紫外線量が増加することで，白内障や皮膚がんの発症例が増える可能性も指摘されている。

一方で，多様な分野に使用されてきたフロンに代わる物質の開発も不可欠である。**代替フロン**としてはHCFC（ハイドロクロロフルオロカーボン）やHFC（ハイドロフルオロカーボン）などがあるが，HCFCにはオゾン層を破壊する作用があること，またHFCは強い温室効果をもつ

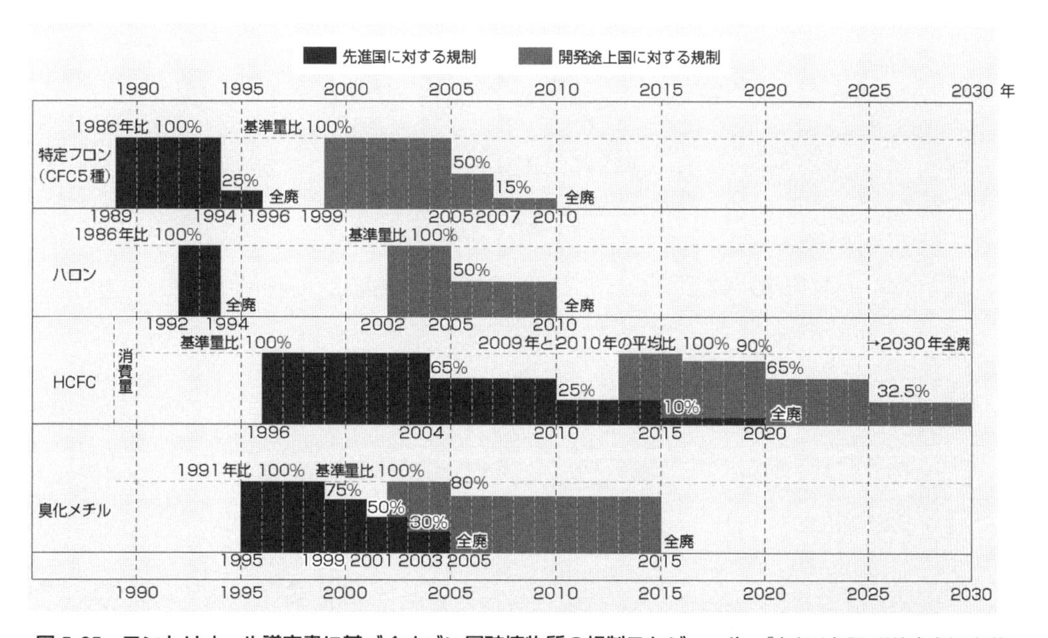

図5.25　モントリオール議定書に基づくオゾン層破壊物質の規制スケジュール　『令和元年版 環境白書』に加筆

特定フロンとは，フロンの中でも特にオゾン層を破壊する作用の大きいもので，CFC-11，CFC-12，CFC-113，CFC-114，CFC-115の5種類がある。この図に示されている物質のほかに，「その他のCFC」，四塩化炭素，1,1,1-トリクロロエタン，HFCなどについても規制スケジュールが定められている。

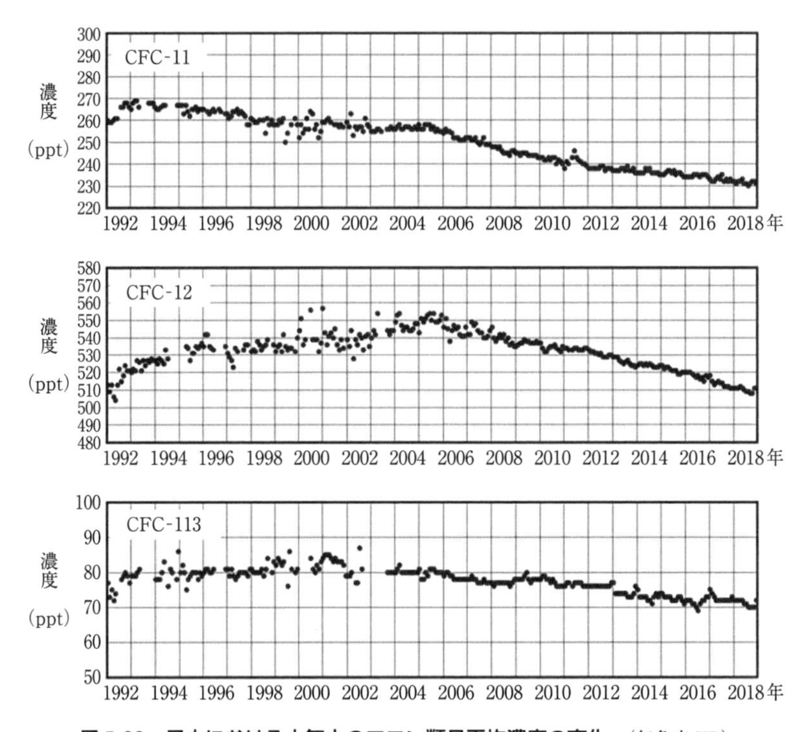

図 5.26　日本における大気中のフロン類月平均濃度の変化　（気象庁 HP）

岩手県綾里における観測結果。CFC-11，CFC-12，CFC-113 は，いずれも特定フロンに分類される。

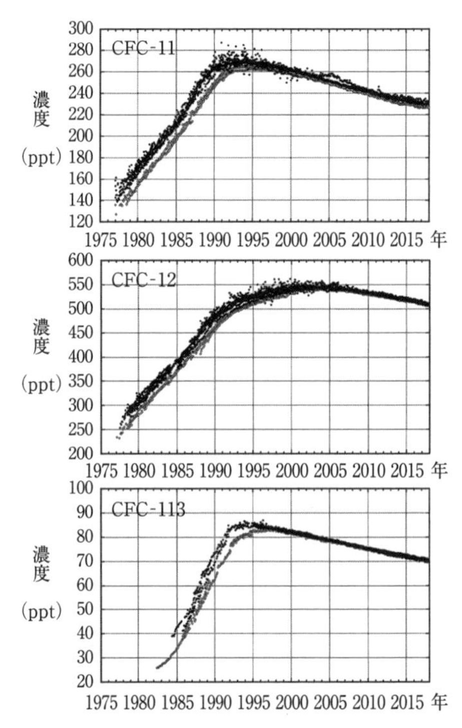

図 5.27　世界における大気中のフロン類の濃度変化　（気象庁 HP）

黒色は北半球，灰色は南半球のデータ。

ことから，それぞれに問題がある。そこで，最近では新たな冷媒の開発とともに，アンモニアや二酸化炭素などを用いた**自然冷媒**（Natural Refrigerant）の導入も進められている。

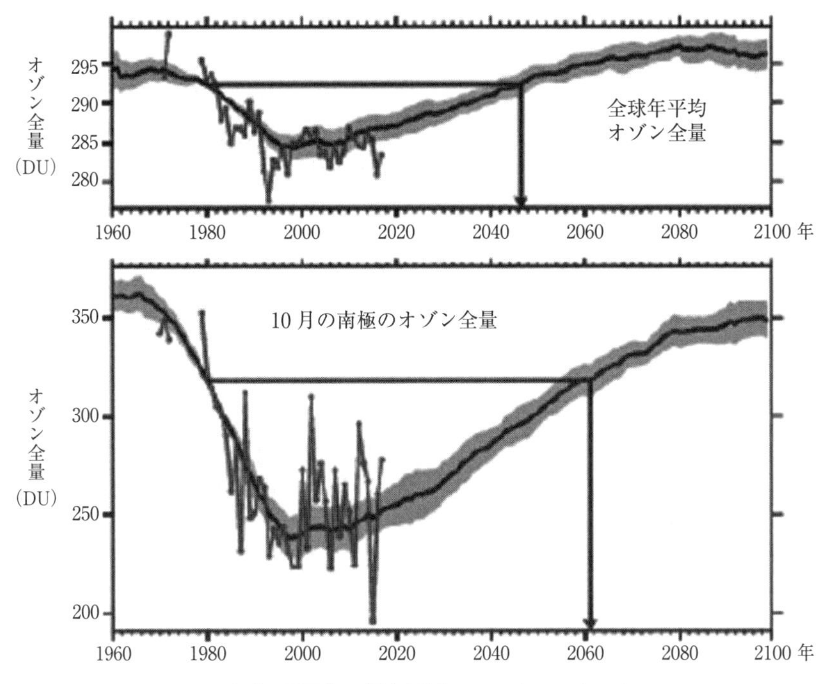

図 5.28 オゾン層回復の将来予測 WMO/UNEP(2018)を改変

DU：オゾン量を示すドブソン単位。
1980 年の状態に回復する時期は，全球年平均オゾン全量では 2040～2050 年頃(上図)，10 月の南極のオゾン全量では 2060 年頃(下図)と，それぞれ予測されている。

Column

対流圏オゾンと光化学スモッグ

オゾンは成層圏だけに存在する気体ではなく，対流圏にも分布している。対流圏に存在するオゾンは，いわゆるオゾン層とは成因や環境への影響に違いがあることから，**対流圏オゾン**として区別される。対流圏オゾンは，窒素酸化物などの大気汚染物質から光化学反応によって生成される**光化学スモッグ**の成分の1つである。また，オゾンには温室効果があるため，対流圏オゾンは**地球温暖化**の原因物質の1つにもなっている。さらに，対流圏オゾンが**酸性雨**の形成に関与していることも明らかにされている。

5.4 エルニーニョ現象／ラニーニャ現象

【目的】 エルニーニョ現象とラニーニャ現象の発生過程，および異常気象との因果関係を理解する。

【キーワード】 エルニーニョ現象，ラニーニャ現象，熱帯太平洋，貿易風，上昇気流，下降気流，太平洋高気圧，ENSO

5.4.1 エルニーニョとエルニーニョ現象

エルニーニョ（El Niño） とは，もともとは南米の太平洋沿岸地域（ペルーやエクアドル）において毎年12月頃に訪れる海水温の上昇を指すものであった。南米太平洋沿岸の水域は，通常は北上する寒流（ペルー海流あるいはフンボルト海流と呼ばれる）の影響を強く受けているが，夏の時期には暖流の影響が一時的に強くなるため海水温が上昇する。したがって，この時期にはアンチョビを中心にした寒流系の魚に対して，暖流系の魚が獲れるなどの恵みがもたらされた。その時期がクリスマス前後であることから，この恵みに対してスペイン語で「神の子 イエス・キリスト」を意味するエルニーニョという言葉があてられた。

ところが，何年かに一度の割合で海水温上昇の程度が大きくなり，沿岸部で大雨による災害が発生することがあった。こうした現象は，後に海水温のデータが整うようになると，**熱帯太平洋**全域の海水温分布に関わるものであることが明らかになってきた。本来使われていたエルニーニョと区別する意味で，こうした数年に一度見られる熱帯太平洋での現象を**エルニーニョ現象（El Niño Event）** と呼ぶ。

エルニーニョ現象が科学的に研究されるようになったのは，1972～1973年のペルーでのアンチョビの不漁，アメリカにおける大豆の不作などの原因究明がきっかけであった。一方，日本でエルニーニョ現象に関する研究が本格化したのは，1982年7月の梅雨末期の大雨による「長崎水害」(死者・行方不明者数 約300人）以降である（表12.1の「昭和57年7月豪雨」参照)。その後，1992年の**地球サミット**を契機に，エルニーニョ現象は国際的な研究の対象となっていった。

5.4.2 エルニーニョ現象／ラニーニャ現象の原因と経過

熱帯太平洋における海水温分布には，西部が高く東部が低いという東西方向の格差が見られる（図5.29)。このような水温差の原因は，熱帯域の恒常風である**貿易風（the trade wind）**（2.1.1項参照）の存在にあり，東から西に向かう貿易風によって東部の熱が西部に輸送されるためである。ところが，エルニーニョ現象が発生すると，東部の海水温が上昇する一方で，西部の水温は低下して東西格差が縮小しており（図5.30の上図)，このときには貿易風が弱くなっていることが確認されている。したがって，貿易風が弱まることによって東部から西部に運ばれる熱が少なくなり，海水温の東西格差が縮まるものと推定される。これに対して，貿易風が強まり，海水温の東西格差が拡大する時期も存在することが明らかになり，この現象についてはエルニーニョと対の言葉にあたる**ラニーニャ（La Niña）** という名称がつけられた（図5.30の下図)。気象庁では，エルニーニョ監視海域（5°N～5°S，150°W～90°W）における海面水温の基準値（その年の前年までの30年間の各月の平均値）との差の5ヶ月移動平均値が6ヶ月以上続けて＋0.5℃以上となった場合をエルニーニョ現象，6ヶ月以上続けて－0.5℃以下となった場合をラニーニャ現象と，それぞれ定義している。

熱帯太平洋における海水温データが整うようになった1950年代以降，エルニーニョ現象とラニーニャ現象は平年（エルニーニョでもラニーニャでもない年）をはさんで，ほぼ交互に発生している（表5.4）。

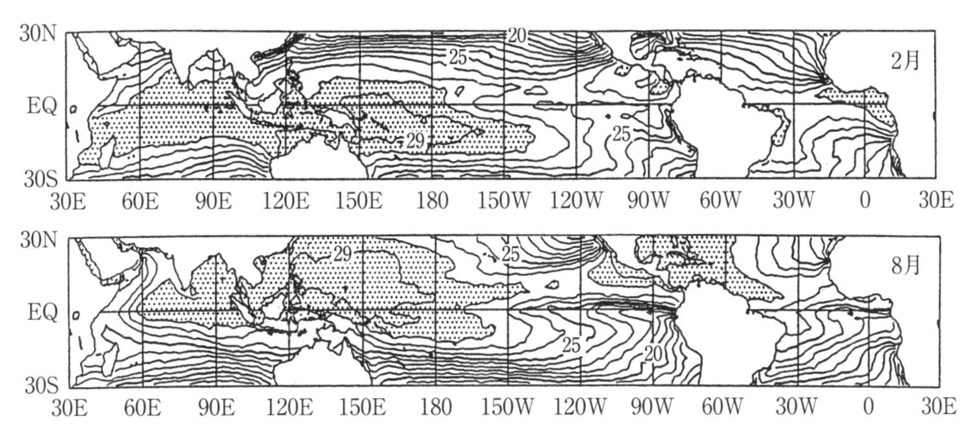

図 5.29　熱帯太平洋の月平均海面水温の平年分布(℃)(上：2月，下：8月)　気象庁編(1994)

平均期間は 1961～1990 年，陰影部は 28℃ 以上の範囲を示す。

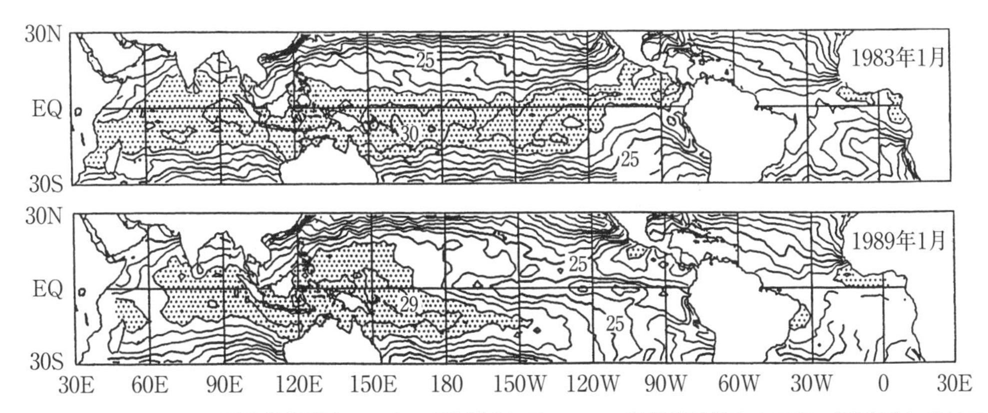

図 5.30　エルニーニョ現象発生時(1983 年 1 月)(上)とラニーニャ現象発生時(1989 年 1 月)(下)における熱帯太平洋の海面水温分布(℃)　気象庁編(1994)

陰影部は 28℃ 以上の範囲を示す。

平年分布(図 5.29 の上図)と比較すると，エルニーニョ現象発生時には高水温域が東側にも広がっている(上図)のに対して，ラニーニャ現象発生時には西部の高水温域がより顕著になっている(下図)。

表 5.4 エルニーニョ現象およびラニーニャ現象の発生期間

エルニーニョ現象	ラニーニャ現象
	1949 年夏～1950 年夏
1951 年春～1951/52 年冬	
1953 年春～1953 年秋	1954 年春～1955/56 年冬
1957 年春～1958 年春	
1963 年夏～1963/64 年冬	1964 年春～1964/65 年冬
1965 年春～1965/66 年冬	1967 年秋～1968 年春
1968 年秋～1969/70 年冬	1970 年春～1971/72 年冬
1972 年春～1973 年春	1973 年夏～1974 年春
	1975 年春～1976 年春
1976 年夏～1977 年春	
1982 年春～1983 年夏	1984 年夏～1985 年秋
1986 年秋～1987/88 年冬	1988 年春～1989 年春
1991 年春～1992 年夏	1995 年夏～1995/96 年冬
1997 年春～1998 年夏	1998 年夏～2000 年春
2002 年夏～2002/03 年冬	2005 年秋～2006 年春
	2007 年春～2008 年春
2009 年夏～2010 年春	2010 年夏～2011 年春
2014 年夏～2016 年春	2017 年秋～2018 年春
2018 年秋～2019 年春	

（気象庁 HP）

5.4.3 エルニーニョ現象／ラニーニャ現象と異常気象

エルニーニョ現象が発生している時期には，世界各地で異常気象が頻発する傾向が認められる。これらの異常気象とエルニーニョ現象との因果関係が明確でない場合もあるが，以下のように両者の関係が明瞭なものもある。

図5.31で示すように，エルニーニョ現象とラニーニャ現象の発生は，熱帯太平洋における暖水域の分布に大きな影響を与え，それは対流活動の中心の位置を左右する。平年の状態の水温分布では暖水域が西部に偏るために，**上昇気流**の中心，すなわち降雨の中心も西部にある。ところが，エルニーニョ現象が発生している期間には，熱帯太平洋における海水温の東西格差が縮小して暖水域は東側に拡散する。したがって，上昇気流の中心も平年より東側にずれることになる。一方，ラニーニャ現象発生時には，西部の海水温が平年よりも上昇するために，上昇気流の中心は西部にあり，その規模は平年よりも大きくなる。以上のような違いから，エルニーニョ現象発生時には，熱帯太平洋西部での降水量の減少と，東部での降水量の増加が，それぞれ起こりやすくなり，西部の干ばつや東部の洪水などの自然災害の発生にもつながっている。

エルニーニョ現象の日本の天候への影響としては，冷夏暖冬傾向，梅雨明けの遅れなどが認められる。エルニーニョ現象が日本の夏の天候に影響を及ぼすのは，次のような理由からである。平年よりも上昇気流の中心が東側にずれるエルニーニョ現象発生年には，その高緯度側の**下降気流**が卓越する場に中心をもつ**太平洋高気圧**の位置も東側にずれるため，平年よりも太平洋高気圧の影響が日本列島に及びにくくなって冷夏傾向を招くと推定される（図5.32の上図）。さらに，梅雨前線を押しあげる原動力になる太平洋高気圧の日本列島への張り出しが弱いことが，梅雨明けの時期を遅らせると考えられる。また暖冬になる理由は，冬季におけるシベリア高気圧起源の寒気の吹き出しが弱くなるためと考えられている。シベリア高気圧も太平洋高気圧と同様に，その勢力には熱帯太平洋西部の上昇気流の規模が関わっていることから，上昇気流が弱くなるエルニーニョ現象発生年にはシベリア高気圧の勢力も弱くなると考えられる。

一方，ラニーニャ現象が発生している期間の夏は，熱帯太平洋西部における対流活動が活発になって太平洋高気圧の勢力が強くなるために，日本列島の夏が平年よりも暑くなる傾向が見られる（図5.32の下図）。これに対して冬は，シベリアからの寒気の吹き出しが強くなって平年よりも寒くなる場合が多くなる。また，ラニーニャ現象発生年においては，熱帯太平洋西部の上昇気流が活発なため，偏西風を高緯度側に押し上げる力が強くなり，日本列島上空で偏西風が蛇行して寒気がより流入しやすくなることも寒冬傾向の一因と考えられている。

以上のようなエルニーニョ現象，ラニーニャ現象には，海水温分布だけでなく，南太平洋の東西方向での気圧の差も関係していると推定される。この東西方向の気圧差の変化は**南方振動**（Southern Oscillation）と呼ばれ，貿易風の強さと密接に関わっていると考えられる。このことから，エルニーニョ現象／ラニーニャ現象を大気と海洋の関わりという視点でとらえて（エルニーニョと南方振動；ENSO），これらの現象の発生メカニズムや世界各地の異常気象との関連を明らかにする研究が進められている。

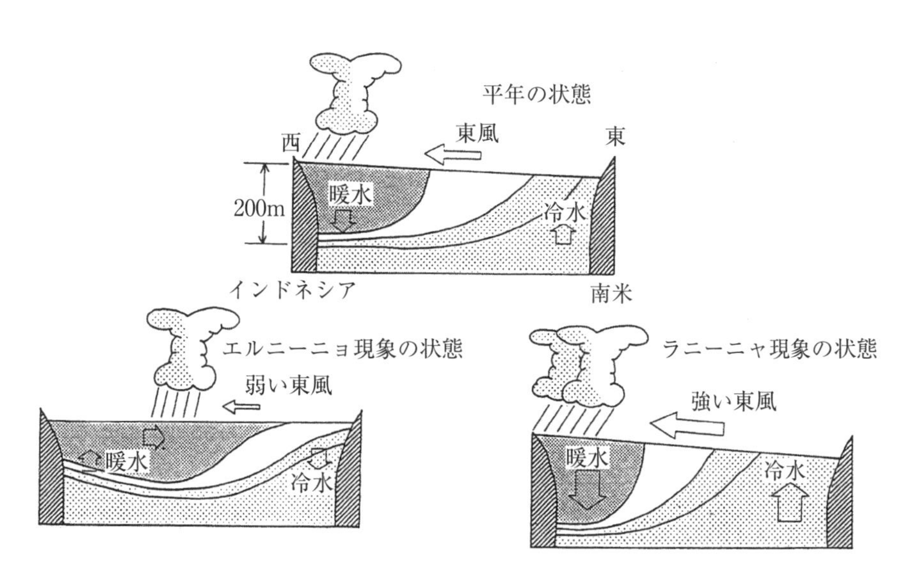

図 5.31 太平洋の赤道に沿った貿易風の強弱と暖水の分布および上昇気流の中心 気象庁編(1994)

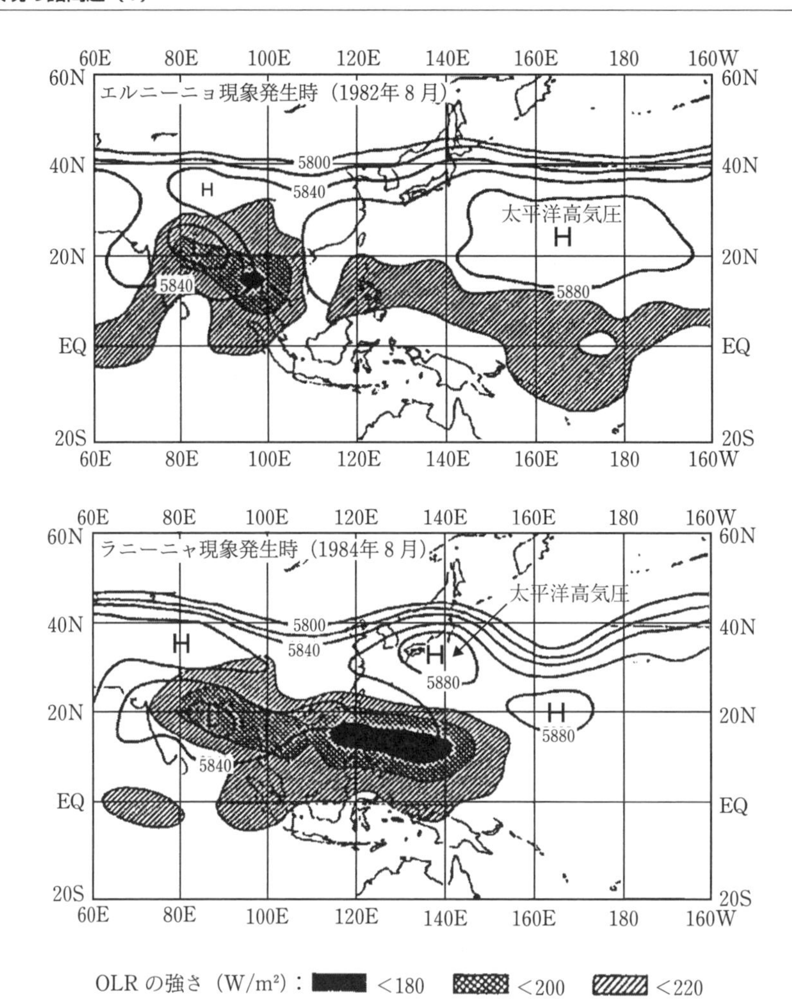

図 5.32 エルニーニョ現象発生時(1982 年)(上)とラニーニャ現象発生時(1984 年)(下)の盛夏における太平洋高気圧の位置と熱帯域の対流活動の比較 気象庁編(1989)を改変

等値線は月平均 500 hPa 高度(gpm)，陰影部は対流活動が活発な地域を示す。
OLR とは外向き長波放射のことで，対流活動の指標となる。OLR が小さいほど対流活動が活発なことを示す。
エルニーニョ現象発生時には，熱帯太平洋の上昇気流発生域が東側に広がっているため，下降気流の中心である太平洋高気圧も日本列島から少し離れた位置にある(上図)。一方，ラニーニャ現象発生時には，熱帯太平洋の西端部に活発な上昇気流発生域が形成され，太平洋高気圧の中心が日本列島の上空にある(下図)。

6 章 地球環境の諸問題（2）

アイスランドの地熱発電の温海水を利用した施設“ブルーラグーン”（2013年8月撮影）

6.1 地球砂漠化

【目的】砂漠化の原因と実態について理解する。

【キーワード】砂漠化，乾燥・半乾燥地域，保水能力，土壌侵食，塩類化，砂漠化対処条約

6.1.1 砂漠化の定義と分布

1994年に採択された**砂漠化対処条約**（6.1.3項参照）によれば，**砂漠化**（**Desertification**）は「**乾燥・半乾燥地域**，半湿潤地域に見られる種々の要因（気候変動および人間の活動を含む）に起因する土地の劣化」と定義されている。

国連環境計画（UNEP）は，**乾燥指数**（**AI**）に基づいて，乾燥地域を極乾燥，乾燥，半乾燥，半湿潤の4つに分類している。乾燥指数とは，地域における年平均降水量（P）と可能蒸発散量（PET）の比（P/PET）で表される。極乾燥地域は $AI < 0.05$，乾燥地域は $0.05 \leqq AI < 0.20$，半乾燥地域は $0.20 \leqq AI < 0.50$，半湿潤地域は $0.50 \leqq AI < 0.65$ の範囲である。極乾燥地域には世界を代表する砂漠が分布しているが（図6.1），その周辺の乾燥・半乾燥・半湿潤地域において砂漠化が進行している。その例として，アフリカのサハラ砂漠南側の**サヘル**地域，ユーラシア大陸内陸部のアラル海・カスピ海の周辺地域，オーストラリア大陸などがあげられる（図6.2）。

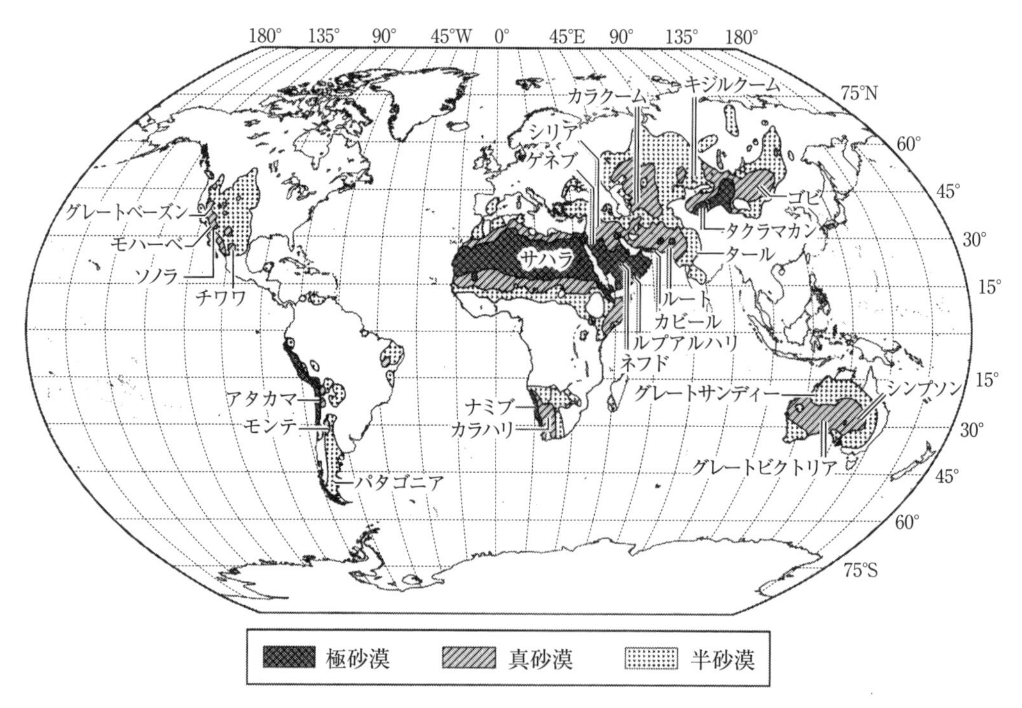

図 6.1　地球上の乾燥地域の分布　『理科年表プレミアム』に加筆

極砂漠は極乾燥地域，真砂漠は乾燥地域，半砂漠は半乾燥地域に対応し，全陸地に占める割合はそれぞれ7%，11%，15%である。

6.1.2 砂漠化の原因と過程

砂漠化の原因には干ばつなどの自然要因もあるが，人為的要因によるものも大きいと推定されている。砂漠化の原因となる人間活動として，過剰な焼畑・放牧・灌漑などがあげられる。いずれも古くから行われてきた農業形態であるが，これらを過度に行うことが砂漠化につながると考えられる。また，それ以外に，商業目的の大規模な森林伐採や，発展途上国における急激な都市化・工業化，戦争なども砂漠化の原因になりうる。

以上のような人間活動によって大規模に植生が破壊されると，土地の**保水能力**（water retention function）が著しく低下する。保水能力とは，植物や土壌がもっている水を蓄える作用のことであり，森林や水田には保水能力が備わっている。土地が保水能力をもっているということは，単にその地域の乾燥化を防ぐばかりでなく，降った雨を蓄える機能によって洪水の発生を抑制する効果もある（12.1.2項参照）。

保水能力を失った土地は，降水によって表土が流出する**土壌侵食**（soil erosion）を起こしやすくなり，肥沃な土が消失していく原因となる。さらに，保水能力をもった植生がなくなることで，植物の蒸散作用による水蒸気も供給されなくなるために，大気中の水蒸気量が減り，その地域の降水量が減少して乾燥化が進むと考えられる。

一方，灌漑農業が過度に行われることによって，河川や湖沼の水量が減少して周辺の土地の荒廃が進み，砂漠化につながる場合がある。また，蒸発の割合が大きい乾燥地域において過剰に水を使うことは，塩類を含んだ水の上昇を招き，水の蒸発とともに塩類を表層部に集積させるため土地の**塩類化**（salinization）が起こって砂漠化を進行させる。

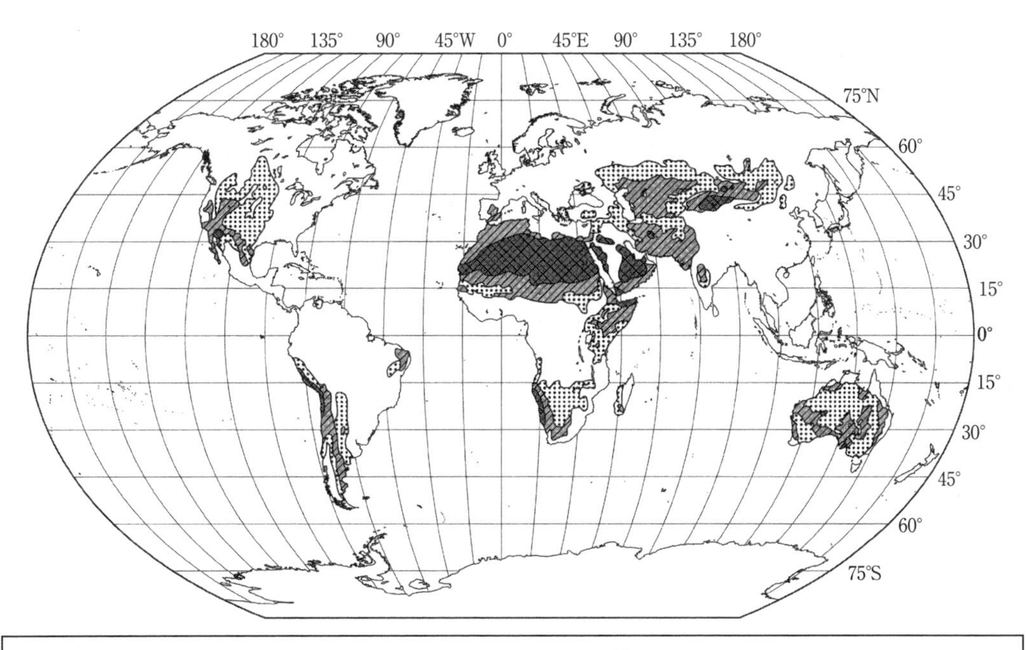

図 6.2　地球上の砂漠化地域の分布　国立天文台編（2018）『環境年表 2019-2020』

オーストラリア大陸は，年降水量400mm（農耕の限界降水量）以下の地域が大半を占め，人口は年降水量800mm以上の東海岸と西海岸の一部に集中している（堀・菊地編，2007）。こうした気候環境は，オーストラリアの北部と南部を除くほとんどの地域が，1年を通じて熱帯気団に覆われていて前線帯（SITCZ，ポーラーフロント）が到達しない位置にあるためである（2.1.1項参照）。このような厳しい環境の中で，半乾燥地域において過剰な耕作と放牧が行われてきた結果，塩類化が進んで土地の荒廃につながっている。さらに，塩類化した土地で耕作や放牧を行うことは困難であるため，土地は放棄され砂漠化の拡大を招くことになる。

同様の問題は，中央アジアのシルダリア川，アムダリア川沿いのカザフスタン，ウズベキスタン，トルクメニスタンの乾燥地域において，旧ソ連時代に行われた灌漑による綿花・水稲栽培事業の結果としても現れている。ここでは，河川水を灌漑用水として大量に採取したために，河川が流入するアラル海の面積が大幅に減少し，湖の周辺にまで砂漠化の影響が及んだ。アラル海沿岸はかつて漁業が盛んであったが，湖の縮小と塩分濃度の増加によって漁業活動の継続が困難になった（石，1998など）。

●●●●● *Column*

サハラの環境変遷史（図6.3）

アフリカ北部に広がるサハラ砂漠およびその南側の**サヘル**地域は，現在の気候区分では降水量の少ない乾燥地域にあたる。ところが，地形・地質調査および花粉化石分析の結果，最終氷期から後氷期にかけて，この地域の古環境が大きく変化してきたことが明らかになっている（門村，1990；門村ほか，1991）。

最終氷期末期から後氷期初期にかけてのサハラ・サヘル地域は乾燥期で，現在のサヘルのほぼ中央に位置するチャド湖をはじめとする多くの湖が干上がっていたと考えられる（図6.3（a））。このような乾燥化の原因として，前線帯であるNITCZ（2.1.1項参照）の北上が妨げられていたこと，および最終氷期において赤道大西洋水域の海水温が低下したために海水からの蒸発量が減って降水量の減少を招いたことが推定されている。

その後，NITCZの北上，海水温の上昇に伴う海水からの蒸発量および降水量の増加によってサハラ・サヘル地域は湿潤化していったと考えられ（図6.3（b）），後氷期の最温暖期にあたる約7,000年前を中心にして，植生に覆われた「**緑のサハラ**」が広がっていたと推定されている。さらに遺跡の分布から，この時期にはサハラに人間が居住していたことがわかっている（図6.3（c））。

地球規模の気温低下が起こった5,000年前頃になると，サハラ・サヘル地域における乾燥化が始まった。その原因は，気圧配置の変化によってこの地域へのモンスーンの影響が弱まったためと推定されている。その後，サハラ・サヘルの乾燥地域は拡大し，近年では干ばつや人口増加に伴う過剰な農業活動などによってサヘル地域の砂漠化が顕著になっている。

6.1.3 砂漠化対策と問題点

1960年代から1970年代にかけてアフリカの**サヘル**地域で起こった深刻な干ばつ被害をきっかけに，1977年に国連砂漠化防止会議（UNCOD）が開催され，砂漠化防止行動計画（PACD）を採択した。その後，1992年の**地球サミット**において砂漠化に対処するための条約の必要性が指摘されたことから，1994年には**砂漠化対処条約（UNCCD）**（正式名称：深刻な干ばつまたは砂漠化に直面する国（特にアフリカの国）において砂漠化に対処するための国際連合条約）が採択された。そこでは，発展途上国における砂漠化に対して先進国からの資金・技術面の支援の必要性が示されている。日本は1998年にこの条約を批准し，種々の砂漠化対処関連プロジェクトを推進している。また，民間のさまざまな組織も植林による緑化活動などを行っている。

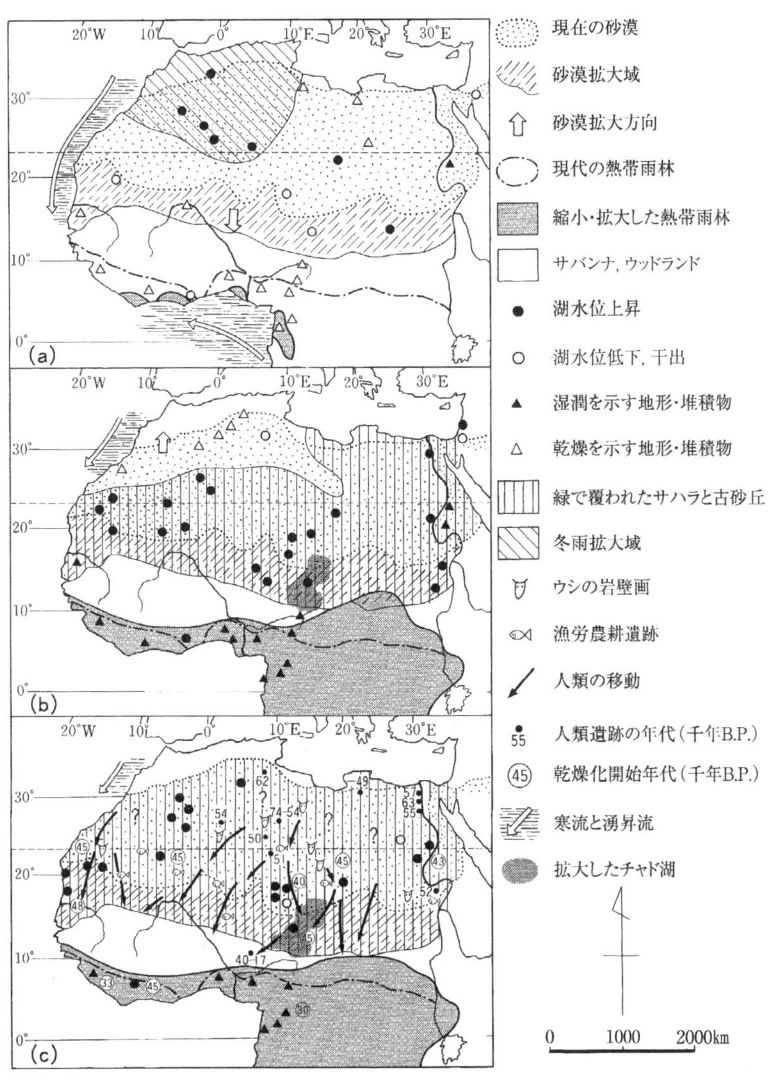

図 6.3　過去２万年間における熱帯アフリカの環境変遷　門村（1990）を改変
(a) 最終氷期末大乾燥期，(b) 完新世初期大湿潤期，(c) 完新世中期湿潤期

6.2　地球の水資源

【目的】 地球上の水資源問題の実態を把握する。

【キーワード】 世界の水需要，間接水，乾燥地域の水資源

6.2.1　水需要の実態と21世紀の水資源

地球上には，さまざまな形態で水が分布しているが（表1.2参照），このうち，水資源として利用されているのは，ほとんどが淡水（河川水，湖沼水，地下水，氷河や積雪の融解水）であり，その量は全体の2%程度にすぎない。一方で，水資源は多様な用途に使用され（表6.1），世界の水の使用量は急激に増加している。また，地域によって一人当たりの水資源量には大きな差がある。

日本における水利用の歴史を見ると，小規模な利用から水資源開発を伴う大規模な利用へと変化してきたことがわかる（図6.4）。日本列島は周辺を海に囲まれていることから，陸地にもたらされた降水が直接日本の水資源になっているが，他方で，食糧などとして間接的に大量の水を輸入している（**間接水**）ということもできる（高橋，2003など）。

このように，限られた水資源の需要が増加することは，今後，水不足の問題が顕在化する可能性を示唆している。さらに，地球温暖化などによる環境変化が地球の水資源分布にも影響を及ぼすとすれば，この問題はさらに深刻なものになると考えられる。

地球上の水の使用量は，人口が集中するアジア地域を中心に，今後もさらに増加することが予測されている。IPCC WGI（2013）の報告によれば，地球温暖化の影響で，21世紀末には現在地球上に分布する乾燥地域の多くで降水量がさらに減少し，干ばつの影響を受ける面積が増加する可能性が高いと推定されている。一方で，地域によっては集中的な降雨の頻度が高まって，洪水の危険性が増大する可能性も指摘されている。また，気温が上昇傾向になると氷河や積雪が減少

表6.1　水の用途

<table>
<tr><th colspan="2"></th><th>家庭用水</th><th>例</th></tr>
<tr><td rowspan="3">都 市 用 水</td><td rowspan="2">生活用水</td><td rowspan="2">都市活動用水</td><td>飲料水，調理・洗濯・風呂水，水洗トイレ，散水</td></tr>
<tr><td>営業用水(飲食店，デパート，ホテル，プール)，事業所用水，公共用水(噴水，公衆トイレ)，消火用水</td></tr>
<tr><td colspan="2">工業用水</td><td>ボイラー用水，原料用水，製品処理用水，洗浄用水，冷却用水</td></tr>
<tr><td colspan="3">農 業 用 水</td><td>水田灌漑用水，畑地灌漑用水，畜産用水</td></tr>
</table>

太田ほか編（2004）『水の事典』に基づいて作成

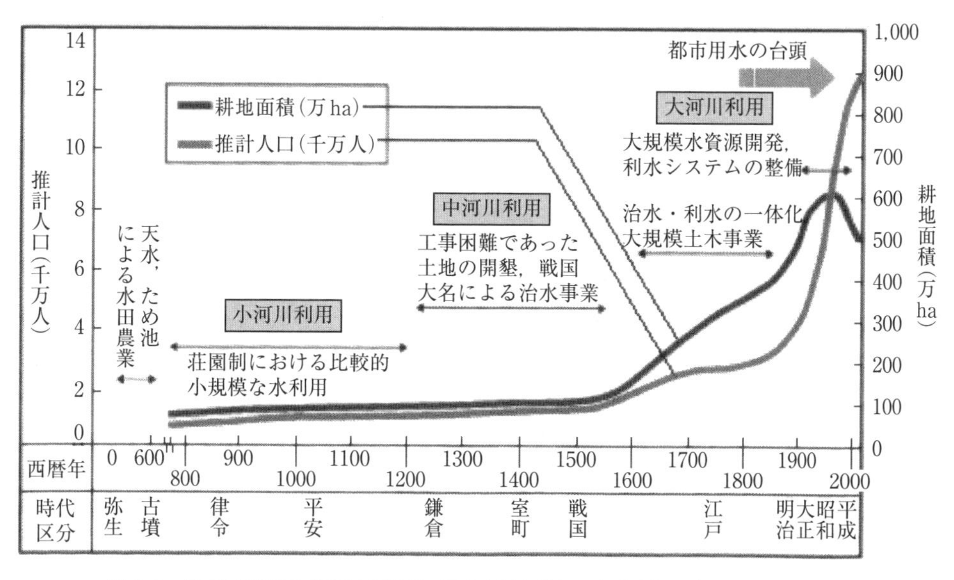

図 6.4 日本における水利用の歴史 国土交通省編(2010)『平成 22 年版 日本の水資源』

することから，山岳部からの融解水を主要な水資源としている地域（現在の世界の人口の6分の1以上が居住）が，水不足に見舞われる可能性も考えられる（IPCC WGII，2007）。

6.2.2 乾燥地域の水資源 —— イスラエルを例にして

イスラエルは，西のアフリカプレートと東のアラビアプレートの境界付近に位置しており，南北にのびる**ヨルダン川地溝帯**は将来のプレート拡大境界と考えられているアフリカ大地溝帯の一部を構成する（図8.1参照）。国土の面積は約2万 km^{2}と狭いものの，地形や気候は変化に富んでいる（図6.5，6.6）。

イスラエルは地形的に見て，西部の地中海沿岸の海岸平野，北部から中部にかけて広がる丘陵地帯（ガリラヤ地方，ユダヤ地方），その東側のヨルダン川地溝帯，南部のネゲヴ砂漠の4地域に大別される。海抜高度は，北端部に位置する最高点のメロン山（1,208 m）から，中央部東端に位置する最低点の死海付近（約－420 m）までおよそ1,600 mの標高差がある。

イスラエルの気候は，北部は半湿潤，中部は半乾燥，南部は乾燥と，南北方向で大きな違いが見られる。温和な北部地域に対して南部のネゲヴ砂漠は高温で乾燥している。雨は主に冬季に降るが，年降水量は，丘陵地帯北部のガリラヤ地方で1,000 mm前後，丘陵地帯南部のエルサレムで約650 mm，死海南部でおよそ25 mmである（図6.6）。また，東西方向でも気候の違いが認められ，地中海沿岸平野から丘陵地帯にかけては地中海性気候に属するのに対して，丘陵地帯東側のヨルダン川地溝帯では雨量が少なく，ステップ気候の要素が強くなる。

主要な河川は，地溝帯を北から南に流れるヨルダン川で，その流路はシリアのヘルモン山を起源とし，南流して**ガリラヤ湖**に流入した後，ガリラヤ湖南端から再び流出して死海に至る（図6.5）。ガリラヤ湖はヨルダン川地溝帯の北部に位置し，東側にはゴラン高原が控える（図6.7）。ガリラ

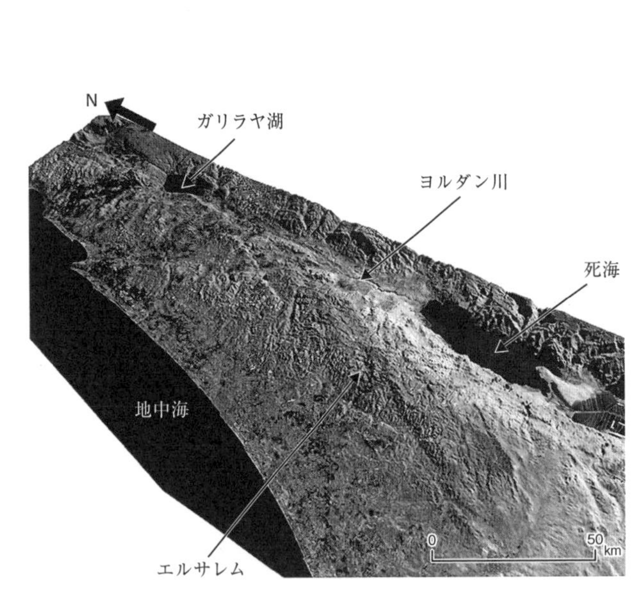

図 6.5 イスラエルの地形 松原・渡部(2010)を改変

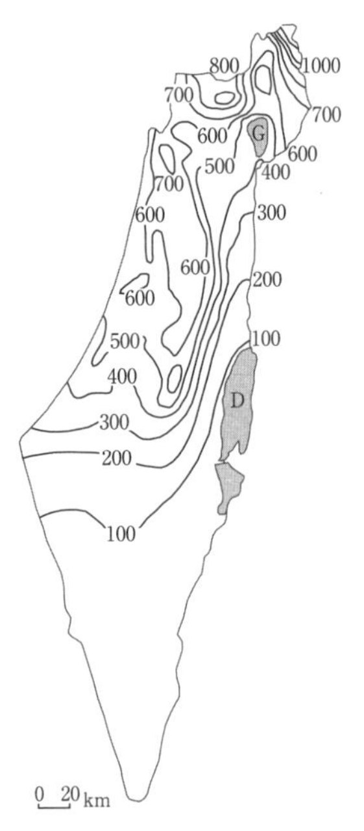

図 6.6 イスラエルの年降水量(mm)分布
“The New Atlas of Israel” に基づいて作成
等降水量線の間隔は 100 mm。
G：ガリラヤ湖，D：死海。

図 6.7 ゴラン高原からガリラヤ湖を望む (2009 年 8 月撮影)
湖の東岸に位置する町エン・ゲヴは植林による緑で覆われている。

ヤ湖は東西約 12 km，南北約 21 km，面積はおよそ 170 km^2 の淡水湖で，イスラエルの主要な水資源となっている。平均水深 25 m，最大水深は 44 m で，最深部の海抜高度は −256 m である (Geological Survey of Israel, 1990；Israel Ministry of Environmental Protection HP)。一方，**死海**はヨルダン川地溝帯南部の乾燥地域に位置する塩水湖である。死海には流出する河川がなく，乾燥

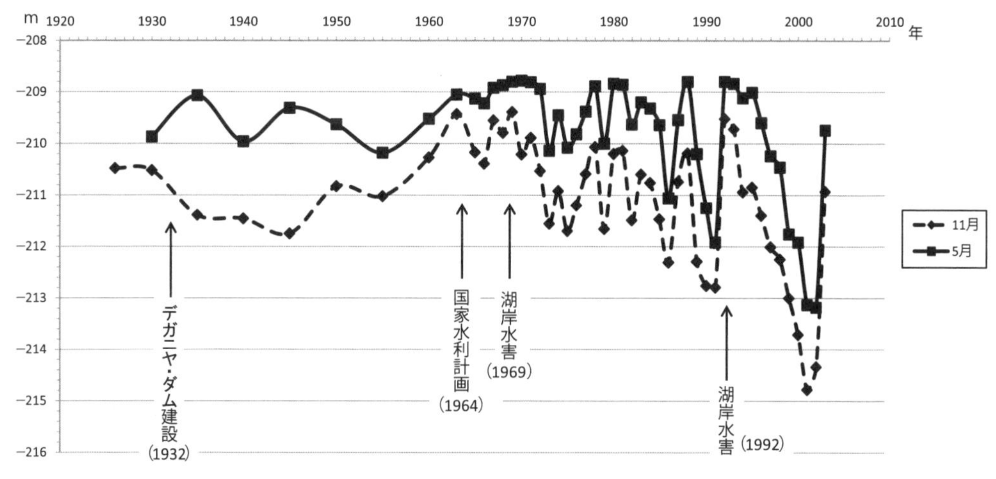

図 6.8　ガリラヤ湖の水位変化(1926〜2003 年)　松原・渡部(2011)

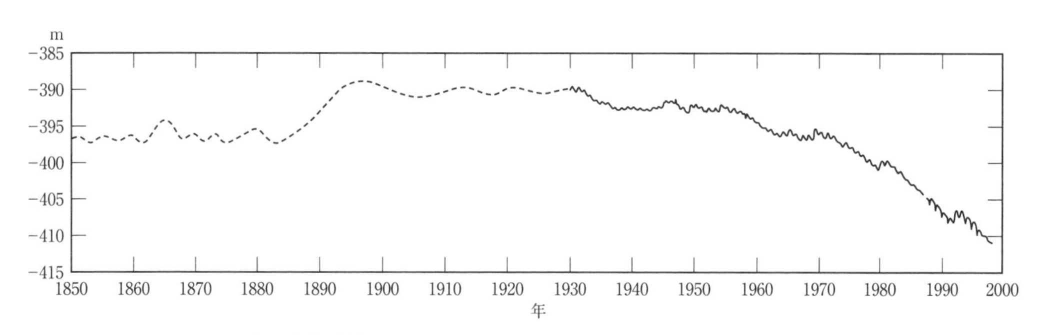

図 6.9　死海の水位変化　Jordanian Ministry of Water and Irrigation *et al.*(1998)を改変
実線は測定値，破線は推定値をそれぞれ示す。

地域のため蒸発量の割合が大きいことから塩分濃度が高く，およそ25%にも達する。死海の湖水面の海抜高度は約−416m（2000年），最深部の海抜高度は−730mである（Geological Survey of Israel, 1974）。

ガリラヤ湖と死海の水位には，それぞれ季節変動が見られ，雨季にあたる冬から春にかけては水位が上昇する。1932年にガリラヤ湖の南岸にデガニヤ・ダムが建設されて以降，湖水位は人工的に調整されるようになった。デガニヤ・ダムは，ガリラヤ湖南端部のヨルダン川流出点にある水門施設で，ガリラヤ湖を貯水池として有効利用する目的で建設された。その後，1964年には国家水利計画（The National Water Carrier）によって，ガリラヤ湖の水を周辺の都市および南部の乾燥地域に供給する目的で，湖の北西岸に取水施設がつくられた。ここからは最大72,000m^3/時の水が供給されており，この計画以降，デガニヤ・ダムの水門は1年を通じてほとんど閉じた状態になった。また，1967年には，湖の計画水位の上限が10cm引き上げられた（Nun, 1991）。ガリラヤ湖からヨルダン川を通して流出する水量が減った結果，死海に流入する水量も減少した。ガリラヤ湖の水位は，水の使用量，流域の降水量および湖への流入量によって年ごとに−213〜−209mの間で変動してきたが，近年では水需要の増加に伴って水位は低下傾向にあ

図 6.10　死海西岸における湖岸線の変化（2009 年 8 月撮影）
死海の水位変化を示す痕跡が湖岸に残されている。

る（図6.8）。このように，現在のガリラヤ湖の水位変動は自然状態のものではないが，湖への流入量はヨルダン川流域における降水量の影響を受ける。1968～1969年の冬季は降水量が多かったため，大量の水がガリラヤ湖に流入した。これに対応してデガニヤ・ダムの水門が開けられ最大水量の湖水が放出されたが，流出口の排水能力の限界から湖水位は計画水位を70cmも上回るレベルにまで達した。これによって，1969年の春には東岸の町エン・ゲヴ（図6.7）をはじめガリラヤ湖岸の各地で水害が発生した（Nun, 1991）。同様の水害は1992年にも発生している（図6.8）（Jordan Ministry of Water and Irrigation *et al.*, 1998）。

一方，死海に流入する主な河川はヨルダン川であるが，ガリラヤ湖南端部からヨルダン川を通じて流出する水量の減少に伴って，1970年代以降，死海の水位低下が顕著になった。死海の水は，過去70年間で約25m低下している（図6.9，6.10）。その結果，20世紀初めには75kmあった死海の南北方向の長さが，現在では55kmに縮小している（Israel Ministry of Environmental Protection HP）。

イスラエルでは水需要の増加に対応するために，ガリラヤ湖からの取水に加えて，海水淡水化が積極的に進められている。

6.3 エネルギー資源

【目的】新たなエネルギー資源の開発と推進について，その現状と問題点を理解する。

【キーワード】化石燃料，非在来型天然ガス，再生可能エネルギー

6.3.1 エネルギー資源の現状

東日本大震災における原子力発電所の事故をきっかけにして，日本国内ばかりでなく世界的にもエネルギー資源の見直しが行われている。一方で，火力発電への依存度が高まることに伴う化石燃料消費量増加によって，地球温暖化をはじめとした気候環境への影響も懸念される。歴史的に見ても，エネルギー源としての化石燃料の位置づけは増大し続けており，各国の化石燃料への依存度は高い（図6.11，6.12）。

このような状況の中で，エネルギー資源に関してさまざまな取り組みが実行されている。例えば，化石燃料の中でも石炭・石油に比べて環境負荷が小さいと考えられる天然ガスの使用が先進国を中心に進んでいる。同じエネルギーを得るために，それぞれを燃焼させた時のCO_2の排出量は，石炭を100とした場合，石油では80，天然ガスは57と見積もられている（資源エネルギー庁 HP）。また，化石燃料を高効率で利用できる火力発電設備や，二酸化炭素の回収・貯留システム（Carbon Dioxide Capture and Storage；CCS）などの導入も進められている。

一方で，新たなエネルギー資源の探査および開発も行われている。その例として，シェールガスやメタンハイドレートのように，従来の技術では採掘できなかった**非在来型天然ガス**の利用や，太陽光・風力・地熱・バイオマスといった**再生可能エネルギー**，燃料電池に代表される水素エネルギーなどの新エネルギーの普及があげられる。

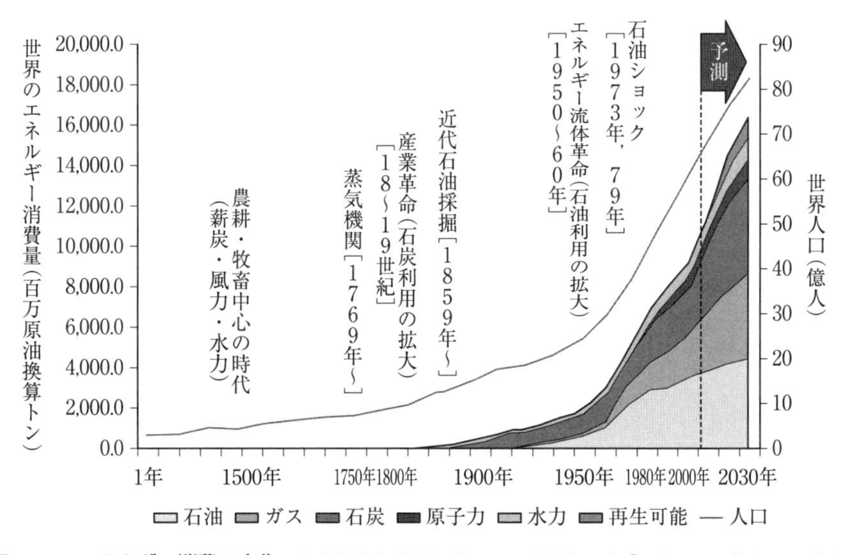

図 6.11 エネルギー消費の変化 経済産業省 資源エネルギー庁編（2013）『エネルギー白書 2013 年版』

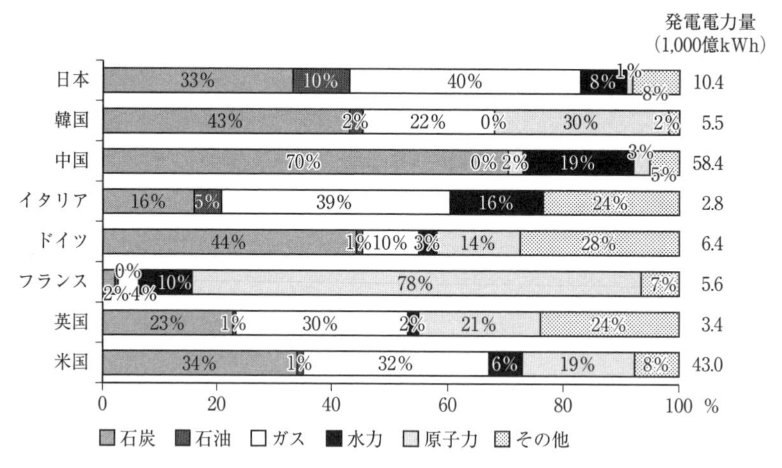

図 6.12　主要国の発電電力量と各電源の割合（2015 年）『エネルギー白書 2018 年版』

6.3.2　新たなエネルギー資源

非在来型天然ガスは，2000年代のアメリカにおける“シェール革命”を契機に世界的に注目されるようになった。日本においては，周辺の海底に分布するメタンハイドレートの探査が進められている。こうした非在来型天然ガスは，従来から利用されている在来型天然ガスに比べて資源量は豊富であるものの，開発のためには高度な技術が必要であったことから，近年になって利

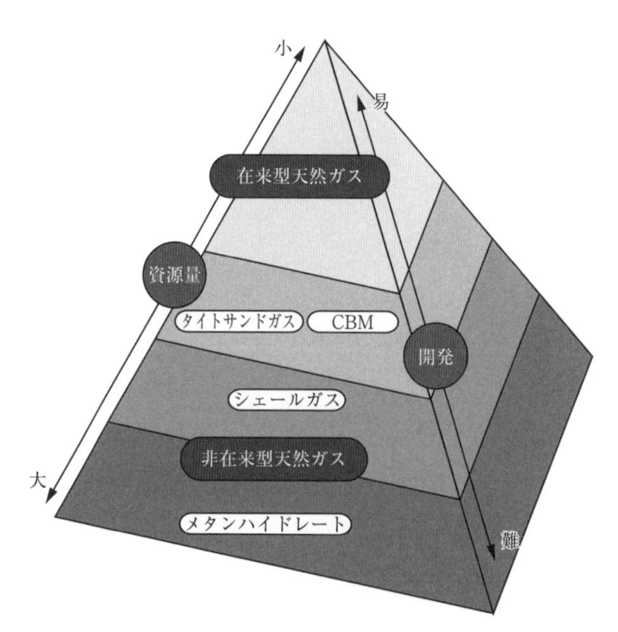

図 6.13　天然ガス資源量トライアングル（石油天然ガス・金属鉱物資源機構 HP）
天然ガスの資源量などを表した概念図。三角形の底辺に向かうほど資源量は豊富になるが開発が困難になり，より高度な技術が求められる。

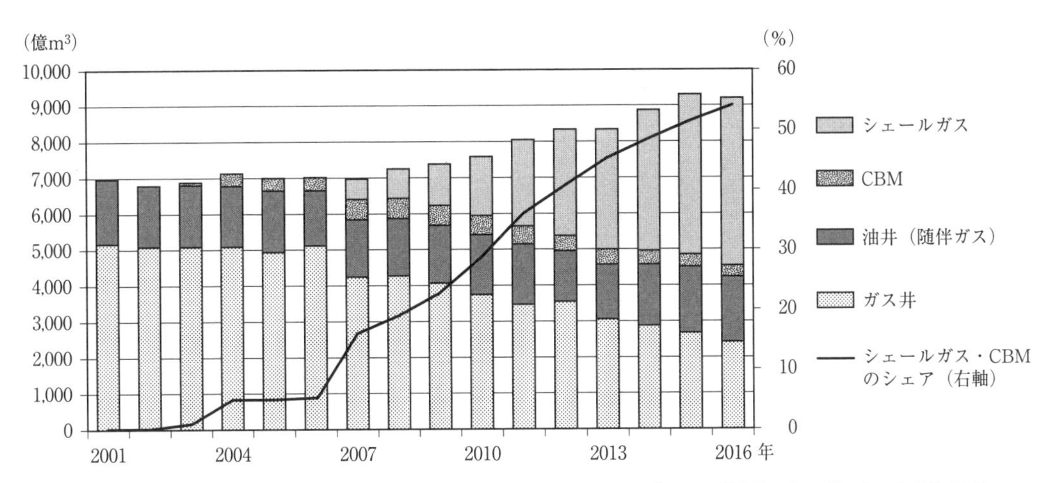

図 6.14 アメリカにおける在来型天然ガス，シェールガスおよび CBM（炭層メタンガス）の生産量変化
『エネルギー白書 2018 年版』

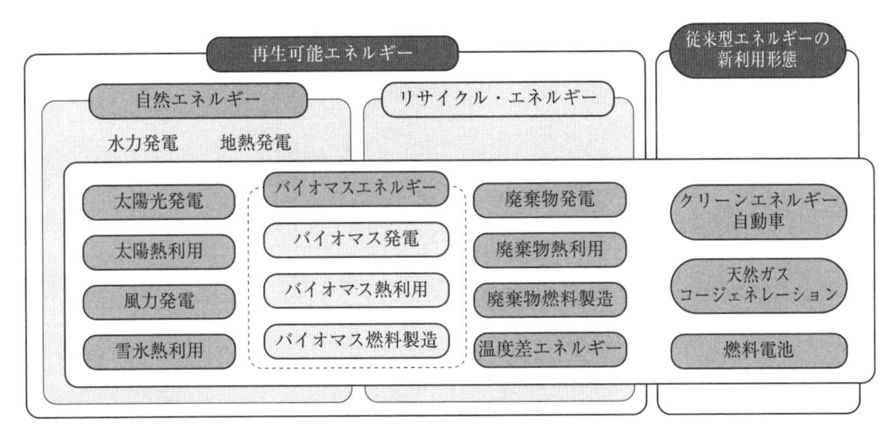

図 6.15 新エネルギー一覧 (資源エネルギー庁 HP)

用が可能になったものである（図6.13，6.14）。これらの資源は今後の利用が急速に増加するものと考えられるが，温室効果気体の発生を伴うことから，地球の大気環境への影響を小さくするための対策を同時に進めることが重要である。また，これらの新しい資源の掘削に伴う地盤や地下水などへの影響にも注意を払う必要がある。

一方，化石燃料に比べて環境への影響が小さいとされる新エネルギーを普及させることも，重要な課題である（図6.15）。なかでも，自然エネルギーとして太陽光発電や風力発電，水力発電の利用が増加しているが（図6.16，6.17，6.18），コストの問題や，気象条件に左右されるなど安定性の面で問題が残されている。自然エネルギーとリサイクル・エネルギーを包括する再生可能エネルギーの中で，世界的に最も普及しているのはバイオマスエネルギーであり，種々の資源の利用が進められている（図6.19）。また日本においては，周辺を海に囲まれた湿潤変動帯に位置するという自然地理的特徴から（湿潤変動帯については12.1.3項参照），自然エネルギーの中で小

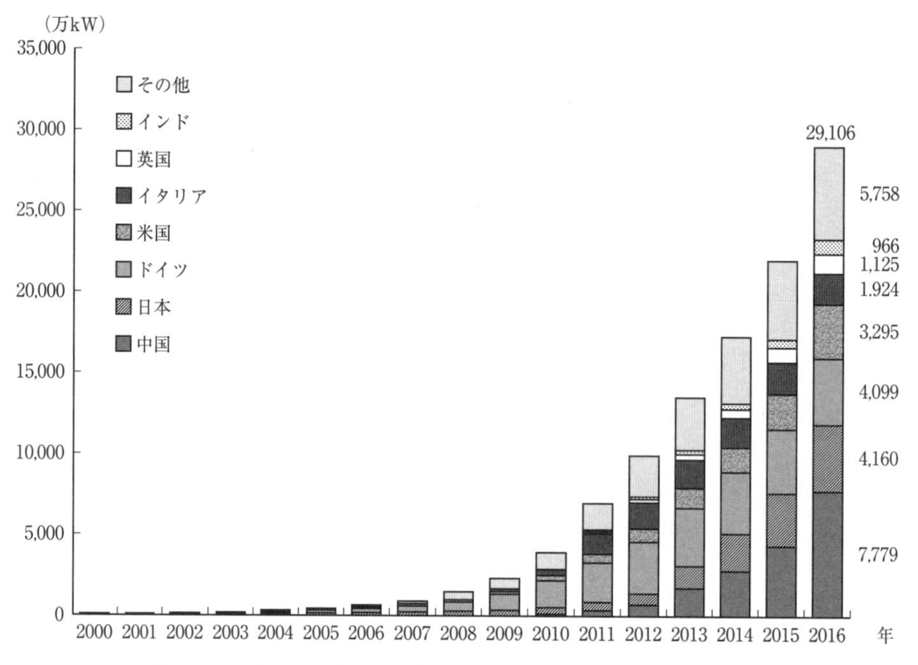

図 6.16 世界の太陽光発電の導入状況（累積導入量の推移） 『エネルギー白書 2018年版』

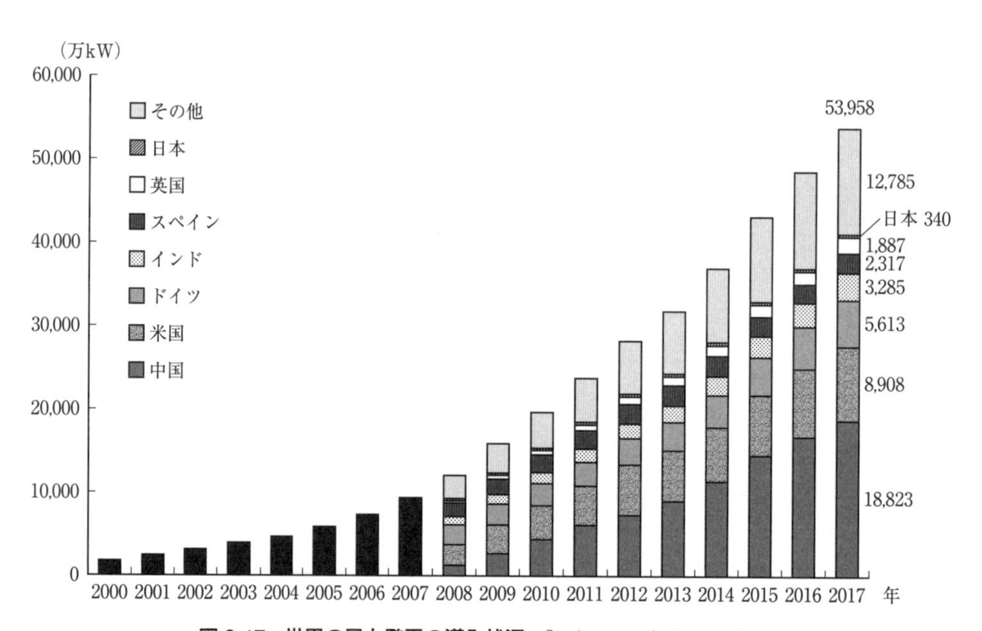

図 6.17 世界の風力発電の導入状況 『エネルギー白書 2018年版』

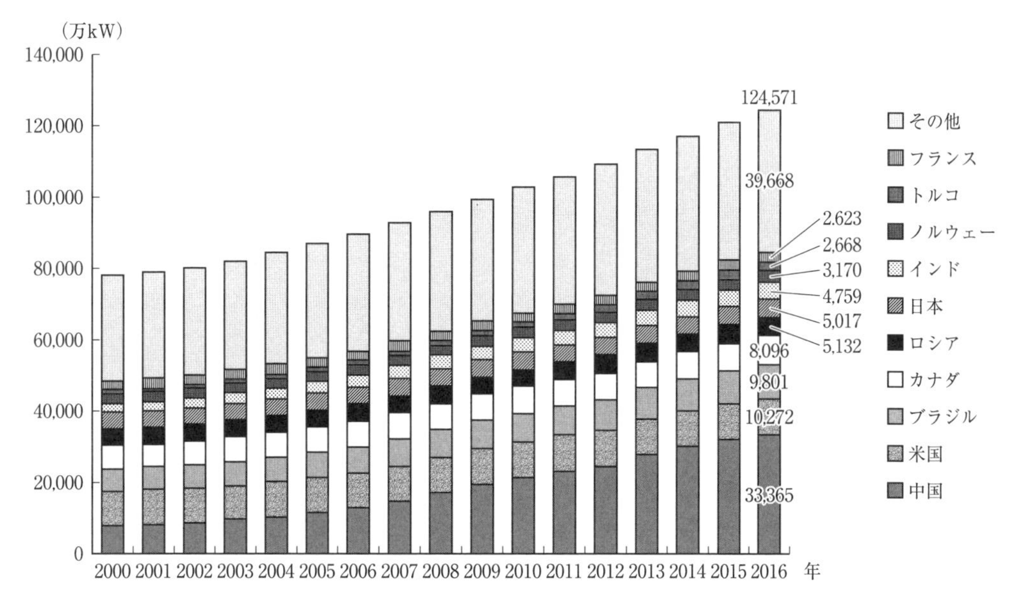

図 6.18 世界の水力発電の導入状況 『エネルギー白書 2018 年版』

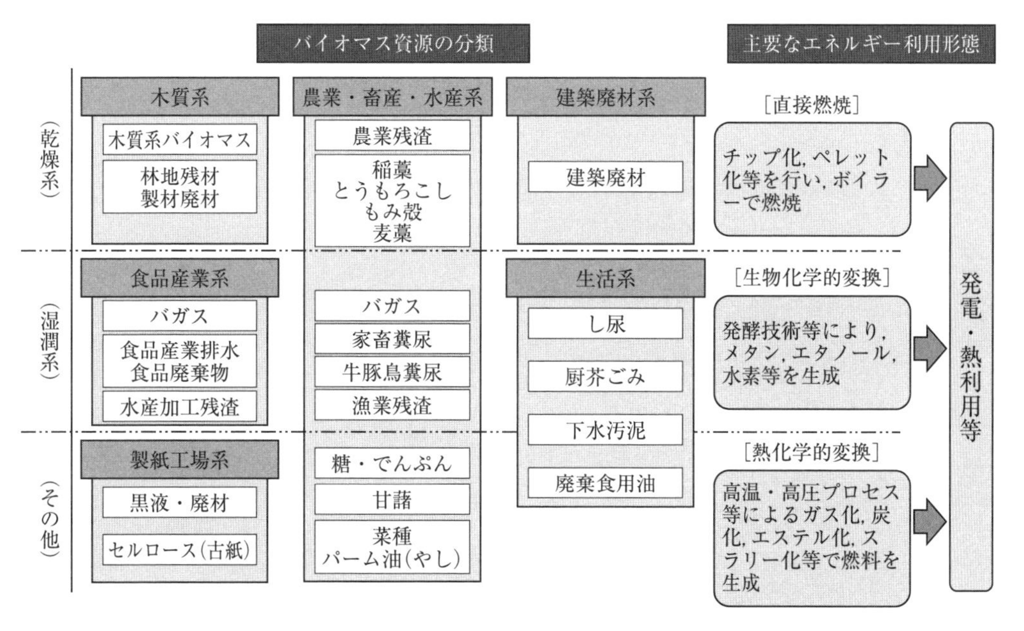

図 6.19 バイオマス資源の分類と主要なエネルギー利用形態 『エネルギー白書 2013 年版』

規模水力発電や地熱発電，洋上風力発電なども有望視されている（図6.20，6.21）。

以上のほかに，低炭素社会実現のために開発された新エネルギーとして，燃料電池に代表される水素エネルギーの普及も期待される。ただし，現状では水素の製造過程で化石燃料が使用される場合が多いことから，今後は太陽光や風力など他の再生可能エネルギーを取り入れた新たなシステムを整備する必要がある。

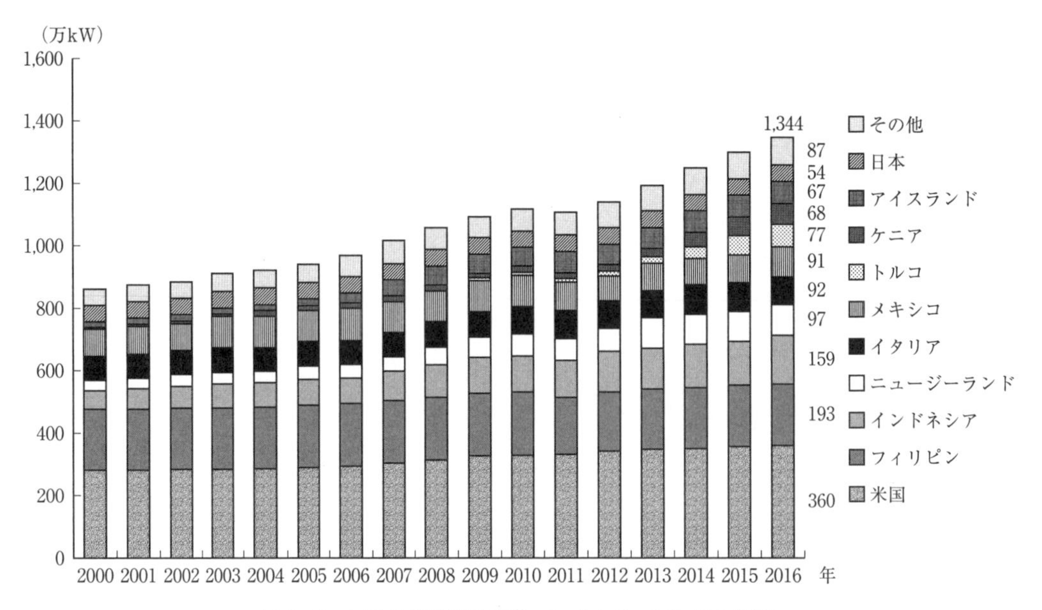

図 6.20 世界の地熱発電設備 『エネルギー白書 2018 年版』

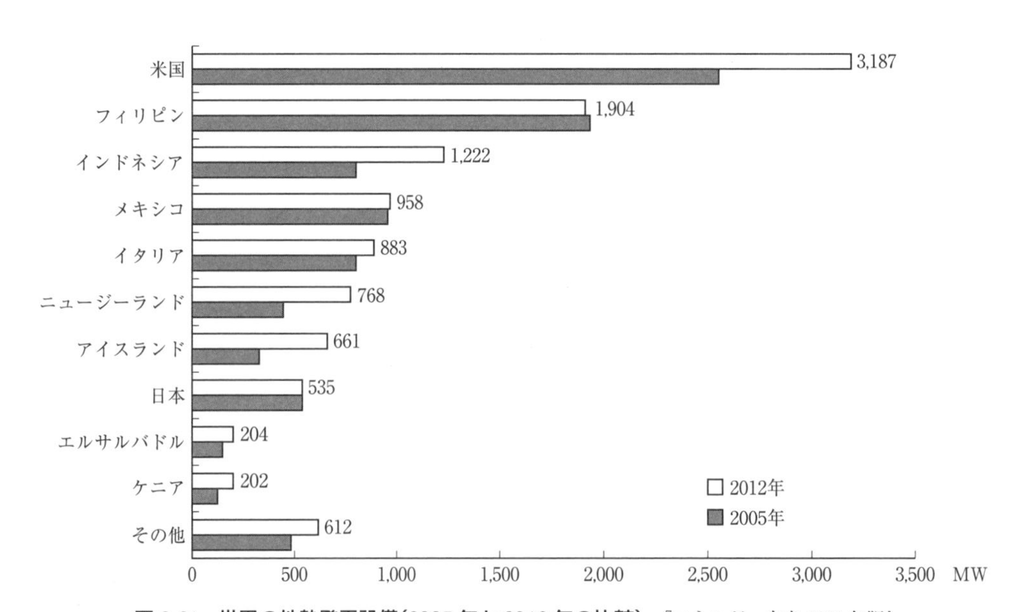

図 6.21 世界の地熱発電設備(2005 年と 2012 年の比較) 『エネルギー白書 2015 年版』

7章 地震活動

房総半島南端の野島崎（2002年3月撮影）

1703年の元禄地震によって房総半島南部は約5 m隆起し，それまで島だった「野島」が房総半島と陸続きになって現在の野島崎が誕生した。

7.1　地震の基礎

【目的】 地震の種類を理解し，地震に関する基本的な用語についての正確な知識を得る。

【キーワード】 プレート境界型地震，プレート内地震，震源域，マグニチュード，震度

7.1.1　地震の種類 ── 日本周辺で発生する地震を中心に

地震は，その発生場所およびメカニズムによって2つのタイプに大別される。その1つはプレートの境界周辺で発生する地震であり，もう1つはプレートの内部で発生する地震である。これらは，それぞれ**プレート境界型地震**と**プレート内地震**と呼ばれる。日本列島の場合，プレート境界の大半が海底の海溝やトラフにあたることから，プレート境界型の地震は**海溝型地震**とも呼ばれる（プレートや海溝，トラフについては8.1節参照）。一方，プレート内地震は，内陸の活断層の活動によって発生するものが多いため，一般的には**活断層型地震**と呼ばれる（活断層については9章参照）。

これらの2つのタイプの地震の特徴は，表7.1のようにまとめることができる。地震の規模（マグニチュード）だけを見ると，プレート境界型地震の方が大きい傾向があるが，陸地の地下にある活断層を震源として発生する地震の方が震源からの距離が短いことから，地震動による直接の被害は大きくなる場合がある。また，日本におけるプレート境界型地震は，大半が海底を震源とするものであるため，**津波**による被害が大きいことも特徴の1つである（津波については10.1節参照）。

表7.1　地震の分類

名　称	震　源	震源の深さ	マグニチュード M	被害の特徴
プレート境界型地震（沖合型地震，海溝型地震）	プレート境界（主に海底）	深い	比較的大きい「**巨大地震**」	津　波
プレート内地震，活断層型地震（内陸型地震，直下型地震）	プレート内部（主に陸地の直下）	浅い（数十 km 以浅）	比較的小さい	Mが比較的小さくても，局所的に被害が大きくなる

カッコ内は，日本列島と周辺海域に適用される名称および場所をそれぞれ示す。
2つのタイプの地震の震源の深さ，マグニチュード，被害の特徴にはそれぞれ例外的なケースもある。

7.1.2 震源と震源域

地震は，岩盤が破壊される際の衝撃が地表に伝わる現象であるが，複数の観測点における地震波の解析によって地震が最初に発生した点（破壊が始まった点）が求められる。この点を**震源**（hypocenter）と呼ぶ。しかし，岩盤の破壊は震源から周辺へと広がるため，一連の地震活動は岩盤の中のある範囲の中で起こっているといえる。これを地表面に投影した範囲のことを**震源域**（source region）と呼ぶ。震源域は，一連の地震活動の中で最も規模の大きな地震（本震）と，そのあとに発生する余震の分布域にほぼ重なる。一方，通常の地震情報で平面図の上に示される震源の位置は，正確には震源の真上の点（地表面に投影した点）である**震央**（epicenter）を指している。

7.1.3 マグニチュードと震度

地震情報の中で特に注目されるのは，**マグニチュード**と**震度**である（表7.2）。この2つは本質的に異なる指標であるが，ともに数値で表示することから混同されやすい。

マグニチュードは，1935年にアメリカの地震学者リヒター（1900～1985）が定義した地震の規模を示す指標である。現在使用されているマグニチュードには，複数の算出方法が採用されている。日本国内の基準である**Mj（気象庁マグニチュード）**は，速報性に優れているという特性をもつ。一方，国際基準として使われることが多い**Mw（モーメントマグニチュード）**は，特に規模の大きな地震の解析に適している（表7.2）。マグニチュードには，このほかにも，震源が比較的浅い地震に対して採用されるMs（表面波マグニチュード）などがある。

マグニチュードに対して，震度は場所によって大きさが異なる。震度の階級（**震度階**）は，国や地域によって独自のものが使われていることが多い。日本では，1996年以降，それまでの人間による観察に加えて，**震度計**による**計測震度**を採用することで，より客観的な震度階が整備されてきた（表7.2）。

表7.2 マグニチュードと震度

指標／特徴	マグニチュード(M) (Magnitude，Richter Scale)	震度 (Seismic Intensity)
内　容	地震エネルギーの大きさ （地震の規模）	地震による揺れの大きさ
測定・算出方法	地震波の振幅，速度(Mj，Ms) 断層面の面積×岩盤の食い違い量(Mw)	人間による観察および 地震波の加速度(1996年～)
階級・種類	Mj(気象庁マグニチュード) → 日本国内の基準 Mw(モーメントマグニチュード) → 国際的な基準の1つ	国や地域によって異なる 日本の震度階 8段階(0～VII)（～1995年） 10段階(0～7)*(1996年～)

*震度5と6がそれぞれ5弱・5強，6弱・6強に細分されているため，10段階の震度階級が設定されている。

7.2　地球上の地震分布と過去の主要地震

【目的】 世界および日本で過去に発生した地震の地理的分布と主要地震の特徴を理解する。
【キーワード】 環太平洋地震帯，ユーラシア地震帯

7.2.1　世界の地震分布と主要地震

地球上で発生する地震の分布には，顕著な地域性が見られる（図7.1）。特に，環太平洋地域とユーラシア大陸南部地域は地震の集中域であり，それぞれ**環太平洋地震帯**，**ユーラシア地震帯**と呼ばれる。世界で発生する主要地震の多くは，これらの地域を震源域とするものである。このほかに，大西洋や太平洋，インド洋の海底にも地震の分布域が見られる。環太平洋地震帯およびユーラシア地震帯に属する地域では，過去に多くの地震災害が発生している（表7.3）。

以上のような地震帯の分布は，8.1.2項で述べる地球上のプレート境界と重なる部分が多い（図7.1）。したがって，プレート境界部の特徴をとらえることが，地震発生メカニズムの解明につながると考えられる。

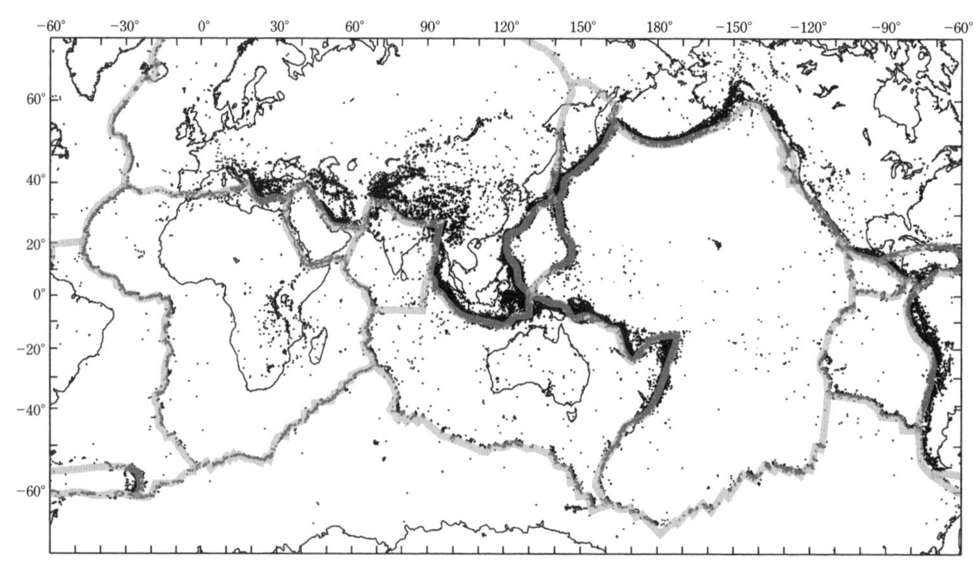

図7.1　1991〜2010年に発生した世界の地震分布（M ≧4.0，震源の深さ≦100km）とプレート境界
『理科年表プレミアム』に基づいて作成
黒い点が地震分布，灰色の帯がプレート境界をそれぞれ示す。

表 7.3　1980 年以降の世界の主な地震

地域「地震名」	発生年月日	Mw	死者・行方不明者（概数を含む）（人）
アルジェリア＊	1980.10.10	7.1	3,500
イタリア「イルピーニャ地震」＊	1980.11.23	6.9	2,483
イラン＊	1981. 6.11	6.6	3,000
イエメン＊	1982.12.13	6.2	2,800
メキシコ「ミチョアカン地震」	1985. 9.19	8.0	9,500
エクアドル，コロンビア	1987. 3. 6	7.1	5,000
アルメニア＊	1988.12. 7	6.7	25,000
イラン＊	1990. 6.20	7.4	35,000
フィリピン（ルソン島）＊	1990. 7.16	7.7	2,430
インド「ウタルカシ地震」	1991.10.19	6.8	2,000
インドネシア（フローレス島）	1992.12.12	7.7	1,740
インド	1993. 9.29	6.2	9,748
日本「兵庫県南部地震」＊	1995. 1.17	6.9	6,437
ロシア（サハリン）＊	1995. 5.27	7.1	1,989
アフガニスタン	1998. 2. 4	5.9	2,323
アフガニスタン	1998. 5.30	6.6	4,000
パプアニューギニア	1998. 7.17	7.0	2,700
トルコ（北西部）「コジャエリ（イズミット）地震」＊	1999. 8.17	7.5	17,118
台湾「集集地震」＊	1999. 9.21	7.7	2,413
インド	2001. 1.26	7.7	20,023
アルジェリア	2003. 5.21	6.8	2,266
イラン（バム）	2003.12.26	6.6	43,200
インドネシア（スマトラ島沖）「インド洋大津波」	2004.12.26	9.0	227,898
パキスタン（カシミール）	2005.10. 8	7.6	86,000 ＜
中国「四川大地震」＊	2008. 5.12	7.9	69,227
ハイチ	2010. 1.12	7.0	316,000
チリ	2010. 2.27	8.8	521 ＜
日本「東北地方太平洋沖地震」	2011. 3.11	9.1 ※	22,199
ネパール	2015. 4.25	7.8	9,164 ＜

『理科年表プレミアム』に基づいて作成

＊活断層型地震（明確になっているもの）
Mw は国際基準のマグニチュード（Mw については表 7.2 参照）。
※ 気象庁のデータでは Mw 9.0。

7.2.2 日本列島およびその周辺海域の地震分布と主要地震

日本列島は**環太平洋地震帯**に属し，世界の中でも特に地震が多発する地域の1つである（図7.1）。1885年以降に発生した日本列島と周辺の海底における地震分布を見ると，太平洋側の海底でM8クラス以上の巨大地震の発生頻度が高い（図7.2）。これに対して，日本海の海底を震源とする地震の頻度は低い。また海底を震源域とする地震のほかに，日本列島の内陸部で発生するM6〜M7クラスの地震も多い（図7.2，表7.4）。

一方，日本において過去約1500年間の歴史時代に発生した大地震の記録を見ても，太平洋側の海底，特に**南海トラフ**を震源域とするものが多いことがわかる（表7.5）（南海トラフをはじめとする日本列島のプレート境界については8.2節参照）。

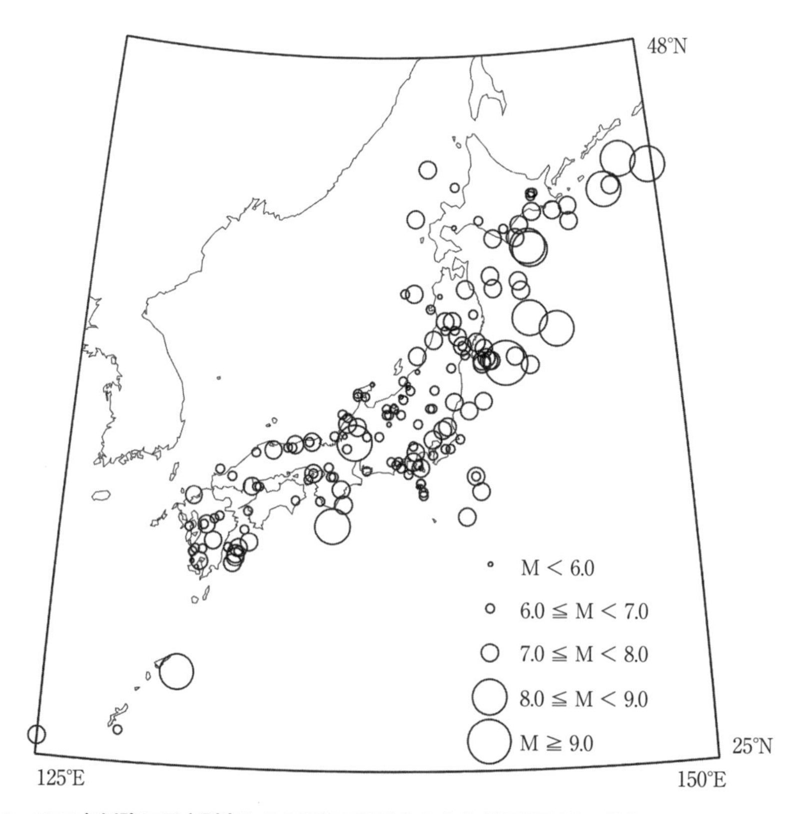

図7.2　1885年以降に日本列島とその周辺で発生した主な地震（震央）の分布　『理科年表プレミアム』

表 7.4　日本における明治時代以降の大地震

地　震　名	発生年月日	Mj（Mw）	死者・行方不明者(人)
○濃尾地震	1891.10.28	8.0	7,273
東京地震	1894. 6.20	7.0	31
庄内地震	1894.10.22	7.0	726
☆明治三陸地震	1896. 6.15	8.2	21,959
○陸羽地震	1896. 8.31	7.2	209
喜界島地震	1911. 6.15	8.0	12
☆関東地震(関東大震災)	1923. 9. 1	7.9	105,000 <
○北丹後地震	1927. 3. 7	7.3	2,925
○北伊豆地震	1930.11.26	7.3	272
西埼玉地震	1931. 9.21	6.9	16
☆三陸沖地震	1933. 3. 3	8.1	3,064
○鳥取地震	1943. 9.10	7.2	1,083
☆東南海地震	1944.12. 7	7.9	1,223
○三河地震	1945. 1.13	6.8	2,306
☆南海地震	1946.12.21	8.0	1,330
○福井地震	1948. 6.28	7.1	3,769
☆チリ地震津波	1960. 5.23	(9.5)	142
☆新潟地震	1964. 6.16	7.5	26
☆十勝沖地震	1968. 5.16	7.9	52
宮城県沖地震	1978. 6.12	7.4 (7.6)	28
☆日本海中部地震	1983. 5.26	7.7 (7.7)	104
○長野県西部地震	1984. 9.14	6.8 (6.2)	29
千葉県東方沖地震	1987.12.17	6.7 (6.5)	2
☆北海道南西沖地震	1993. 7.12	7.8 (7.7)	230
☆北海道東方沖地震	1994.10. 4	8.2 (8.3)	10(択捉島)
☆三陸はるか沖地震	1994.12.28	7.6 (7.7)	3
○兵庫県南部地震(阪神・淡路大震災)	1995. 1.17	7.3 (6.9)	6,437
芸予地震	2001. 3.24	6.7 (6.8)	2
☆十勝沖地震	2003. 9.26	8.0 (8.3)	2
○新潟県中越地震	2004.10.23	6.8 (6.6)	68
○福岡県西方沖地震	2005. 3.20	7.0 (6.6)	1
○能登半島地震	2007. 3.25	6.9 (6.7)	1
○新潟県中越沖地震	2007. 7.16	6.8 (6.6)	15
○岩手・宮城内陸地震	2008. 6.14	7.2 (6.9)	23
☆東北地方太平洋沖地震(東日本大震災)	2011. 3.11	9.0 (9.1)	22,199
○熊本地震	2016. 4.14, 4.16	6.5(6.2), 7.3(7.0)	50
○大阪府北部地震	2018. 6.18	6.1 (5.6)	5
○北海道胆振東部地震	2018. 9. 6	6.7 (6.7)	41

『理科年表プレミアム』などに基づいて作成

☆ 津波の発生が確認されている地震，○ 活断層型地震(明確になっているもの)。

表 7.5 日本における歴史時代の大地震

地域・地震名	発生年月日	推定マグニチュード (Mj)	地震および地震被害の特徴
遠飛鳥宮付近(大和)	416. 8.23	−	歴史記録に残る最古の地震 「日本書紀」に「地震」の記載
☆南海・東海・西海地域	684.11.29	8 1/4	南海トラフ沿いの巨大地震 土佐で津波被害
☆『貞観の三陸沖地震』	869. 7.13	8.3	三陸沖の巨大地震 多賀城で津波被害
関東諸国	878.11. 1	7.4	相模・武蔵で被害大，圧死多数
☆五畿・七道	887. 8.26	8.0〜8.5	南海トラフ沿いの巨大地震 京都で圧死多数，摂津で津波被害
☆畿内・東海道	1096.12.17	8.0〜8.5	東海沖の巨大地震 伊勢・駿河で津波被害 東大寺の巨鐘落下，京都の諸寺に被害
☆南海道・畿内	1099. 2.22	8.0〜8.3	興福寺・摂津天王寺で被害 土佐で津波被害
関東南部	1257.10. 9	7.0〜7.5	鎌倉の社寺被害，山崩れ，余震多数
近江北部・若狭	1325.12. 5	6.5	琵琶湖竹生島の一部が崩れて水没 敦賀郡の気比神宮倒壊
☆畿内・土佐・阿波	1361. 8. 3	8 1/4〜8.5	南海トラフ沿いの巨大地震 摂津・阿波・土佐で津波被害
☆東海道全般	1498. 9.20	8.2〜8.4	駿河・南海トラフ沿いの巨大地震 房総から紀伊で津波被害
☆豊後	1596. 9. 1	7.0	別府湾沿岸で津波被害
畿内	1596. 9. 5	7 1/2	京都・奈良・大阪・神戸で被害大 伏見城天守大破
☆『慶長地震』	1605. 2. 3	7.9	南海トラフ沿いの巨大地震 犬吠埼から九州まで津波襲来 津波地震であった可能性
☆『慶長の三陸沖地震』	1611.12. 2	8.1	震害は小さい 三陸沿岸と北海道東岸で津波被害
☆『延宝の三陸沖地震』	1677. 4.13	7.9	三陸一帯に津波襲来
☆『元禄地震』	1703.12.31	7.9〜8.2	相模トラフ沿いの巨大地震 相模・武蔵・上総・安房で震度大，特に小田原で被害大 犬吠埼から下田まで津波襲来

地域・地震名	発生年月日	推定マグニチュード（Mj）	地震および地震被害の特徴
☆『宝永地震』	1707.10.28	8.6	**駿河・南海トラフ沿いの巨大地震** 震害は東海道・伊勢湾沿岸・紀伊半島で甚大 紀伊半島から九州までの太平洋沿岸および瀬戸内海に津波襲来
☆『宝暦の八戸沖地震』	1763. 1.29	7.4	寺院・民家破損
☆『八重山地震津波』	1771. 4.24	7.4	震害は小さい 石垣島での津波被害甚大
☆雲仙岳 “島原大変肥後迷惑”	1792. 5.21	6.4	雲仙岳の噴火活動に伴う地震 島原湾への土砂流出による津波被害
☆『象潟地震』	1804. 7.10	7.0	景勝地“象潟”が地震隆起で陸化 象潟・酒田に津波の記録
○『善光寺地震』	1847. 5. 8	7.4	高田から松本にかけて被害 山崩れ多く，犀川が堰き止められた後に決壊 善光寺参詣者多数が被災（御開帳の年）
☆『安政東海地震』	1854.12.23	8.4	**駿河・南海トラフ沿いの巨大地震** 房総から土佐まで津波襲来 沼津から伊勢湾にかけての海岸で被害甚大
☆『安政南海地震』	1854.12.24	8.4	**南海トラフ沿いの巨大地震** 中部から九州にかけて被害 震源近くでは地震と津波の被害の区別が難しい
『江戸地震』	1855.11.11	7.0～7.1	**“江戸の直下型地震”** 下町で被害大 風が弱かったため火災による被害は比較的小さい 死者は江戸町方4千余，武家方2,600人
☆『安政の八戸沖地震』	1856. 8.23	7.5	震害小 三陸沿岸および北海道南岸に津波襲来
○『飛越地震』	1858. 4. 9	7.0～7.1	**跡津川断層の活動** 飛騨北部・越中で被害大，常願寺川が堰き止められた後に決壊
☆『浜田地震』	1872. 3.14	7.1	石見・出雲で被害大，小津波襲来

『理科年表プレミアム』に基づいて作成

☆ 津波が記録されている地震，◯ 地表地震断層が現れた地震。
地震発生年月日は，太陽暦（グレゴリオ暦）で示した。

8章

プレート境界で発生する地震
(プレート境界型地震)

世界最高峰 エベレスト（中央奥）(2000年3月撮影)
ヒマラヤ山脈は，北上するインド・オーストラリアプレートとユーラシアプレートの衝突境界に形成された褶曲山脈である。

8.1　プレートテクトニクス

【目的】 プレートテクトニクスの考え方を理解し，地球上のプレート分布およびプレート境界の特徴を把握する。

【キーワード】 プレート，プレート境界，海嶺，海溝・トラフ，褶曲山脈，プルームテクトニクス

8.1.1　プレートテクトニクス誕生までの経緯

プレートテクトニクス（Plate tectonics）は，「地球の表層部は複数の**プレート（岩板）**に覆われていて，プレート同士は互いに動いている」という，1967～1968年に複数の研究者によって提唱された仮説である。ここでの「地球の表層部」とは，地殻とマントル最上部を合わせた厚さ70～100kmの部分を指す。ここはリソスフェア（lithosphere）（岩石圏）とも呼ばれ，その下のアセノスフェア（asthenosphere）に比べて硬い部分である。プレートテクトニクスの考え方は，以下に示すように，それ以前に提唱されていた複数の仮説の上に成り立ったものといえる。

ドイツの気象学者**ウェゲナー**（1880～1930）は，大陸の輪郭の比較や，各大陸における過去の氷河地形および化石の分布などに基づいて，**大陸移動説（Continental drift theory）**を唱えた（1912年発表，1915年『大陸と海洋の起源』出版）。それによれば，現在の地球上の大陸はかつて**パンゲア（超大陸）**と呼ばれる1つの大陸であったが，その後分裂して現在のような姿になったと考えられている。しかし，大陸を動かす原動力に関する説明が十分でなかったことなどから，大陸移動説は広く受け入れられるまでには至らなかった。

1950年代になると，1957年から1958年にかけて実施された国際的な研究プロジェクト「国際地球観測年（International Geophysical Year：IGY）」を契機に，海底の地形と地質に関する本格的な調査が行われるようになった。1960年代には，海底岩石に記録されている地磁気逆転の歴史（「地磁気の縞模様」）などに基づいて**海洋底拡大説（Ocean-floor spreading theory）**が提唱された。それは，海底が**海嶺（ocean ridge）**を中心に拡大し，**海溝（trench）**で地球内部に戻る，すなわち更新されているという考え方である（海嶺，海溝については8.1.2項参照）。1960年代後半以降，海底の年代分布に関する調査が進められた結果，海底の中で最も新しい年代を示すのは海嶺の周辺で，そこから離れるほど年代が古くなって海溝付近では最も古い年代（太平洋では約2億年前）を示すことが明らかになり，海洋底拡大説を裏づける証拠となった。

以上のように，大陸移動説と海洋底拡大説によって，大陸は水平方向に移動するだけであるのに対して，海底は更新されているという違いが明確になった。さらに，それぞれの動きにマントルの対流運動が関わっていることが推定された（1930年代に提唱された**マントル対流説（Mantle convection theory）**に基づくもの）。なお，現在の一般的な見解では，プレートを動かす原動力はプレート（リソスフェア）の密度がアセノスフェアよりも大きいことによって生じる重力的な不均衡が主体で，これにマントル対流が加わると考えられている。

8.1.2 地球上のプレートおよびプレート境界の分布

プレートテクトニクスによれば，地球の表層部は形や大きさの異なる十数枚のプレートで覆われている（図8.1）。プレートには，主に大陸を構成する**大陸プレート**，海底を構成する**海洋プレート**，これら両方の性質をもつプレートの3種類がある。

プレート境界（plate boundaries）には，次のような特徴的な地形が見られる。海底岩石のうち最も新しい年代の岩石が分布する**海嶺**は長く続く海底山脈であり，ここでは海洋プレートが生産されて両側に拡大していると考えられる（プレートの**拡大境界**）。代表的な海嶺として，大西洋中央海嶺や東太平洋海嶺などがある。その中で，大西洋中央海嶺北部のアイスランドは，ユーラシアプレートと北アメリカプレートの拡大境界にあたる島である（図8.1，8.2）。ここでは，プレートが拡大している現場を**ギャオ**と呼ばれる割れ目で確認することができる。

これに対して，プレートが収束する場（プレートの**収束境界**）も存在する。プレートの収束境界には2つのタイプがあり，その1つは海洋プレートが大陸プレートないしは他の海洋プレートの下に沈み込んでいるというものである（プレートの**沈み込み境界**）。沈み込みは，接している2つのプレートの重さの違いとマントルの対流運動などによって起こると考えられている。プレートの沈み込み境界には，**海溝**や**トラフ（trough）**と呼ばれる海底の深い谷地形が見られ，その周辺には同じ海洋プレートの中で最も古い海底岩石が分布している。トラフは，海溝に比べて水深が浅く，谷底の幅が広いという特徴をもつ。もう1つの収束境界は，顕著な重さの違いがない大陸プレート同士が衝突している場であり（プレートの**衝突境界**），2つのプレートの間にあった海底堆積物が圧縮された結果，陸上に大規模な**褶曲山脈（folded mountains）**が形成されている。ヒマラヤ山脈やヨーロッパアルプスなどは，その代表例である（本章の扉の写真参照）。

図8.1 地球上のプレート分布 上田（1989），貝塚編（1997）などに基づいて作成

図 8.2 アイスランド，シングベトリル地溝帯西縁に位置する北アメリカプレート東端の崖（2013 年 8 月撮影）

一方，プレートの境界にはプレート同士がすれ違っているプレートの**横ずれ境界**も存在する（例：北アメリカ大陸西縁のサンアンドレアス断層）（図8.1）。

以上のようなプレート境界は，地球上における地震の多発帯（図7.1）とよく一致している。

8.1.3 プルームテクトニクス

プレートテクトニクスが地球の表層部のみを対象にしていたのに対して，1990年代になるとプレートを動かす原動力を解明するために，プレートの下にあるマントル内部の解析が進められるようになった。なかでも，地震波を用いたマントル内の温度分布の復元（トモグラフィー）によって，高温部と低温部の存在が明らかになった。このことから，高温部ではマントルの上昇が起こり（**ホットプルーム**），低温部ではマントルの下降が起きている（**コールドプルーム**）というマントル内部での対流運動が推定された。

大規模なホットプルームは，アフリカ東部や太平洋の海底の下に分布すると考えられ，それぞれアフリカ大地溝帯とハワイ諸島などにおけるプレート運動や火山活動に関係するものと推定されている。一方，コールドプルームはアジア大陸の内部に存在し，タクラマカン砂漠周辺の沈降運動との関わりが指摘されている。

以上のように，マントルの対流運動に基づいて，地球内部から表層部（プレート）までのさまざまな動きを解明しようとする考え方が**プルームテクトニクス**（Plume tectonics）である（熊澤・丸山編，2002など参照）。

8.2　日本列島周辺のプレート分布とプレート境界型地震

【目的】プレートテクトニクスの立場から地球上における日本列島の位置づけを明確にし，そこで発生する地震の特徴を理解する。

【キーワード】沈み込み境界，南海トラフ，駿河トラフ，相模トラフ，日本海溝，フォッサ・マグナ，アスペリティ，南海地震，東南海地震，東海地震，関東地震，東北地方太平洋沖地震

8.2.1　プレートテクトニクスから見た日本列島

プレートテクトニクスの立場から見ると，日本列島とその周辺は4つのプレートで構成され，地球上でもきわめて特殊な場に位置づけられる（図8.1，8.3）。太平洋側の海底では，海洋プレートである**太平洋プレート**と**フィリピン海プレート**が，大陸プレートの**ユーラシアプレート**と**北アメリカプレート**の下に沈み込むという**沈み込み境界**の構造が推定されている。太平洋プレートは，**日本海溝**で北アメリカプレートの下に沈み込み，フィリピン海プレートは**相模トラフ**で北アメリカプレートの下に，**駿河トラフ・南海トラフ**でユーラシアプレートの下に，それぞれ沈み込んでいる。

一方，日本海側の海底については，地震の発生頻度は低いものの（図7.2参照），M7クラスの日本海中部地震（1983）や北海道南西沖地震（1993）（表7.4参照）が発生していることから，日本海の海底にもプレート境界の分布が推定されるようになった。その境界は，**フォッサ・マグナ**

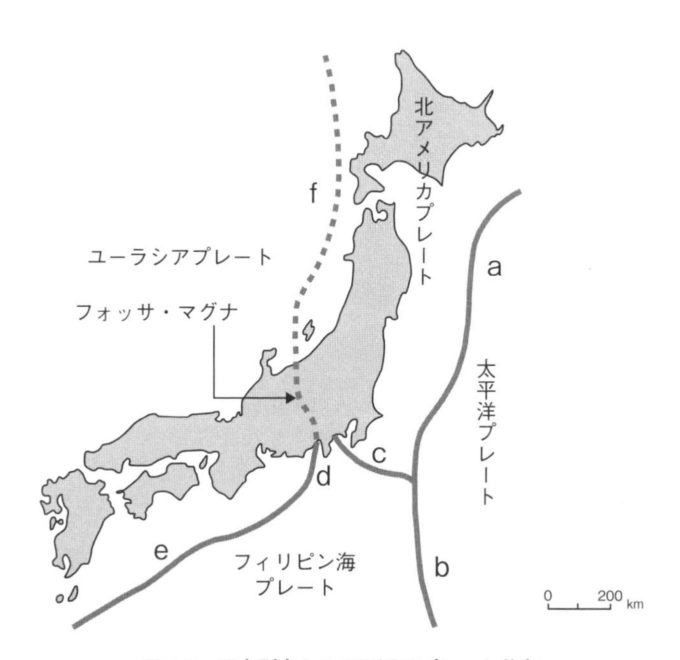

図 8.3　日本列島とその周辺のプレート分布

a. 日本海溝，b. 伊豆・小笠原海溝，c. 相模トラフ，d. 駿河トラフ，e. 南海トラフ，f. 新しく推定されているプレート境界

(Fossa Magna) から北にのびて，東北日本（北アメリカプレート）と西南日本（ユーラシアプレート）の境界を形成するものと考えられている（図8.3)。フォッサ・マグナは，ドイツの地質学者ナウマン（1850〜1927）によって命名された日本列島の地形・地質構造の境界域である。また，その西縁には活断層である糸魚川-静岡構造線が分布する（9.2.1項参照)。

8.2.2 沈み込み境界で発生する地震のメカニズム

日本列島周辺のプレートの**沈み込み境界**では，海洋プレートが大陸プレートの下に沈み込んでおり，そこに蓄積された歪(ひず)みが地震エネルギーとして繰返し解放されるために，地震の発生頻度が高いと推定されている（図8.4)。

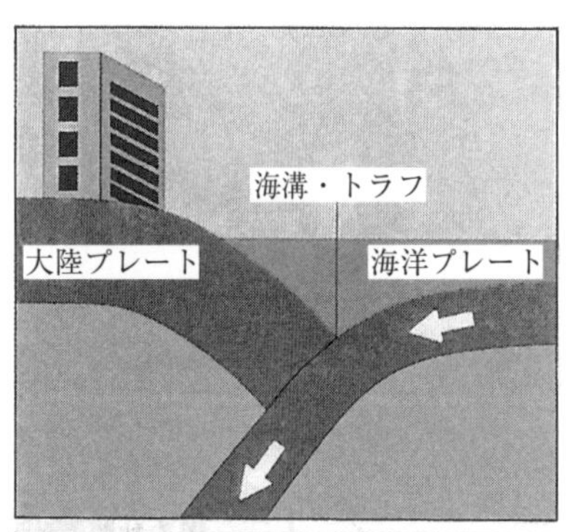

沈み込み境界におけるプレートの配置

右側の**海洋プレート**が左側の**大陸プレート**の下に沈み込む際，両者の間の摩擦によって，大陸プレートは下に引きずられるように変形する。両方のプレートの境界部(**沈み込み境界**)には，**海溝**または**トラフ**が形成される。
２つのプレートが接触している面には，**アスペリティ(asperity)**と呼ばれる強く固着した部分が存在する。

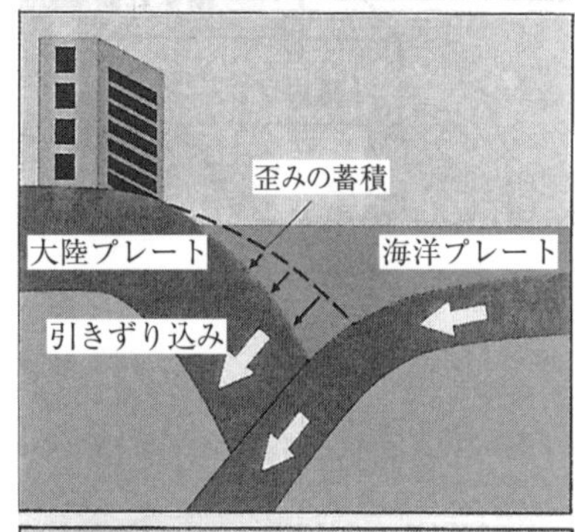

地震発生前(歪みの蓄積)

海洋プレートの沈み込みにより，大陸プレートとの境界部に歪み(地震エネルギー)が蓄積していく。歪みは，アスペリティで最も大きくなる。
この段階での大陸プレートの変形は，垂直方向には沈降し，水平方向では内陸側に移動するものとなる。

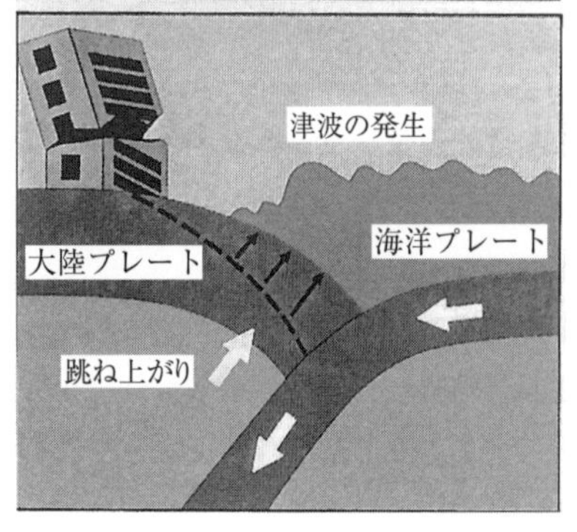

地震発生時(歪みの解放)

大陸プレートが変形の限界に達すると，上向きにはね返り，蓄積していた歪みが解放されて地震が発生する。特にアスペリティの固着がはがれることによって，大きな衝撃(地震波)が伝わる。
この段階での大陸プレートの変形は，垂直方向には隆起し，水平方向では海側に移動するものとなる。
震源域が海底であることから，**津波**の発生を伴う場合が多い。

図 8.4 沈み込み境界におけるプレート境界型地震の発生メカニズム
総理府地震調査研究推進本部地震調査委員会編(1997)を改変

8.2.3 南海トラフ・駿河トラフで発生する地震

太平洋側のプレート沈み込み境界のうち，過去にマグニチュード8クラスの**巨大地震**が繰り返し発生してきた地域の1つに，フィリピン海プレートがユーラシアプレートの下に沈み込んでいる**南海トラフ**から**駿河トラフ**にかけての範囲がある（図8.3）。この地域で発生する主要な地震は，南海トラフ西部の四国沖付近を震源域とする**南海地震**，南海トラフ東部の紀伊半島沖付近を震源域とする**東南海地震**，南海トラフの北側の延長にあたる駿河トラフを震源域とする**東海地震**である。

歴史記録などに基づいて推定されたこれらの地震の発生履歴によれば，3つの地震は同時ないしは連続的に発生する場合が多いこと，またこれらの地震の発生間隔には規則性が見られることなどが明らかになっている（図8.5）。すなわち，少なくとも過去約1,000年間に南海地震と東南海地震が100～150年の間隔で，それぞれがマグニチュード8クラスの巨大地震として連続的に

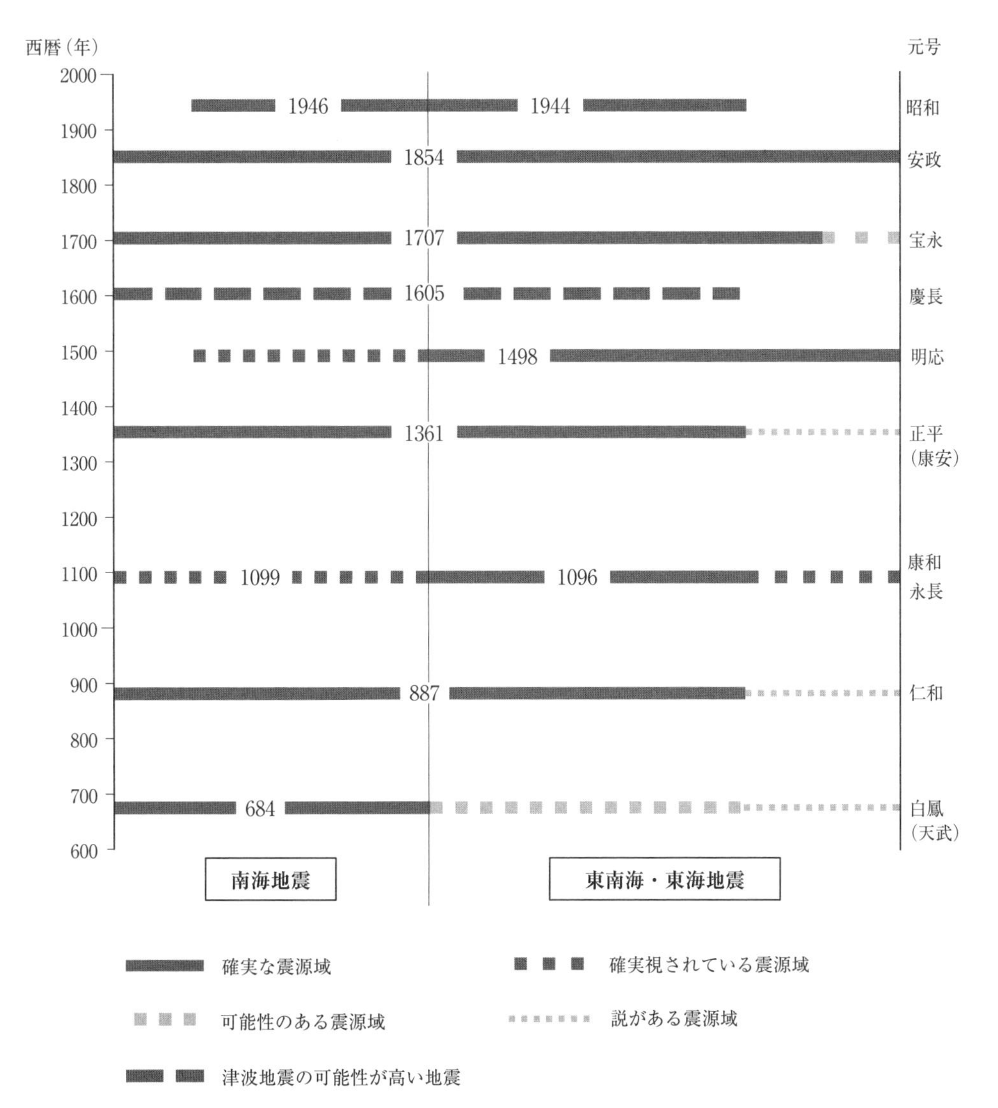

図 8.5　南海トラフ・駿河トラフにおける地震の発生履歴　地震調査研究推進本部(2013)に基づいて作成
それぞれの地震の特徴については表7.4，7.5参照。

発生し，いずれも太平洋沿岸の広い範囲で**津波**による大きな被害をもたらしてきた。地震の発生間隔に規則性が見られることから，海洋プレートの沈み込みによって蓄積された歪みが100〜150年程度の間隔で地震エネルギーとして放出されているものと推定される。

南海トラフを震源域とする最新の巨大地震は，1944年（東南海地震）と1946年（南海地震）に発生しているが（表7.4），この時には東海地震は起こらなかったと推定されている（図8.5）。東海地震の最新のものは1854年で，この時には南海地震と東南海地震も発生している（表7.5，図8.5）。こうした過去における地震発生の履歴から，近い将来，南海・東南海地震や東海地震が発生する可能性が指摘されている。

8.2.2項で示したように，**沈み込み境界**においては，沈み込まれている側の大陸プレートがはね返ることによって地震が発生する。このとき，はね返った大陸プレート側の陸地は隆起することが考えられる（図8.4）。このような**地震隆起**の証拠は，海岸部に複数の**海成段丘**として残されている（海成段丘の説明は14.2.1項参照）。

室戸岬周辺では，地震隆起の蓄積による海成段丘の発達が顕著である。ここでは，**南海トラフ**を震源域とする**南海地震**の繰り返しによって海成段丘が形成されてきたものと推定される。さらに，地震前と地震後の室戸岬周辺の地殻変動の観測によれば，地震前は沈降していたのに対して，地震後は隆起に転じるという傾向が認められる（図8.6）（吉川，1985）。この事実は，沈み込み境界における地震発生のメカニズム（図8.4）を裏づけるものといえる。

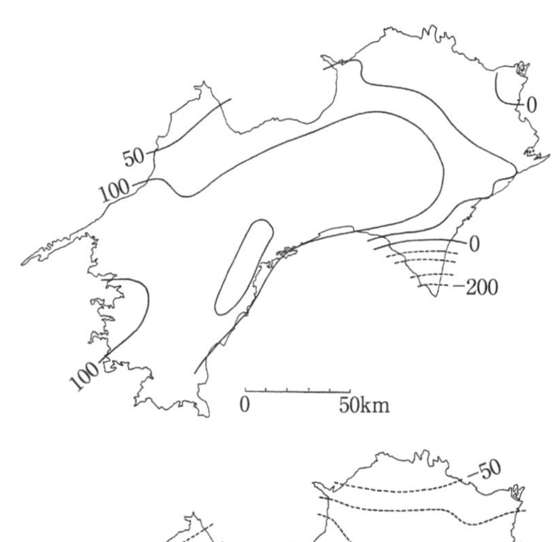

1897〜1935年における垂直変動量（mm）
南海地震（1946年）以前の地殻変動を示す。

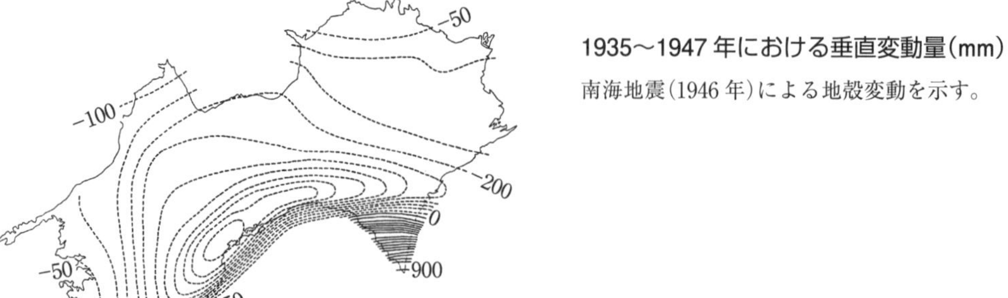

1935〜1947年における垂直変動量（mm）
南海地震（1946年）による地殻変動を示す。

図8.6 四国における垂直方向の地殻変動量 吉川（1985）を改変
等値線の間隔は50mm。実線は隆起，破線（マイナスの数字）は沈降をそれぞれ示す。

Column

南海・東南海・東海地震の発生と富士山噴火との関係

歴史時代の地震発生と富士山噴火との関連性が指摘されている例に，1707年の宝永地震（南海・東南海・東海地震がほぼ同時に発生したと考えられている）(表7.5，図8.5）とその49日後に起こった富士山の宝永噴火（表11.3）がある。地震発生と富士山噴火の因果関係が十分に解明されているわけではないが，富士山の位置がプレート境界付近にあたることから，地震と火山噴火が連動して起こる可能性が考えられる。

8.2.4 相模トラフで発生する地震

相模トラフは関東地方のプレート沈み込み境界であり，ここではフィリピン海プレートが北アメリカプレートの下に沈み込んでいる（図8.3)。相模トラフで発生した地震として明確なものに，1703年（元禄16年）の**元禄地震**（推定マグニチュード7.9〜8.2）(表7.5）と1923年（大正12年）の**関東地震**（Mj 7.9）(表7.4）がある。

相模トラフを震源域とする地震による隆起の証拠は，房総半島南部の複数段の海成段丘として残されている。ここでは，広い段丘面をもつ大規模な段丘と，これらの間に分布する小規模な段丘の存在が確認されている（産業技術総合研究所編，2004など)。大規模な段丘面のうち最も高度が低い面は，元禄地震の際に海底が隆起して形成されたものであり，**元禄段丘**と呼ばれる。当時の歴史記録や，その後の地形・地質調査の結果，この時の隆起量は房総半島南端部では4〜6mであったことが推定されている。こうした地震隆起は，三浦半島でも確認されている（図8.7)。一方，**関東大震災**の原因となった関東地震の際にも地震隆起が確認されているが，その隆起量は

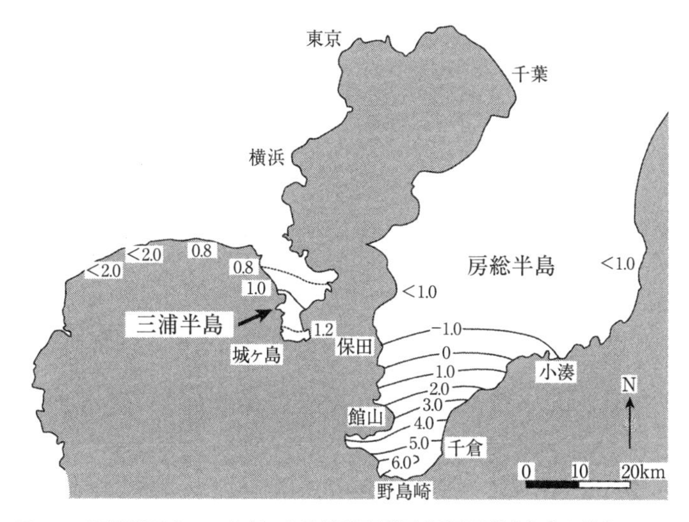

図8.7 元禄地震(1703年)による地殻変動量(垂直変位)(m)の分布
産業技術総合研究所編(2004)

房総半島南端部では約1.5mであり，元禄地震の場合よりも小さかった（図8.8）。この時に隆起して形成された段丘は，元禄段丘の海側に一段低い段丘として分布する（本項のコラム参照）。元禄地震と関東地震に見られる隆起量の差は，それぞれの地震のマグニチュードの違いを反映したものと推定できる。

以上のことから，房総半島南部に分布する大規模な段丘は元禄地震と同様の規模の地震，その間にある小規模な段丘は関東地震と同様の規模の地震，それぞれの繰返しによって形成されたものである可能性が考えられる。

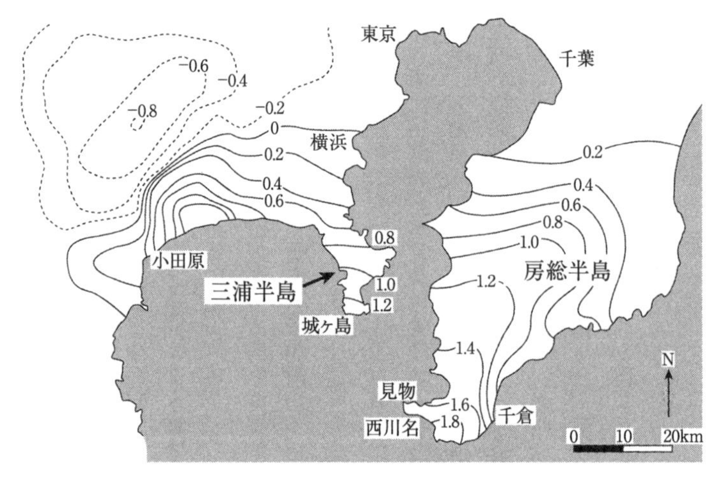

図8.8 関東地震（1923年）による地殻変動量（垂直変位）（m）の分布
産業技術総合研究所編（2004）

●●●●● *Column*

「野島」から「野島崎」へ――元禄地震による地震隆起

房総半島南端の**野島崎**は半島から突き出した小さな岬であり，野島崎灯台があることで有名な場所である（7章の扉の写真参照）。ところが，古地図や古文書などの記録から，1703年の**元禄地震**以前は，現在の岬の部分は**「野島」**と呼ばれる小さな島であったことが明らかになっている。

野島が房総半島と陸続きになった原因は，プレートの**沈み込み境界**である**相模トラフ**を震源域とする元禄地震の発生で，大陸プレート側（房総半島側）がはね返ったことによって起こった隆起である。図8.7に示したように，野島崎周辺では元禄地震によって5m以上隆起し**元禄段丘**が形成された。したがって，野島周辺の海底はこの地震隆起によって陸化し，野島と房総半島がつながって野島崎に変化したものといえる。さらに，現在の野島崎の海岸部には1923年の**関東地震**による隆起で形成された海抜高度約1.5mの海成段丘も分布している（中村ほか，1995；伊藤，2002など参照）。

8.2.5　日本海溝で発生する地震 —— 東北地方太平洋沖地震の位置づけ

東北日本の太平洋沖に位置する**日本海溝**は，太平洋プレートが北アメリカプレートの下に沈み込むプレートの**沈み込み境界**である（図8.3）。日本海溝を震源域とする地震は，最近百数十年間において多数発生してきた(図7.2, 表7.4, 図8.9)。なかでも，三陸沖で発生した明治三陸地震(1896年）や三陸沖地震（1933年）はマグニチュード8クラスの巨大地震であり，三陸沿岸に甚大な津波被害をもたらした。また三陸沿岸は，1960年に南米のチリ沖で発生したMw 9.5の**超巨大地震**，**チリ地震**に伴う津波被害も被っている（表7.4）(10.1.2項参照)。さらに歴史記録を見ても，三陸沿岸を中心に津波被害をもたらした大規模地震が過去に複数回発生していたことがわかる（表7.5)。

東日本大震災の原因となった**東北地方太平洋沖地震**（2011年）は，日本海溝を震源域とするプレート境界型の地震であったが，少なくとも過去100年余りの間にこの地域で起こった地震と比べて，地震の規模および震源域の広さの点で大きく異なるものであった。地震の規模は，『理科年表プレミアム』によれば気象庁マグニチュード(Mj)で9.0, 国際基準のモーメントマグニチュード（Mw）で9.1と記録されている（表7.4)。また，震源域は南北450km，東西200kmの範囲に及び，明治三陸地震や三陸沖地震よりもはるかに広いものであった（図8.9)。

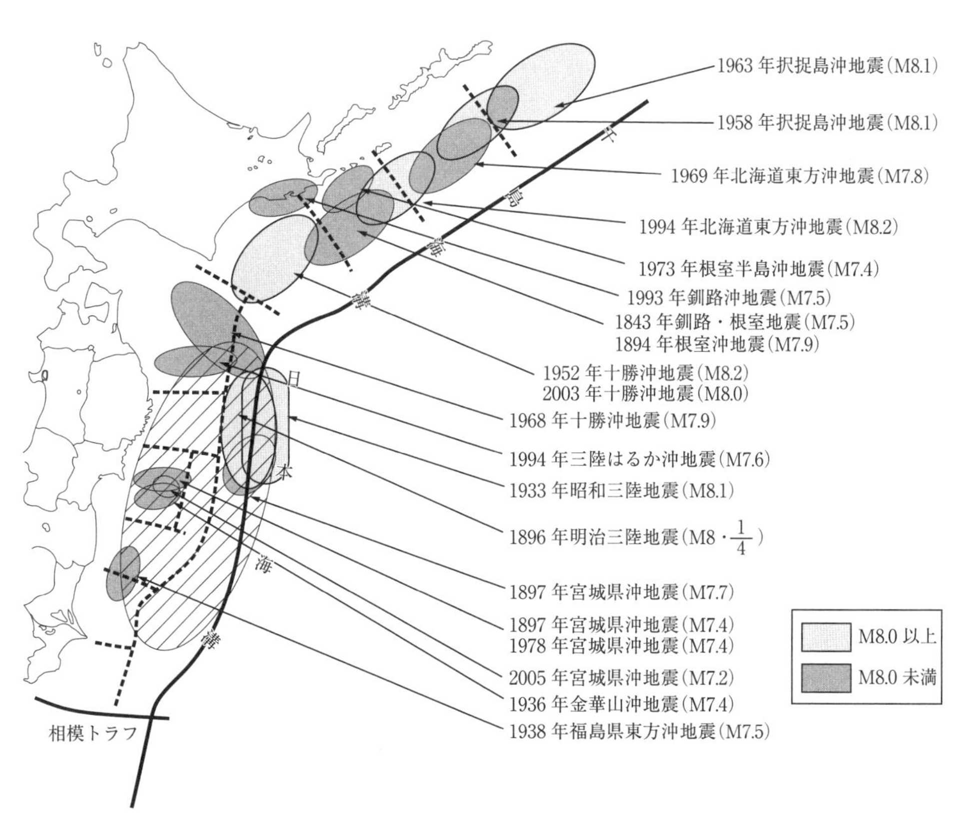

図8.9　日本海溝周辺で発生した地震の震源域　中央防災会議(2011)を改変
斜線の範囲が2011年の東北地方太平洋沖地震の震源域。
マグニチュード(M)は気象庁マグニチュード(Mj)。

日本で科学的な地震の観測が行われてきた過去約140年間において，東北地方太平洋沖地震以前にマグニチュード9クラスの超巨大地震は記録されていない。一方で，20世紀後半以降に発生した世界の超巨大地震として，カムチャツカ地震（1952年，Mw 9.0），アリューシャン地震（1957年，Mw 9.1），チリ地震（1960年，Mw 9.5），アラスカ地震（1964年，Mw 9.2），インドネシア，スマトラ島沖地震（2004年，Mw 9.0）があり，**環太平洋地震帯**で複数発生していることがわかる（図8.10）。したがって，地球規模で見た場合，東北地方太平洋沖地震は，こうした環太平洋地震帯の超巨大地震の1つとして位置づけることができる。

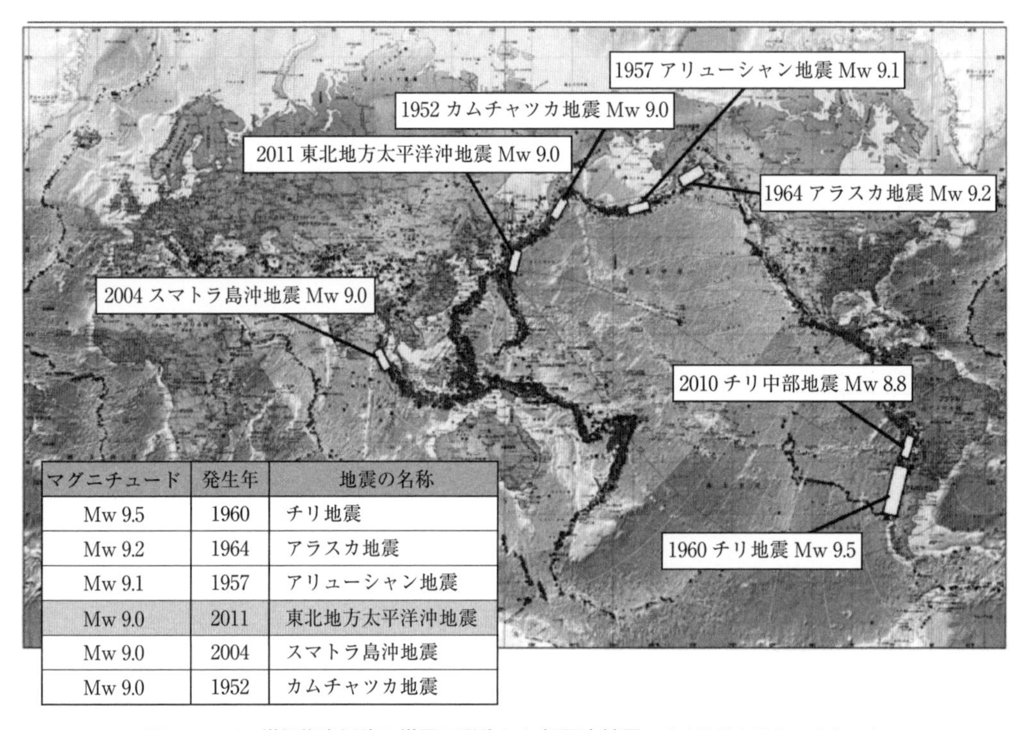

マグニチュード	発生年	地震の名称
Mw 9.5	1960	チリ地震
Mw 9.2	1964	アラスカ地震
Mw 9.1	1957	アリューシャン地震
Mw 9.0	2011	東北地方太平洋沖地震
Mw 9.0	2004	スマトラ島沖地震
Mw 9.0	1952	カムチャツカ地震

図 8.10　20 世紀後半以降に世界で発生した超巨大地震　中央防災会議(2011)を改変

9章

活断層の活動によって発生する地震
(活断層型地震)

野島断層の地表地震断層 (兵庫県淡路市北淡震災記念公園) (2003年9月撮影)
1995年の兵庫県南部地震の原因になった野島断層では，地表地震断層として縦ずれと横ずれが確認された。

9.1　活断層の認定方法

【目的】活断層の定義，種類，調査方法を正確に理解する。

【キーワード】震源断層，地表地震断層，潜在断層，縦ずれ断層，正断層，逆断層，横ずれ断層，トレンチ調査

9.1.1　活断層の定義および分類

断層とは，周辺からの力を受けてできた岩盤の中の割れ目を指し，断層に沿って岩盤がずれて破壊が広がることによって地震が発生する。断層のうち，**第四紀**（特に後半）に活動した痕跡が残されていて将来も活動する可能性があるものを**活断層**（active fault）と定義している。

地震の原因となる地下の断層を**震源断層**（**起震断層**）といい，地震によって地下の断層の割れ目が地表まで到達してできた崖や地表面の食い違いは**地表地震断層**と呼んで区別する。ただし，震源断層が動いても地表地震断層として現れない場合がある。このような断層は**潜在断層**（**伏在断層**）と呼ばれる。軟弱層が厚く堆積している平野や盆地などでは，活断層の割れ目が地表まで到達しにくい傾向があるため，潜在断層が存在する可能性が考えられる。

断層は，ずれる方向によって2つのタイプに分類される。垂直方向のずれが顕著なものを**縦ずれ断層**，水平方向のずれが顕著なものを**横ずれ断層**と呼ぶ。縦ずれ断層において，断層面に対して上に位置する岩盤（地層）が**上盤**（うわばん），下に位置する岩盤（地層）が**下盤**（したばん）である。縦ずれ断層には**正断層**と**逆断層**があり（図9.1），正断層は張力場において上盤が下盤に対して下がるように動く。一方，逆断層は圧縮場において上盤が下盤に対して上がるように動く。また，横ずれ断層は，断層を挟んで地表面が相対的にどのようにずれているかによって，左横ずれ断層と右横ずれ断層に区別される（図9.1）。

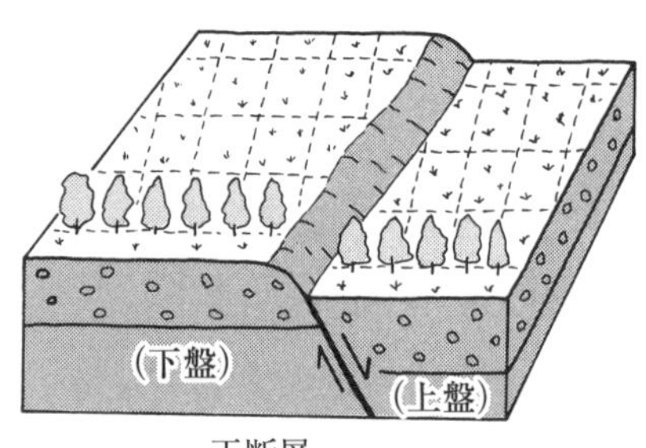

正断層

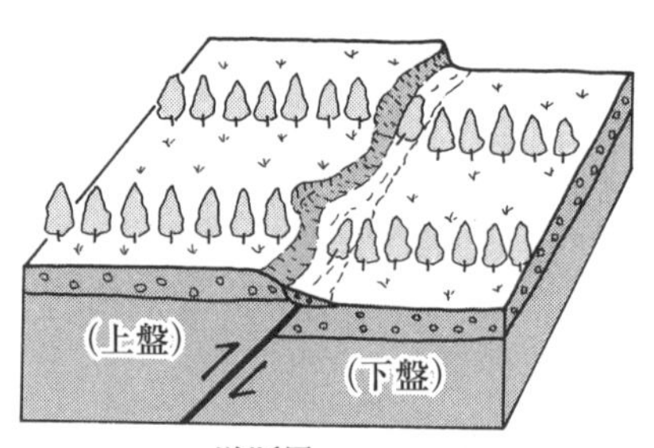

逆断層

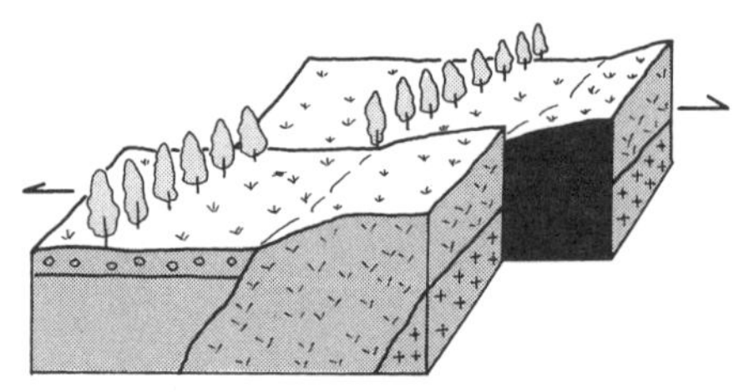

横ずれ断層（右横ずれ）

図 9.1　活断層の分類　松田(1992)を改変

9.1.2 活断層の調査方法

活断層の存在は，地形調査，地質調査，物理探査などに基づいて認定される。地形調査は，地形図や空中写真の判読，航空レーザー測量による地表面の起伏の解析，および現地調査に基づいて，直線的に連続する崖（縦ずれの証拠）や，尾根・谷の系統的な屈曲（横ずれの証拠）などの地表地震断層の痕跡を調査する方法である。地質調査は，地形調査によって地表地震断層が存在する可能性が認められた地域において，活断層のずれ方や活動した年代などを明らかにするために行うものである。代表的な地質調査に，ボーリング調査と**トレンチ調査**がある。なかでもトレンチ調査は，地表面を箱型に掘り下げることによって直接地層の断面観察を行うものである（図9.2）。地層断面（トレンチの壁面）において，同一の堆積物で厚さも同じ地層の上面が左右でくい違っている場合，もともとは水平に堆積していた地層が活断層の縦ずれによって変形したと解釈される。また，活断層による変形を受けた地層や，それを覆う地層を対象にして ^{14}C年代測定（4.1.2項参照）あるいはテフラ（4.2.1項参照）の分析を行い，活断層の活動時期（地震の発生時期）を推定する。このようにして，活断層の存在を確認し，**活断層の活動履歴**，すなわち活断層の過去における複数回の活動時期を明らかにしていく。これらの結果に基づいて活断層の活動間隔を推定し，将来の活動予測を行うことが可能になる。

一方，物理探査は，地表地震断層が明瞭に確認できない地域において，人工地震の地震波を用いて地下の構造を解析し，活断層の存在の有無を推定する方法である。これによって，潜在断層の分布が明らかになる可能性がある。

図9.2 野島断層のトレンチ壁面（2003年9月撮影）

兵庫県南部地震で縦ずれが現れた地表地震断層についてトレンチ調査を行った結果，逆断層による地層の縦ずれが確認された。

9.2　日本における活断層分布と活断層型地震

【目的】 日本における活断層分布の特徴を把握し，活断層の活動によって発生した過去の地震の実態を知る。

【キーワード】 地表地震断層，潜在断層，濃尾地震，根尾谷断層，兵庫県南部地震，野島断層

9.2.1　日本の活断層分布

図9.3〜9.5は，9.1.2項で取り上げた方法による調査で，地表地震断層の存在が確認されている日本の主要な**活断層分布図**である。この図に示されているものは，地震本部（地震調査研究推進本部）によって活断層の長期評価が公表されているものだけであるが，今後，地下に潜在している活断層も調査対象に加えた新しい情報が追加されていく計画である。

活断層分布図によれば，日本列島には多くの活断層が存在していることがわかる。また，ここに示されている陸上のもののほかに，海底にも多数の活断層が分布することが明らかになっている。このように数多くの活断層が存在する理由は，日本列島がプレートの収束境界に位置し，プレート同士の動きによって常に力を受けているためと考えられる（8.2節参照）。プレート境界に直接関わる活断層の代表例に，ユーラシアプレートと北アメリカプレートの境界と考えられている**フォッサ・マグナ**（図8.3）の西縁にあたる**糸魚川-静岡構造線**がある（図9.5の㊷）。

日本列島には，活断層が特に密集して分布する地域がいくつか存在するが，なかでも中部地方から近畿地方にかけては活断層の密度が高い（図9.5）。その一方で，関東平野に分布する活断層は比較的少ない（図9.4）。ただし，ここで注意しなければならないのは，分布図に示されている活断層は，あくまでも**地表地震断層**の存在が明確になっているものに限られているという点である。したがって，特に関東平野のように軟弱な堆積物が厚く堆積している地域においては，**潜在断層**の存在も想定する必要がある。また，1つの活断層の活動間隔は数百年〜数千年の場合が多いことから，活断層の存在が確認されているすべての地域で，近い将来に地震が発生する可能性が高いというわけではない点も重要である。個々の活断層については，過去の活動履歴に基づいて活断層の活動間隔および最新の活動時期を明らかにしたうえで，将来の活動の可能性を推定することになる（9.1.2，10.3.1項参照）。

関東地方および近畿地方の活断層分布（図9.4，9.5）には，それぞれ次のような特徴が見られる。関東地方に分布する活断層の中で，**相模トラフ**との関連性が考えられる**神縄・国府津-松田断層**（図9.4の㉟）は，規模の大きな地震を発生させる可能性が推定されることから，注意を必要とする活断層の1つになっている。一方，近畿地方には，**近畿三角帯**と呼ばれる活断層の集中域がある。その中には琵琶湖・京都盆地・大阪平野・奈良盆地が含まれるが，それぞれの縁辺部には活断層が分布していることから，湖や盆地の地形形成と活断層の活動との関係が推定されている。

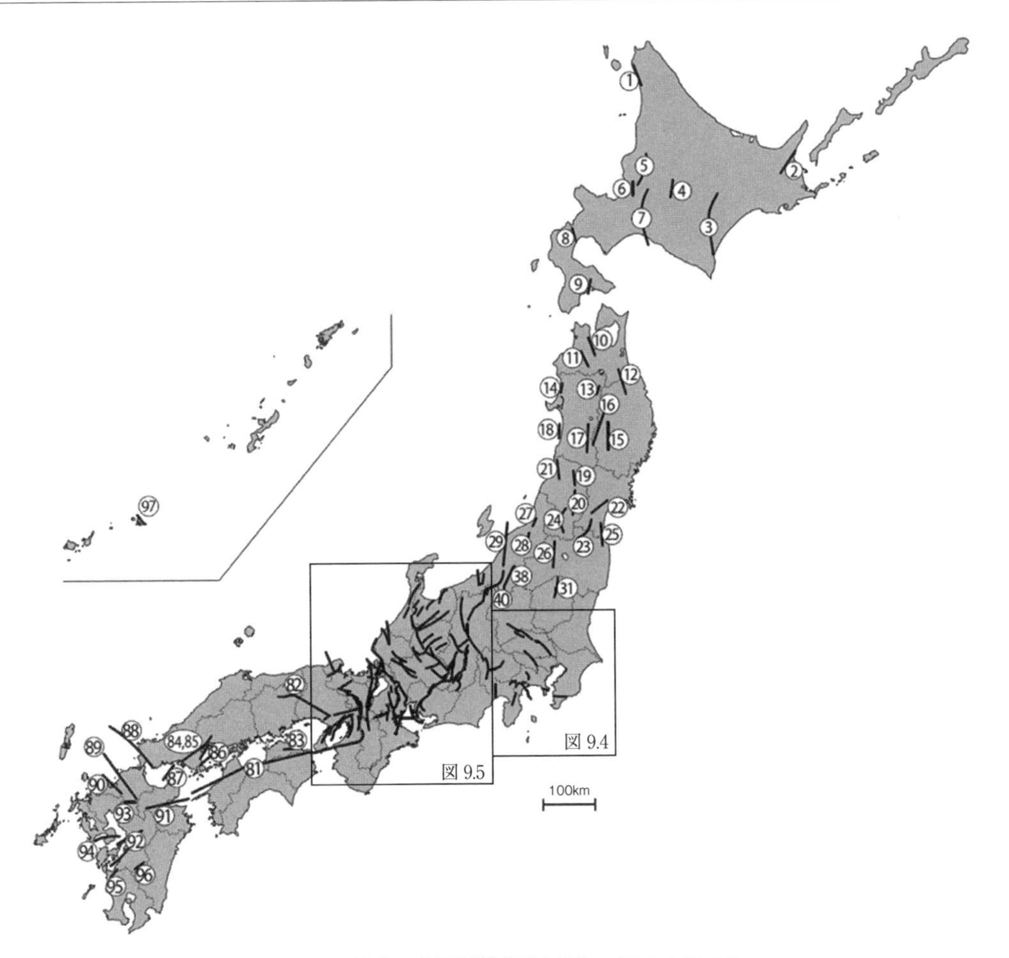

図 9.3　日本の主要活断層帯の分布　（地震本部 HP）

地震本部によって，活断層の長期評価が公表されているものの一部。活断層名は図 9.4，9.5 にも対応。

1. サロベツ断層帯　2. 標津断層帯　3. 十勝平野断層帯　4. 富良野断層帯　5. 増毛山地東縁断層帯・沼田-砂川付近断層帯　6. 当別断層　7. 石狩低地東縁断層帯　8. 黒松内低地断層帯　9. 函館平野西縁断層帯　10. 青森湾西岸断層帯　11. 津軽山地西縁断層帯　12. 折爪断層　13. 花輪東断層帯　14. 能代断層帯　15. 北上低地西縁断層帯　16. 雫石盆地西縁-真昼山地東縁断層帯　17. 横手盆地東縁断層帯　18. 北由利断層　19. 新庄盆地断層帯　20. 山形盆地断層帯　21. 庄内平野東縁断層帯　22. 長町-利府線断層帯　23. 福島盆地西縁断層帯　24. 長井盆地西縁断層帯　25. 双葉断層　26. 会津盆地西縁・東縁断層帯　27. 櫛形山脈断層帯　28. 月岡断層帯　29. 長岡平野西縁断層帯　30. 鴨川低地断層帯　31. 関谷断層　32. 深谷断層帯・綾瀬川断層(関東平野北西縁断層帯・元荒川断層帯)　33. 立川断層帯　34. 伊勢原断層　35. 塩沢断層帯・平山-松田北断層帯・国府津-松田断層帯(神縄・国府津-松田断層帯)　36. 三浦半島断層群　37. 北伊豆断層帯　38. 六日町断層帯　39. 高田平野断層帯　40. 十日町断層帯　41. 長野盆地西縁断層帯(信濃川断層帯)　42. 糸魚川-静岡構造線断層帯　43. 曽根丘陵断層帯　44. 富士川河口断層帯　45. 木曽山脈西縁断層帯　46. 境峠・神谷断層帯　47. 魚津断層帯　48. 跡津川断層帯　49. 高山・大原断層帯　50. 牛首断層帯　51. 庄川断層帯　52. 伊那谷断層帯　53. 阿寺断層帯　54. 屏風山・恵那山断層帯及び猿投山断層帯　55. 邑知潟断層帯　56. 砺波平野断層帯・呉羽山断層帯　57. 森本・富樫断層帯　58. 福井平野東縁断層帯　59. 長良川上流断層帯　60. 濃尾断層帯　61. 柳ヶ瀬・関ヶ原断層帯　62. 野坂・集福寺断層帯　63. 湖北山地断層帯　64. 琵琶湖西岸断層帯　65. 養老-桑名-四日市断層帯　66. 鈴鹿東縁断層帯　67. 鈴鹿西縁断層帯　68. 頓宮断層　69. 伊勢湾断層帯　70. 布引山地東縁断層帯　71. 木津川断層帯　72. 三方・花折断層帯　73. 山田断層帯　74. 京都盆地-奈良盆地断層帯南部(奈良盆地東縁断層帯)　75. 有馬-高槻断層帯　76. 生駒断層帯　77. 三峠・京都西山断層帯　78. 六甲・淡路島断層帯　79. 大阪湾断層帯　80. 上町断層帯　81. 中央構造線断層帯(金剛山地東縁-伊予灘)　82. 山崎断層帯　83. 長尾断層帯　84，85. 岩国-五日市断層帯　86. 安芸灘断層帯・広島湾-岩国沖断層帯　87. 周防灘断層帯　88. 菊川断層帯　89. 西山断層帯　90. 警固断層帯　91. 別府-万年山断層帯　92. 布田川断層帯・日奈久断層帯　93. 水縄断層帯　94. 雲仙断層帯　95. 出水断層帯　96. 人吉盆地南縁断層　97. 宮古島断層帯

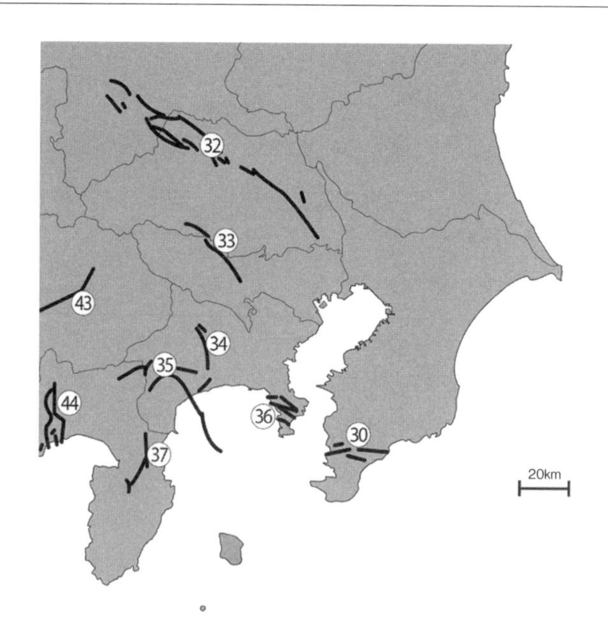

図 9.4　関東地方における主要活断層帯の分布（地震本部 HP）
各番号の活断層名は図 9.3 参照。

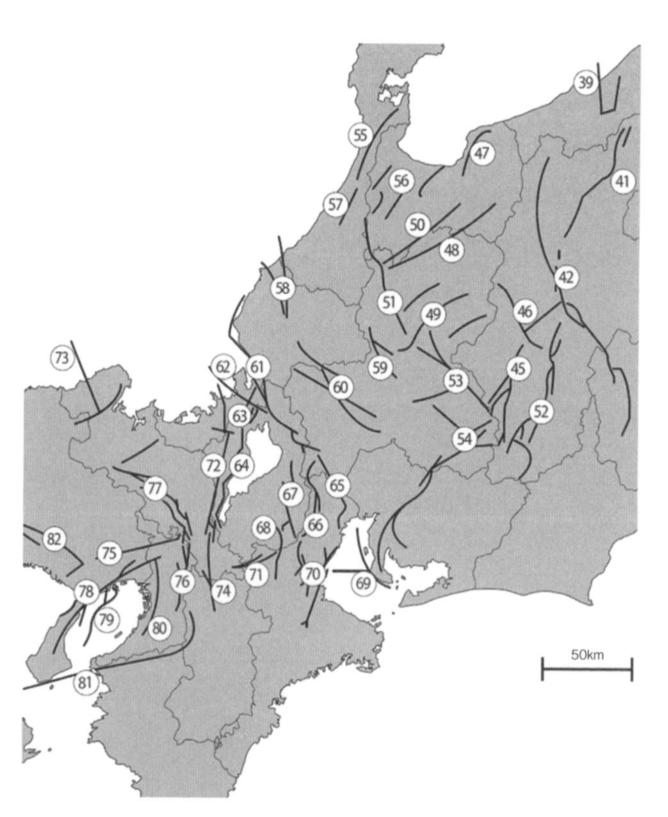

図 9.5　中部・近畿地方における主要活断層帯の分布（地震本部 HP）
各番号の活断層名は図 9.3 参照。

9.2.2　濃尾地震 —— 根尾谷断層

1891年(明治24年)に発生した**濃尾地震**は，活断層型地震としては例外的に，推定マグニチュードが8以上の巨大地震であり，濃尾地方を中心に大きな被害をもたらした（表7.4)。この地震の震源は，岐阜県内を南北に走る**根尾谷断層**のほぼ中央部の水鳥(みどり)付近であった(図9.6)。地震直後に，水鳥では高さ6m，長さ400mの崖が出現した。その後の調査によって，この崖が縦ずれを示す**地表地震断層**であることが明らかになり，これをきっかけにして日本における地震ならびに活断層研究が本格的に始まることとなった（中村ほか，1995；町田ほか編，2006など)。この崖は，**“水鳥の断層崖”**として1927年に国の特別天然記念物に指定され，現在も保存されている（図9.7)。濃尾地震による被害は，明治時代になって導入されたレンガ造りの西洋建築にも及んだため，これ以後，**耐震構造**に関する研究も開始された。

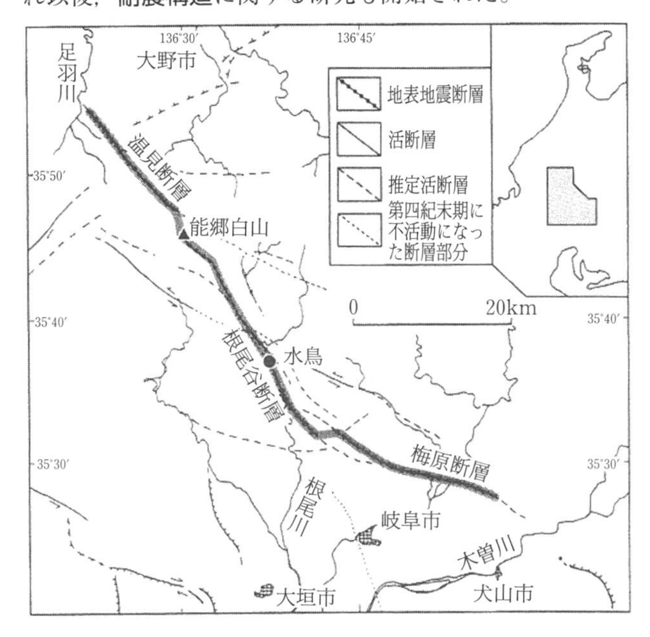

図9.6　根尾谷断層とその周辺の活断層
町田ほか編(2006)に加筆

図9.7　“水鳥の断層崖”
(1990年8月撮影)
画面中央，左側の畑と道路の間にある段差が濃尾地震で現れた地表地震断層(縦ずれ)。地震直後には6mの崖が出現したと記録されているが，約100年経過した現在では2mほどの高さの崖として残っている。

9.2.3 兵庫県南部地震 —— 野島断層

1995年に発生した**兵庫県南部地震**は都市部で発生した活断層型地震であり，淡路島北部から神戸市にかけて特に大きな被害をもたらした（**阪神・淡路大震災**）（表7.4）（阪神・淡路大震災の被害の実態については10.3.2項参照）。この地震の震源は淡路島北東沖の明石海峡の海底であったが，地震によって縦ずれと横ずれを示す**地表地震断層**が淡路島北西岸に現れたことから，淡路島北西部に分布する**野島断層**が震源断層と推定された（図9.8）。淡路島に現れた地表地震断層は国の天然記念物に指定され，淡路市北淡（ほくだん）震災記念公園の記念館内部に保存されている（本章の扉の写真，

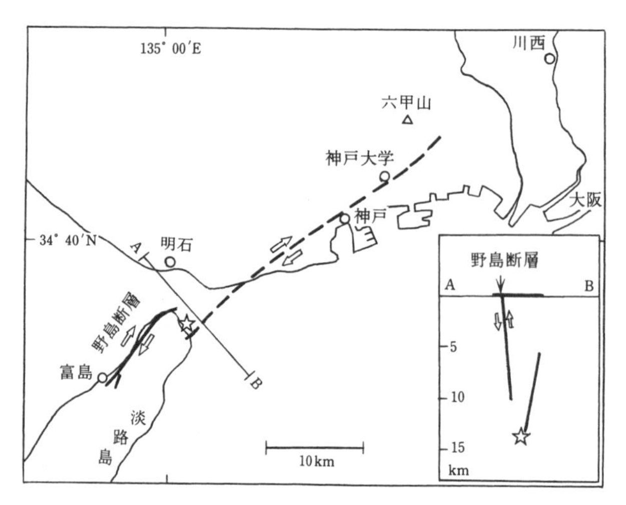

図9.8 兵庫県南部地震の原因になったと推定される活断層の分布 池田ほか(1996)

太い実線は地表地震断層が確認された範囲，破線は活断層の存在が推定される範囲をそれぞれ示す。☆は兵庫県南部地震の震源の位置。

図9.9 地表地震断層として現れた縦ずれと横ずれ（野島断層）（2003年9月撮影）

縦ずれは小さな崖として，また横ずれはあぜ道のずれ（右横ずれ）として，それぞれ現れた。

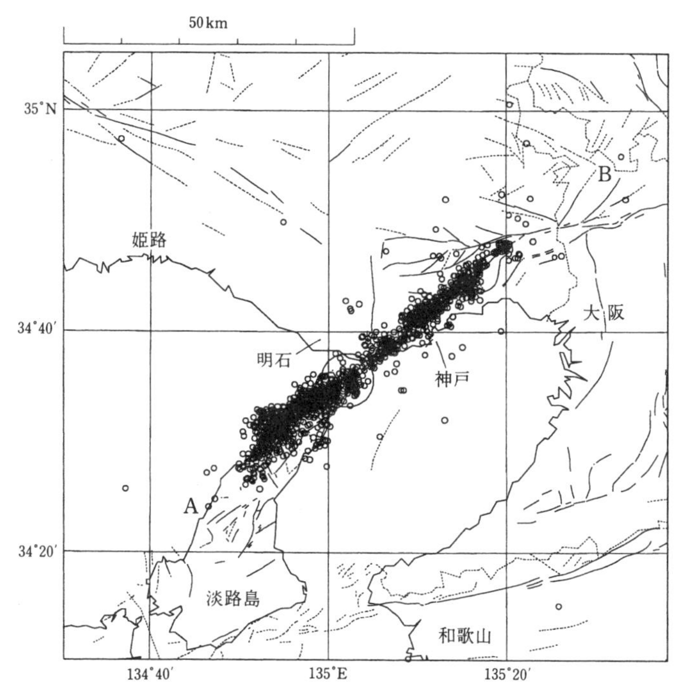

図 9.10　兵庫県南部地震の余震分布域（1995.1.17～2.16）　池田ほか（1996）
大きな◯は本震の震源，小さな○は余震の震源の位置をそれぞれ示す。

図9.2，9.9）。

兵庫県南部地震の震源域を推定する根拠となる余震の分布域は，地表地震断層（野島断層）に沿う淡路島北西部ばかりでなく，その北東への延長部にあたる神戸市沿岸部にかけても帯状に広がっていることが確認された（図9.10）。この範囲は，震度 VIIが観測され，被害が最も集中した**「震災の帯」**にほぼ重なる。これらのことから，神戸市側には明瞭な地表地震断層は確認されなかったものの，その地下に潜在する活断層が野島断層に連動して活動した可能性が指摘されている（図9.8）（池田ほか，1996）。

●●●●● *Column*

景勝地「象潟(きさかた)」とその変貌 ―― 象潟地震による地形変化

秋田県南部の日本海沿岸に位置する象潟（にかほ市）には，南東側に**鳥海山**を望む水田地帯が広がる。この地域は，18世紀までは景勝地として有名な場所であった。それを物語る代表的な例が，松尾芭蕉（1644～1694）の『**奥の細道**』であり，その中には，「象潟に**舟**をうかぶ，おもかげ**松島**にかよいて，南に鳥海，天をささえ，其陰うつりて**江**にあり」の一節がある。このことから，象潟にかつて水域があったことがわかる。地形・地質の調査結果によれば，その水域は湾口を**砂州**で塞がれた入江，すなわち**潟湖**の環境で，その範囲は，東西約1km，南北約2kmに及ぶものであったと推定されている（砂州，潟湖については14.2節，14.3節参照）。さらに，芭蕉が象潟の景観を宮城県の松島にたとえていることから，潟湖には島が点在していたものと考えられる。かつての島の名残は，現在の象潟の水田地帯に，松林に覆われた小さな丘状の高まりとして見ることができる（図9.11）。これらの高まりは，およそ2,500年前に鳥海山から流出した**火山泥流**堆積物によって構成された**泥流丘**である（火山泥流については11.1.2項参照）。

以上のように，景勝地「象潟」は，いくつもの“松島”が浮かぶ潟湖であったことが復元できる。こうした景観を大きく変えたのが，1804年（文化元年）の**象潟地震**であった（表7.5）。象潟地震は，象潟沖の海底活断層を震源とするマグニチュード7の地震と推定され，死者300人以上，崩壊家屋5千戸以上の被害を出した。また，**津波**が襲来したという記録も残されている。この地震によって沿岸部は約2m隆起し，象潟は潟湖から沼沢地に姿を変えた。なお，象潟地震の発生は1801年から始まった鳥海山の火山活動（表11.3）と関連していた可能性もある（中村ほか，1995；伊藤，2002など）。

図9.11 現在の象潟（1983年4月撮影）

右側の松林がある高まりは，かつての潟湖に分布していた島の名残である。正面の山は鳥海山。

10章
地震災害の実態と将来予測

和歌山県広川町（旧 広村）の津波堤防と防潮扉（2006年3月撮影）

1854年の安政南海地震による津波被害を受けた紀伊半島西岸の広村において，濱口梧陵は沿岸部に津波堤防を築いた。これは，わが国における津波防災の先駆けであり，この津波堤防は現在も地域防災の役割を果たしている。津波が予測された場合には，防潮扉を閉めて内陸側（写真の右側）への津波の影響を軽減させる。

10.1 津波

【目的】 過去の津波およびその被害の実態から津波の特性を理解する。

【キーワード】 東北地方太平洋沖地震，遠地津波，チリ地震津波，津波地震，インド洋大津波

10.1.1 津波の特性

津波（tsunami）の多くは，海底を震源域とする地震に伴って発生しており，海底における岩盤のずれが海水に伝わって起こる。過去の例に基づけば，津波発生の有無や津波の規模を決定づける要因として，震源の深さ，地震の規模（マグニチュード），岩盤のずれ方（縦ずれ成分の大きさ）などがあげられる。震源の深さが比較的浅い場合に，津波が発生するケースが多い。また，地震のマグニチュードが大きいほど大規模な津波が発生する傾向がある。特に，海底の岩盤の縦ずれ成分が大きいほど津波の規模（高さ）は大きくなる。

一方，津波の伝播速度は水深が大きいほど速くなる。また，津波の高さは水深が浅いほど高くなる。さらに，リアス海岸のように海岸線が屈曲している場合には，湾の中に津波が集中する傾向があるために，湾の奥で特に津波が高くなる傾向が見られる。

2011年に発生した**東北地方太平洋沖地震**は広い震源域をもつ超巨大地震であったため（図8.9），それに伴う津波も広範囲に及び，津波が到達した高さの最大値は40mを超えるものとなった。また，津波は三陸沿岸のリアス海岸の湾奥ばかりでなく，仙台平野や石巻平野のような平滑な海岸線をもつ海岸低地にも甚大な被害をもたらした。

なお，「津波の高さ」と呼ばれるものには次の3種類がある。**津波高**は海岸での津波の高さで，検潮所の記録や津波予報に用いられる数値である。一方，**遡上高**は津波が陸地を遡上して到達した最高点の海抜高度のことである。また**浸水高**は，津波によって浸水した水域の水面の海抜高度を示すものである。

10.1.2 遠地津波

日本列島のように，周辺の海底にプレート境界が分布する地域では，海底を震源域とする規模の大きな地震の発生頻度が高いため，過去に多くの津波被害を受けてきた（表7.4，7.5）。ところが，津波の原因となった地震の中には，震源が遠く離れた地域のものも含まれている。このような津波を，**遠地津波**と呼ぶ。日本が影響を受けた津波の中では，1960年に発生した**チリ地震**による津波が典型的な例である。チリ地震では，太平洋南東部に位置するチリ沖で発生した超巨大地震に伴う津波（表7.4，図8.10）が，ほぼ1日かけて太平洋北西部の日本列島の太平洋沿岸まで到達した（図10.1）。被害は主に三陸沿岸に集中し，特にリアス海岸の湾の奥に立地していた集落で甚大な被害が発生した。

チリ地震津波の影響が太平洋沿岸に広く及んだこと（図10.1）を教訓にして，その後，太平洋沿岸地域を包括する津波観測体制が整えられることになり，太平洋のほぼ中央に位置するハワイ

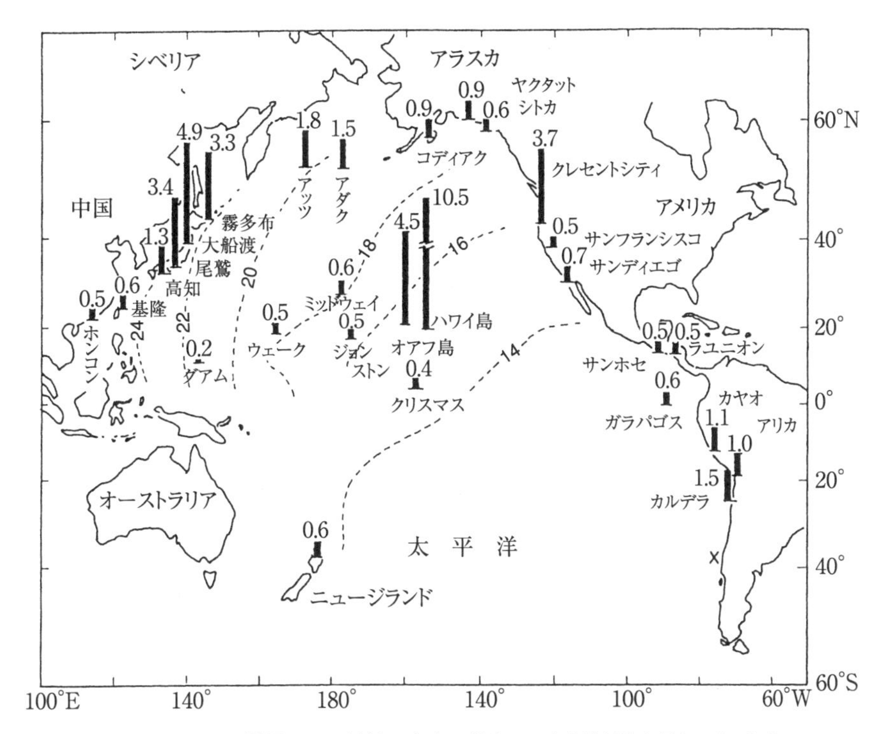

図 10.1 チリ地震による津波の高さの分布 国会資料編纂会編(1996)に加筆
×は地震の震央。
各地点の柱に付した数字は津波の高さ(m)を示す。
破線は津波の到達時間を示す等値線で，数字は時間を表す。

に津波監視センターが置かれた。2010年2月にチリ沖で発生した地震（表7.3）では，津波に関する情報が太平洋沿岸地域に伝達され，日本では津波予報が発表された。ただし，海底地形に関するデータなどが十分ではないため，津波の到達時間および高さの予測精度は必ずしも高くない。

10.1.3 津波地震

地震の規模（マグニチュード）が大きいほど津波の規模は大きくなる傾向が見られることから，海底で規模の大きな地震が発生した場合は津波に対して警戒する必要がある。しかし，マグニチュードの大きな地震が発生したにもかかわらず，震源に近い陸地で大きな震度が観測されない場合がある。私たちは通常，体感した揺れの大きさから地震の規模を推測するため，揺れが小さい地震の場合には危険性を感じにくく，避難が遅れる可能性がある。ところが，マグニチュードの大きな地震では震度が小さい場合でも，震源に近い陸地の沿岸に大きな津波が襲来する可能性が高い。このような地震が注目されるようになったのは，1992年にインドネシアのフローレス島沖で発生した地震とそれに伴う津波がきっかけであった（表7.3）。この地震では大きな揺れは感じられなかったものの，規模の大きな津波がフローレス島の沿岸に襲来して甚大な被害をもたらした。

日本においても，1896年の**明治三陸地震**（表7.4，図8.9）がこれと類似した地震であったと考えられている。この地震は，日本海溝付近を震源域とするプレート境界型の巨大地震であったが，震度は最大でもIV程度と推定されている。一方，津波は地震発生後30分ほどで沿岸に到達し，その高さ（遡上高）は岩手県綾里で38.2mに達した。この地震による人的被害は2万人を超え，日本の地震災害史における大災害の1つである。

フローレス島沖の地震と明治三陸地震との共通点は，いずれも地震のマグニチュードが大きく，津波の規模も大きかったものの，地震の揺れはそれほど大きくなかったという点である。このようなタイプの地震は，**津波地震**（**tsunami earthquake**）と呼ばれる。津波地震の発生頻度は高いとはいえないが，通常の地震によって発生する津波以上に被害が大きくなる可能性があり，防災上注意を要するものといえる。津波地震は，沈み込み境界で起こるプレートのはね返りがゆっくり進むことで，伝わる揺れはマグニチュードの大きさのわりに小さくなるものの，海底の岩盤の縦ずれ成分が大きいために津波の規模が大きくなると考えられている。

2004年12月に発生したインドネシア，スマトラ島沖の地震によって，**インド洋大津波**が発生した。この地震はMw9.0の超巨大地震であったが（表7.3），地震の揺れによる被害よりも津波被害が圧倒的に大きく，津波の到達範囲はインド洋沿岸のほぼ全域に及んだ（図10.2）。津波による被害が大きくなった原因として，地震の規模が大きかったことに加え，インド洋沿岸の地域において津波に対する防災意識が低く，太平洋沿岸のように地震や津波の観測体制が整っていなかったことがあげられる。さらに，この地震が津波地震であったことも被害を拡大させる一因であったと考えられている。

図10.2　2004年スマトラ島沖の地震によるインド洋大津波の到達範囲と到達時間（国土地理院HP）
等値線の数字は時間を表す。

●●●●● *Column*

見直される「稲むらの火」—— 津波防災の原点

日本には，津波防災の手本となるものが存在する。それは1940年前後に国定教科書の国語の教材として取り上げられていた**「稲むらの火」**である。その内容は，地震のあとの津波の襲来を予想した村の庄屋が，高台にある自分の田の稲の束に火をつけて村人の注意を引き，海岸から高台に誘導して多くの命を救ったというものである。この話の原形は，小泉八雲の“*A Living God*”『生ける神』であり，そのモデルとなったのが，1854年に発生した安政南海地震（表7.5）のあとに津波防災に尽力した**濱口梧陵**（1820～1885）である（伊藤，2002；2005など）。濱口梧陵は，故郷の広村（現在の和歌山県広川町）が安政南海地震によって発生した津波で大きな被害を受けたことから，沿岸部に長さ約650 m，高さ約5 mの**津波堤防**を建設した（本章の扉の写真）。この堤防は，昭和の南海地震（1946年）（表7.4）に伴う津波の被害を最小限に抑える役割を果たし，現在も町の**津波防災**の中心に位置づけられている。

●●●●● *Column*

寺田寅彦の『津浪と人間』

地球物理学者であり，随筆家としても有名な寺田寅彦（1878～1935）は，1933年（昭和8年）の三陸沖地震（表7.4）に伴う津波とその被害について，現代にも通じる地震・津波防災のあり方を，次のように述べている。

「昭和8年3月3日の早朝に，東北日本の太平洋岸に津浪が襲来して，沿岸の小都市村落を片端から薙ぎ倒し洗い流し，そうして多数の人命と多額の財物を奪い去った。明治29年6月15日の同地方に起ったいわゆる「三陸大津浪」とほぼ同様な自然現象が，約満37年後の今日再び繰返されたのである。

同じような現象は，歴史に残っているだけでも，過去において何遍となく繰返されている。歴史に記録されていないものがおそらくそれ以上に多数あったであろうと思われる。現在の地震学上から判断される限り，同じ事は未来においても何度となく繰返されるであろうということである。（中略）

津浪の恐れのあるのは三陸沿岸だけとは限らない，宝永安政の場合のように，太平洋沿岸の各地を襲うような大がかりなものが，いつかはまた繰返されるであろう。その時にはまた日本の多くの大都市が大規模な地震の活動によって将棋倒しに倒される「非常時」が到来するはずである。それはいつだかは分らないが，来ることは来るというだけは確かである。今からその時に備えるのが，何よりも肝要である。（中略）

人間の科学は人間に未来の知識を授ける。それで日本国民のこれら災害に関する科学知識の水準をずっと高めることが出来れば，その時にはじめて天災の予防が可能になるであろうと思われる。この水準を高めるには何よりも先ず，普通教育で，もっと立入った地震津浪の知識を授ける必要がある。英独仏などの科学国の普通教育の教材にはそんなものはないと云う人があるかもしれないが，それは彼地には大地震大津浪が稀なためである。」（千葉俊二・細川光洋編『地震雑感／津浪と人間 —寺田寅彦随筆選集』より抜粋）

10.2　地盤の液状化現象

【目的】液状化現象のメカニズム，および液状化が発生しやすい地形・地盤条件を理解し，液状化被害の特徴を把握する。

【キーワード】液状化，噴砂，地下水，間隙，土地の側方移動，新潟地震

10.2.1　液状化の発生メカニズム

液状化（liquefaction）とは，地震動によって地盤が流動体のような状態になる現象を指す。液状化が発生したことは，地下から水とともに砂が噴き出す噴水および**噴砂**（quick sand）として確認される場合が多い。過去に液状化が発生した場所での地質調査や室内実験によって，液状化が発生する地盤の条件および液状化のメカニズムが明らかにされている（図10.3）。それによれば，液状化は，地下水位の高い軟弱層，特に均質な砂の層において，震度5以上の揺れが生じたときに発生しやすいことがわかっている。

地盤が液体状に変化するのは，地層を構成する粒子同士の**間隙**を満たしている**地下水**の水圧が地震動を受けることで高まり，粒子同士の結合力を上回るためと考えられる。その結果，粒子同士の結合がはずれて，粒子が地下水の中に浮遊した状態になる。それが地下水とともに，間隙を通って地表面に噴出するのが噴砂である。噴水・噴砂は，地盤の沈下につながる。さらに，地下水と混じり合った粒子は，地表に向かって移動するだけでなく，横方向にも動いて**土地の側方移動**を起こす場合がある。

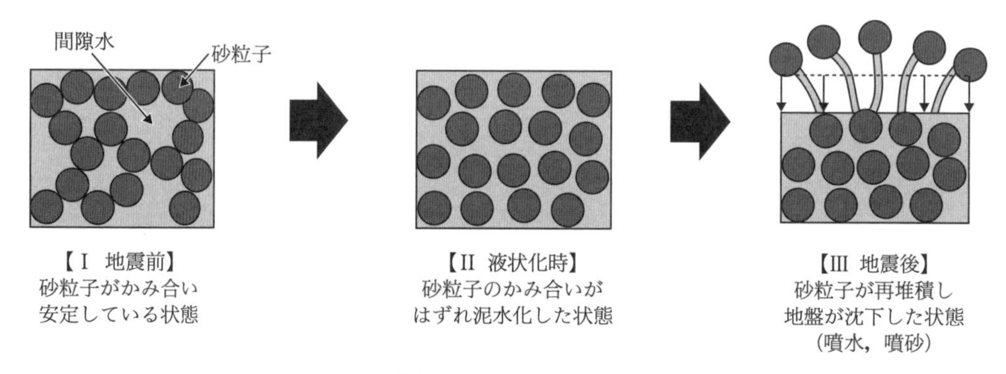

図 10.3　液状化の発生過程　（横浜市 HP を改変）

10.2.2 液状化被害の特徴

日本において，液状化現象の発生が科学的な意味で初めて確認されたのは，1964年の**新潟地震**（表7.4）であった。この地震は新潟沖の海底活断層を震源とするもので，新潟市側だけでなく，北東沖の粟島にも地形変化や被害をもたらした。この地震を特徴づける被害として，建物の倒壊や水道管など地下埋設物の破壊，信濃川の川幅の縮小などがあげられるが，これらのいずれもが液状化によるものであることが後に明らかになった。建物の倒壊は，液状化で地下の土台部分が破壊されて起こったものである。同様にして，液状化は地下に埋設されているライフラインにも影響を与えた。さらに信濃川の川幅の縮小は，液状化による土地の側方移動によって，川に向かって傾斜している河岸が川の中にせり出したためと推定される。

新潟地震をきっかけにして，それ以前の地震についても液状化が発生していたかどうかが調査され，1923年の**関東地震**の際にも，東京湾や相模湾沿岸の低地を中心に液状化が発生していたことが明らかになった（図10.4）。また，新潟地震以後に発生した地震では，1995年の**兵庫県南部地震**において，神戸のポートアイランドなどの埋立て地で大規模な液状化が確認されている。

2011年の**東北地方太平洋沖地震**においても，広い範囲で液状化が確認された。関東地方では，東京湾岸の埋立て地や利根川下流低地などに被害が集中した（図10.5）。また，埋立て地の液状化被害の詳細な調査の結果，埋立て土砂の種類によって液状化被害の有無や程度に違いが見られ，砂を主体とした土砂で構成される埋立て地の被害が最も大きいことが明らかになっている（千葉県環境研究センター，2011など）。

図10.4　関東地震時の液状化によって地中から出現した旧相模川橋脚（神奈川県茅ケ崎市）（1989年11月撮影）

鎌倉時代の橋の橋脚。液状化現象を示す重要な痕跡として2013年3月に国の天然記念物に指定された。

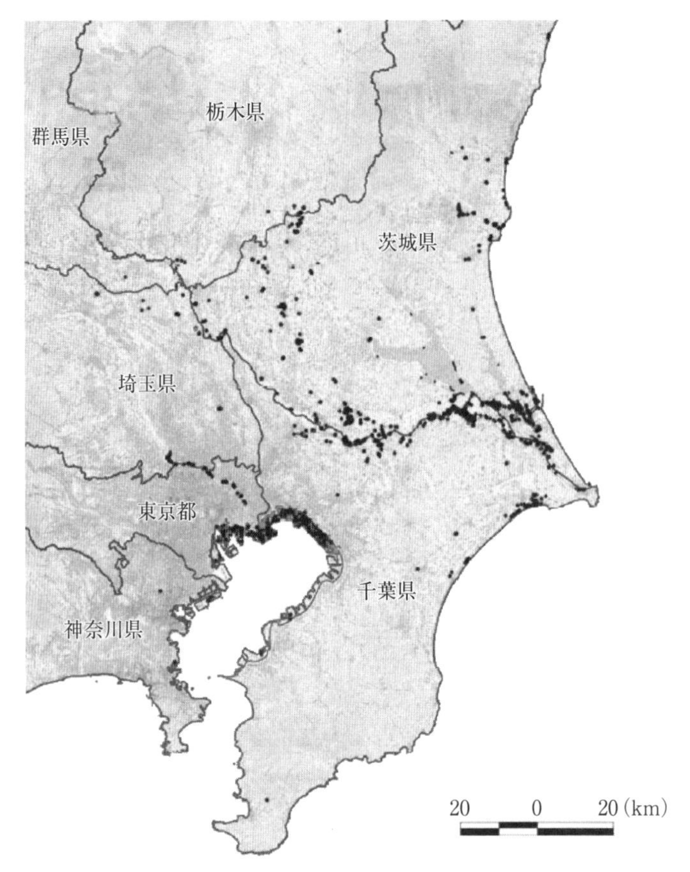

図 10.5 東日本大震災で関東地方において液状化が確認された地点 国土交通省(2011)
黒丸が液状化が確認された地点を示す。

10.2.3 液状化が起こりやすい地形条件

10.2.1項で述べたように，液状化が発生しやすい地盤条件と発生メカニズムについては解明が進んでいる。日本において過去に発生した液状化現象を歴史記録も含めて総括した結果，日本の主な平野および盆地で共通に液状化が発生してきたことが明らかになった（図10.6）(若松，1991；2011など)。歴史資料に残された地震記録からは，噴水・**噴砂**の証拠となるような「地震後の地下からの水や砂の噴出」を手がかりにして液状化発生地域を推定することが可能である。

一方，近年の地震に伴う液状化発生地点の情報からは，平野や盆地の中でも特に液状化が発生しやすい地形が存在することが明らかになった。新潟地震の際に新潟平野で液状化が発生した場所は，信濃川および阿賀野川沿いの低地と，**海岸砂丘**の背後に集中している。さらに詳しく見ると，河川沿いでは，河川の氾濫堆積物によってできた高まり（**自然堤防**）と周辺の凹地（**後背湿地**）との境界部や，**旧河道（旧流路）**，海岸では海岸砂丘と後背湿地との境界部（海岸砂丘，自然堤防，後背湿地，旧河道の地形の説明は14.2.1項参照）で最も液状化が発生しやすいことがわかった(若松編，1991；大矢ほか，1996)。また，これ以外に**埋立て地**も液状化が発生しやすい場所の1つである。液状化が発生しやすい地形における地盤の性質は，10.2.1項で示した条件に当てはまることから，地形条件に基づいて液状化発生の可能性の大きさを予測することができる。ただし，自然堤防などの地形が，その後の自然要因による地形変化や人工的な改変で地下に埋没している場合にも，その周辺で液状化が発生している事例が確認されている。したがって，地形条件から液状化の発生予測を行う際には，現在の地形ばかりでなく，それぞれの地域の地形変遷（土地の履歴）に関する情報も重要になる。

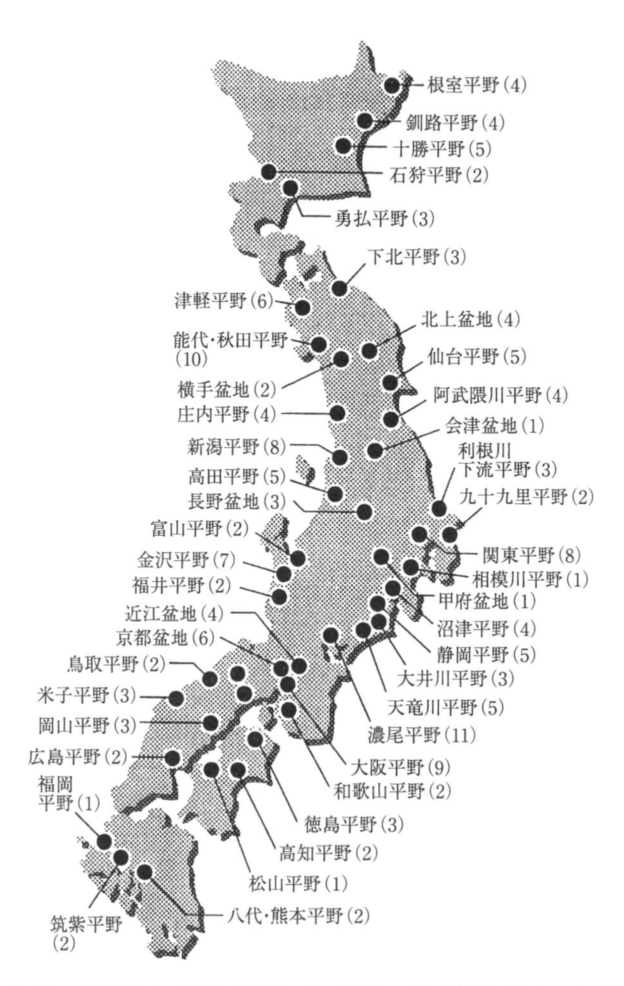

図 10.6　歴史時代に日本の主な平野・盆地で確認された液状化の発生回数（416～1995 年）　大矢ほか(1996)

10.3　地震の将来予測と地震防災

【目的】 過去の地震や地震災害の解析に基づいた地震の将来予測および地震防災の実態を理解する。
【キーワード】 短期的予測，長期的予測，関東大震災，阪神・淡路大震災，東日本大震災，首都直下地震，地震ハザードマップ

10.3.1　地震の将来予測

将来の地震発生に関して，その時期・場所・規模のすべてを正確に予測する**短期的予測**（直前予知）は容易でない。地震の将来予測を行うためには，過去に発生した地震の解析に基づいて，地震発生に至る過程での規則性（**前兆現象**）を見出すことが必要である。しかし，実際には地震によってその発生までの経過が異なる場合が多く，このことが地震の直前予知を困難にしている。

地震発生前に行われる予測とは異なるが，日本では気象庁が2007年10月に**緊急地震速報**の提供を開始した。それは，地震発生によって伝わるP波（初期微動）を震源の近くでとらえて，地震の規模や想定される各地の震度を自動計算するシステムで，数秒から数十秒後に伝わるS波（主要動：主要な揺れを起こす地震波）の到達を予測するものである。この速報が適切に利用できれば，鉄道などの運行を停止して安全をはかることが可能になる。しかしながら，事前の情報を最も必要とする震源に近い地域では速報が揺れに間に合わない場合があること，情報が伝わることでかえって混乱を招く可能性が高いことなど，課題も残されている。

地域の**地震防災**を総合的にとらえるためには，地震の短期的予測とは別に，**長期的予測**として，それぞれの地域において近い将来発生する可能性が高い地震の有無や，地震の特徴を明確にすることが重要である。次の10.3.2項の中では，この立場から関東地方の地震をとらえる。

10.3.2　地震および地震災害の多様性――関東大震災，阪神・淡路大震災，東日本大震災

地震被害の大きさは，必ずしも地震そのものの規模だけで決まるとは限らない。被害の大きさや特徴を決定づける要因には，地震の種類や地域のさまざまな特性（地形・地盤条件などの自然特性，および人口密度や耐震建築普及の程度などの社会的特性）が関与してくる。したがって，地震による被害を想定するためには，地震自体の発生予測ばかりでなく，それぞれの地域がもつ諸特性を十分に把握しておくことが重要になる。

過去100年間に日本で発生した大規模地震災害として，**関東大震災**（1923年），**阪神・淡路大震災**（1995年），**東日本大震災**（2011年）がある。これらは，いずれも甚大な被害をもたらした地震災害であるが，地震の発生メカニズムや被害の実態などには違いが見られる（表10.1）。

関東大震災を起こした**関東地震**と東日本大震災の原因となった**東北地方太平洋沖地震**は，ともにプレートの**沈み込み境界**で発生した地震であるのに対して，阪神・淡路大震災の原因である**兵庫県南部地震**はプレート内部の**活断層**の活動による地震であった。地震のマグニチュードを比較

表10.1 関東大震災，阪神・淡路大震災，東日本大震災の比較

地震の名称	関東地震	兵庫県南部地震	東北地方太平洋沖地震
震災の名称	関東大震災	阪神・淡路大震災	東日本大震災
地震のタイプ	プレート境界型	活断層型	プレート境界型
震　源	相模トラフ	野島断層＋潜在断層	日本海溝
マグニチュード	Mj 7.9	Mj 7.3(Mw 6.9)	Mj 9.0(Mw 9.1)
最大震度	VII	VII	7
季　節	夏(1923.9.1)	冬(1995.1.17)	春(2011.3.11)
発生時間帯	日中	明け方	日中
気象状況	強風	弱風	弱風
被害の特徴	火災／焼死	家屋の倒壊／圧死	津波／溺死

マグニチュードの値は，『理科年表プレミアム』に基づく。

すると，兵庫県南部地震は他の2つに比べて小さいものの，最大震度は3つの地震ともにVII（7）であった。ここには，日本におけるプレート境界型地震とプレート内地震のそれぞれの特徴が現れている。すなわち，プレート内の活断層に起因する地震では，地震の規模が比較的小さくても，局所的に揺れおよび被害が大きくなる場合がある（表7.1参照）。また，被害の実態を比較すると，それぞれの地震で違いが認められる。関東地震は日中に発生し，台風に伴う強い風が吹いていたことなどから，火災による焼死者が大半を占めたのに対して，兵庫県南部地震は多くの人が就寝中の早朝に起こったため，家屋などの倒壊による圧死者が大多数を占めていた。一方，東北地方太平洋沖地震は広範な海底を震源域とする超巨大地震であったために，津波による被害が沿岸域に集中した。

図10.7は，関東大震災における東京都心部の被害分布を示したものである。これによると，震度が大きかった地域として，隅田川や神田川に沿った低地域に加えて，皇居の東側に位置し江戸時代初期に埋め立てられた**日比谷入江**（14.2.3項参照）があげられる。

以上のことから，地震による具体的な被害予測を行う際には，地震の震源域や規模のほかに，土地の履歴を踏まえた地形の特徴，地盤条件を考慮する必要がある。さらに，地震発生の時間帯や気象条件についても，さまざまなケースを設定して被害想定を行うことがより現実的である。さらに，近年増加している超高層の構造物については，**長周期地震動**による被害が想定されることから，その被害予測および対策も必要となる。

図10.8には，**長期的予測**を行う目的で，過去約400年間に発生した南関東を震源域とする地震の発生履歴を示した。ここからは，マグニチュード（M）6クラス以上の地震活動が活発であった時期（活動期）と，活発でなかった時期（静穏期）とが，およそ200年間隔で繰り返されていることが読み取れる。その中で，M8クラスの巨大地震は，**元禄地震**（表7.5）と**関東地震**（表7.4）の2回で，その間隔は220年である。一方，M7クラスの地震はM8クラスの地震の間で数回発生している。このような傾向が今後も継続すると仮定すれば，21世紀中に南関東で発生する地震はM6～M7クラスのものである可能性が高いと推定される。ただし，東北地方太平洋沖地震によって関東平野の地下構造に変化が生じたとの指摘がされていることから，今後の地震発生パターンが過去400年間の傾向と同様のものになるかどうかには不確定な点もある。

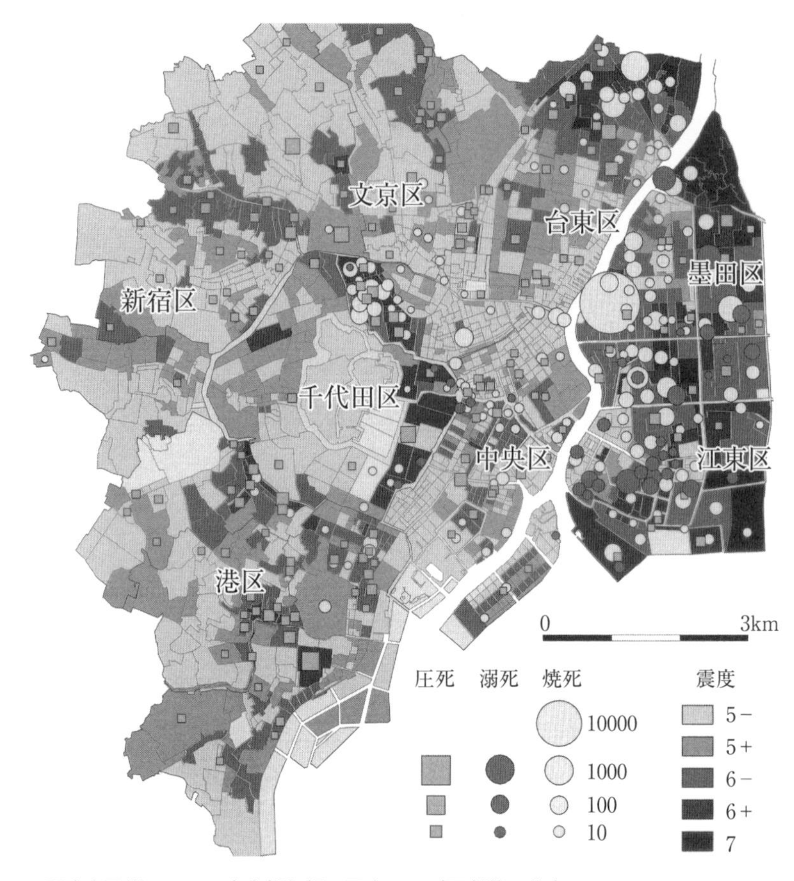

図 10.7 関東大震災における東京都心部の震度および死者数の分布 歴史地震研究会編(2008)を改変

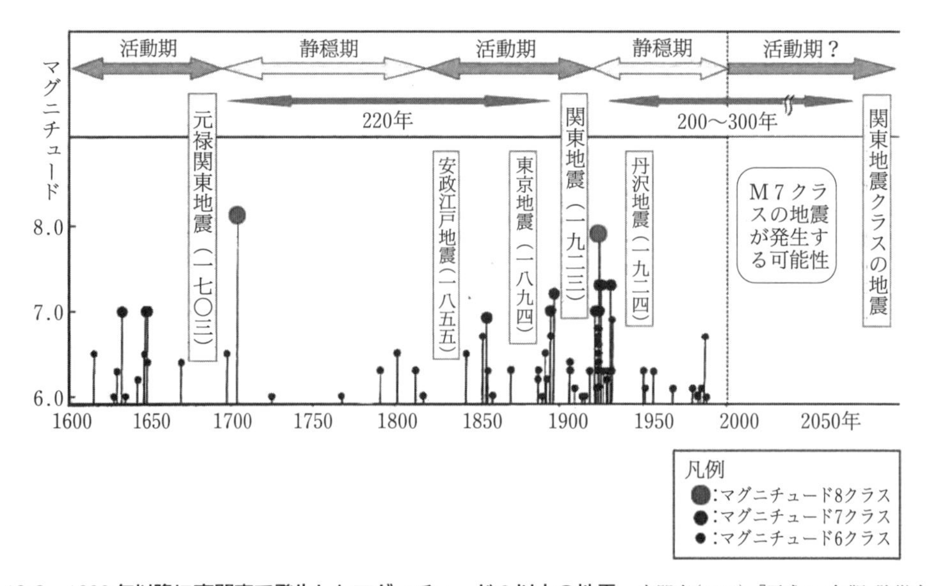

図 10.8 1600 年以降に南関東で発生したマグニチュード 6 以上の地震 内閣府(2013)『平成 25 年版 防災白書』

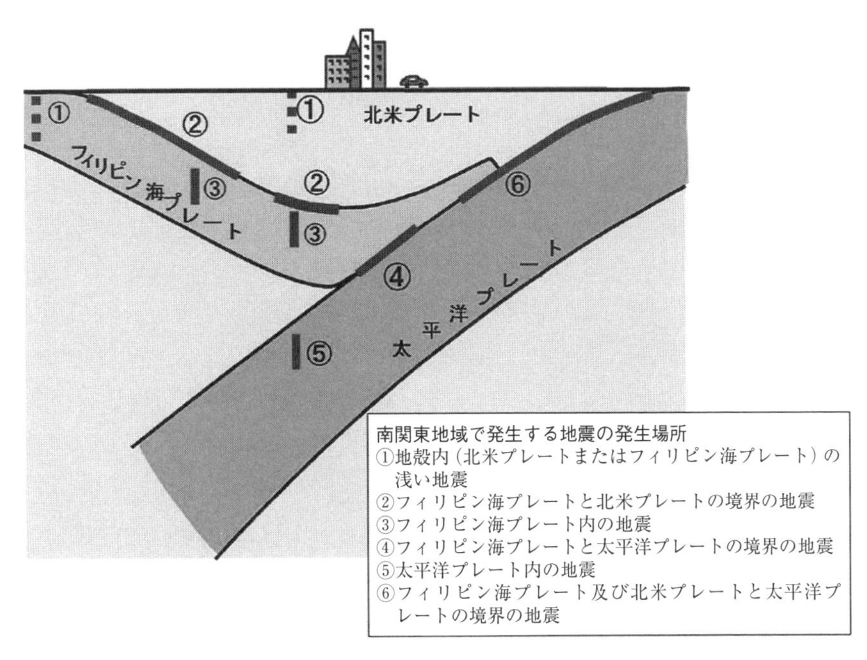

図 10.9 関東平野を震源域とする地震の種類 中央防災会議・首都直下地震モデル検討委員会(2013)

以上のような過去の履歴からもわかるように，関東地方を震源域とする地震にはさまざまなタイプのものが存在すると考えられる。このうちM6～M7クラスの地震については，震源域や地震の発生メカニズムが不明なものが多い。それは，関東平野がもつ複雑な地下構造と関わりがある。北アメリカプレートに属する関東平野の地下には，相模トラフで沈み込むフィリピン海プレートが入り込んでいる。さらに，日本海溝と伊豆・小笠原海溝で，それぞれ北アメリカプレートとフィリピン海プレートの下に沈み込む太平洋プレートが関東平野の地下までもぐり込んでいると推定される（図10.9）（日本のプレート分布については図8.3参照）。「**首都直下地震**」と呼ばれる地震は，関東地方，すなわち首都圏およびその周辺の直下に震源域をもつ地震を総称したものを指す（中央防災会議HP）。したがって，首都直下地震には，相模トラフ沿いで発生するプレート境界型の巨大地震（M8クラス）のほかに，関東平野の地下に存在するプレートの境界部を震源とするM7クラスの地震，さらにプレート内で発生する活断層型のM7クラスの地震（立川断層や潜在断層起源）が含まれる。

10.3.3 地震ハザードマップ

地震被害を軽減するための事前情報の1つとして，さまざまな地震ハザードマップが提示されている。図10.10には，首都直下地震のうち，都心南部を震源域とする地震が発生した場合の震度分布予測図を示した。国，都道府県，市区町村の行政単位で作成されているハザードマップのほとんどは，インターネットで公開されている。地震に関しては，「地震ハザードステーション」のウェブサイトで種々の情報を得ることができる。また国土交通省のハザードマップ・ポータル

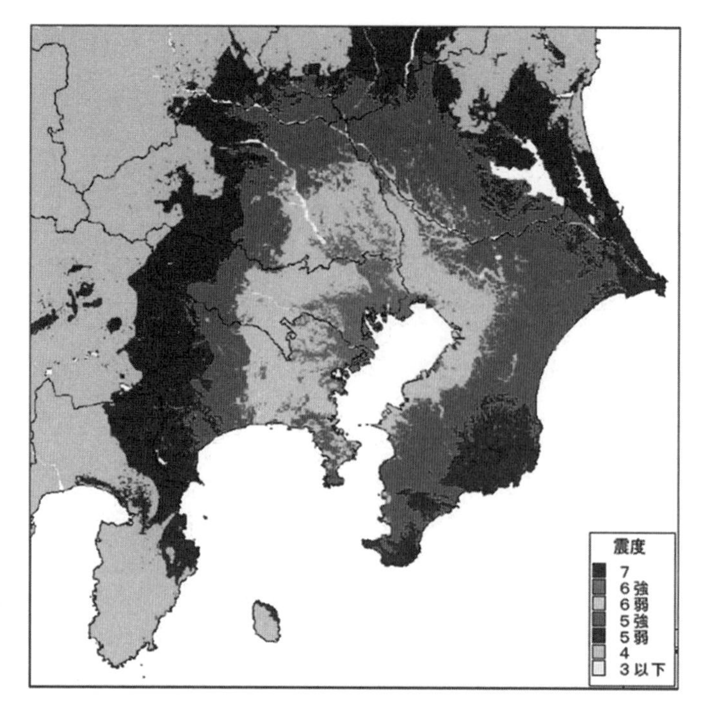

図 10.10 都心南部直下地震の震度分布予測図 中央防災会議・首都直下地震モデル検討委員会(2013)を改変
都心南部直下のフィリピン海プレート内でMw 7.3の地震が発生した場合を想定したもの。

サイトでは，地域ごとの各種ハザードマップ（地震ハザードマップのほか，火山ハザードマップや水害ハザードマップなど）を閲覧することができるうえに，地図や空中写真とハザードマップを重ね合わせる「重ねるハザードマップ」の機能も提供されている。

地震に見舞われる可能性の大きさを地域ごとに示したハザードマップとして，2005年から地震本部（地震調査研究推進本部）が公表している「全国地震動予測地図」がある。ここでは，特定の地震（シナリオ地震）のみの予測とは異なり，ある地域において将来の発生が予測される主要地震のすべてを対象にして地震発生の可能性を確率で示している。具体的には，プレートの沈み込み境界で発生する巨大地震・超巨大地震に加えて，プレート内で発生する活断層型地震も想定の対象にしている。また，地震発生の予測対象期間については，「今後30年間の発生確率」として提示している。ただし，過去の地震発生履歴から明らかになっているのは，ある地域で発生する大規模地震の発生間隔が，プレート境界型の巨大地震で数百年程度，活断層型地震では千年～数千年になる場合が多いということである。したがって，特に活断層型地震では30年間の地震発生確率として示された数値は数%あるいはそれ以下になることが多く，リスクの高さを実感しにくい面がある。こうした問題点を踏まえて，将来予測の提示方法に関して，よりわかりやすい情報提供にするための再検討が進められている。

11 章

火山活動と火山災害

1707年の宝永噴火以降約300年間
活動を休止している富士山
（2002 年 3 月撮影）

1991年の雲仙普賢岳（正面奥）の噴
火後に発生した土石流の被害を受け
た家屋
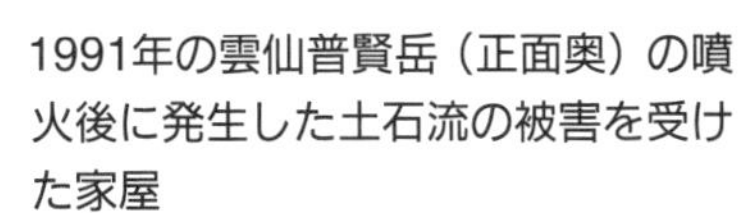
写真右奥の山は 1792 年の雲仙の火
山活動で斜面崩壊を起こした眉山
（2002 年 3 月撮影）

11.1　地球上の火山分布と噴火様式

【目的】地球および日本列島の火山分布を把握し，火山の噴火様式の特徴を理解する。

【キーワード】活火山，プレート境界，ホットスポット，マグマ，溶岩，火砕流，火山泥流，スコリア，軽石，火山灰

11.1.1　火山の分布

地球上の主要な火山は，その分布の特徴から次の4つに分類される（図11.1）。

①プレート拡大境界である海嶺周辺の海底火山（例：大西洋中央海嶺）

②プレート収束境界である海溝に平行する火山列（例：環太平洋火山帯，日本列島の火山群）

③将来のプレート拡大境界と位置づけられる大陸プレート上の地溝帯（例：アフリカ大地溝帯）

④プレート境界とは関係のない海洋プレート上の火山島群または海底火山群（例：ハワイ諸島，天皇海山列）

①～③のように，地球上の火山の多くがプレート境界に沿って分布していることから，火山活動は地震活動と同様にプレートの動きに関連しているものと考えられる（8.1.2項参照）。また，④のプレート境界と直接関わっていない火山の形成にも，プレート運動が関与していることが推定されている。これを，ハワイ諸島と天皇海山列を例にあげて以下に説明する。

ほぼ東西方向に配列するハワイ諸島を構成している火山の年代分布を見ると，東端のハワイ島のものが最も新しく，西に行くほど古くなる傾向が見られる（図11.2）。ハワイ諸島の中で，**活火山**（active volcano）（現在活動中ないしは過去1万年間に噴火した証拠のある火山）はハワイ

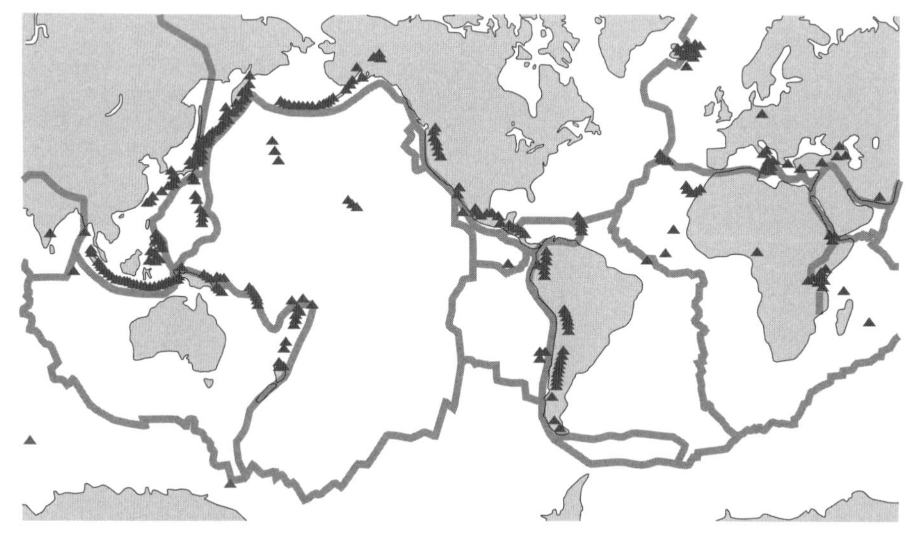

図11.1　世界の火山分布　Schmincke（2004）に基づいて作成

▲ 火山　　■ プレート境界

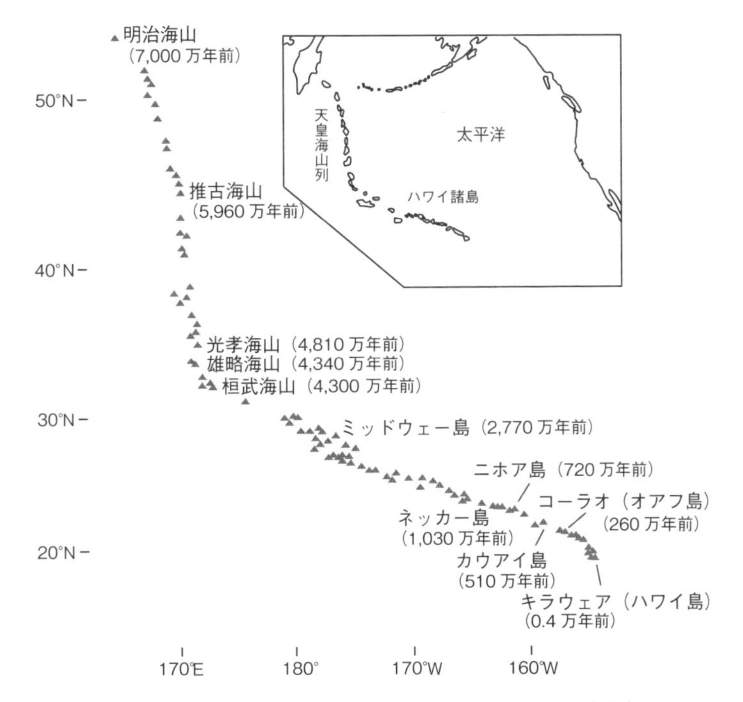

図 11.2 ハワイ諸島〜天皇海山列における火山の年代分布

Clague and Dalrymple (1994), Hawaii Center for Volcanology HP などに基づいて作成

島だけに分布する（マウナロア，マウナケア，キラウェア火山など）。一方，ハワイ諸島の西側には水没した火山島および海底火山群が南北方向に連なり，これらは天皇海山列と呼ばれている。ここでは，南から北に向かって火山の年代が古くなる傾向が認められる（図11.2）。こうした火山の年代分布に見られる規則性は，火山島や海底火山群をのせる太平洋プレートの下のマントル内に，固定された**マグマ溜り**（**magma chamber**）である**ホットスポット**（**hot spot**）が存在しているためと推定される。すなわち，ホットスポット起源のマグマによって太平洋プレート上に形成されたハワイ諸島の火山は，プレートの動きによって西に移動していったと考えられる。ところで，ハワイ諸島と天皇海山列の配列を見ると，ほぼ東西方向に配列するハワイ諸島に対して，天皇海山列はおおむね南北方向に並んでいる。配列方向の変換点に当たるのが，約4,300万年前の桓武海山付近である。このことから，太平洋プレートの動く向きは，4,300万年前を境に北から西に変わったと推定される。なおホットスポットは，ガラパゴス諸島などの下にも分布すると考えられている。

日本列島とその周辺の海域では，111の活火山の存在が確認されている（2017年6月現在）（図11.3）。また，日本における火山帯はプレートの沈み込み境界の西側にプレート境界に平行して分布する。火山帯の東縁は**火山フロント**（**volcanic front**）と呼ばれ，プレート境界から数百 km 離れている。また，日本列島の活火山の地下に存在するマグマ溜りの深度は，火山フロントから離れるにしたがって（西側ほど）深くなる傾向が見られる（図11.4）。このことから，マグマ溜りはプレートの沈み込み境界に沿って形成されているものと推定できる。

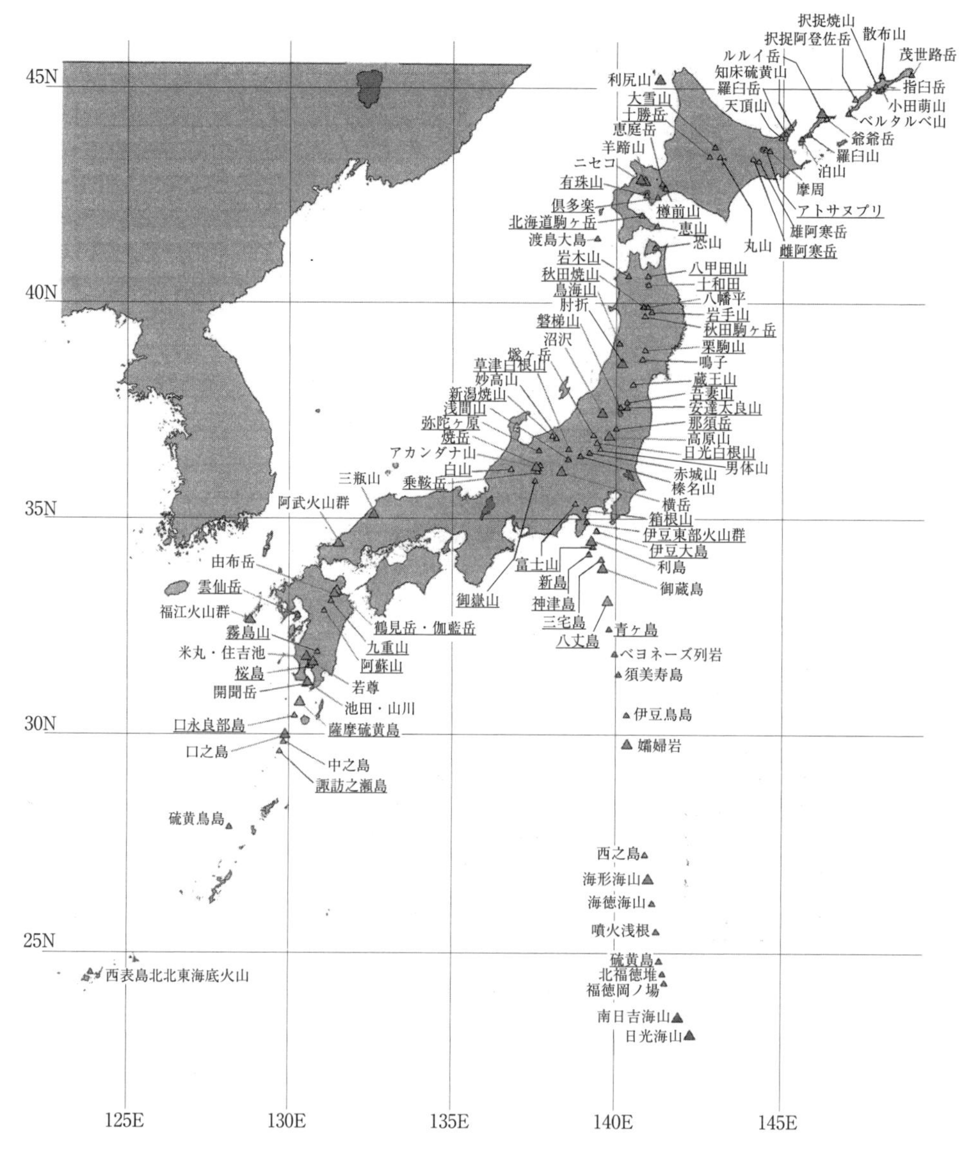

図 11.3　日本の活火山分布　気象庁 HP を改変

下線を施した火山は,「火山防災のために監視・観測体制の充実等が必要な火山」として火山噴火予知連絡会によって選定された 50 火山。

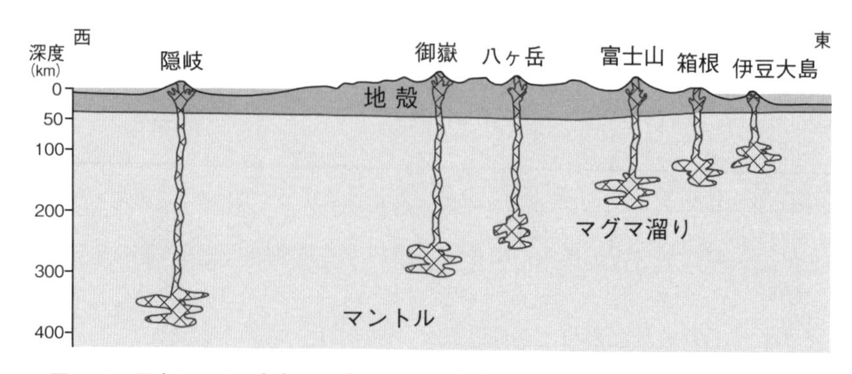

図 11.4　日本における火山のマグマ溜りの深度分布　Schmincke (2004) に基づいて作成

11.1.2 マグマの種類と火山の噴火様式

火山噴出物は，**火山流下物**と**火山降下物**に大別される。火山流下物には**溶岩流**（lava flow），**火砕流**（pyroclastic flow），**火山泥流**（volcanic mud flow）がある。このうち溶岩の性質は，上部マントルで形成される**マグマ**（magma）の特徴を反映したものになり，マグマの特徴は火山噴火の形態や規模に影響を与える。マグマ（溶岩）は，**二酸化ケイ素**（SiO_2）の含有率に基づいて分類される。SiO_2の含有率が高いほど溶岩の粘性が増し，噴火の爆発性は大きくなる傾向が見られる（表11.1）。火砕流は火山ガスなどによって，また火山泥流は水（積雪や氷河の融解水，噴火後の雨，河川水や地下水など）によって，それぞれ火山噴出物が流下する現象である。

火山降下物の代表的なものには**スコリア**（scoria），**軽石**（pumice），**火山灰**（volcanic ash）がある。スコリアにも軽石にも火山ガスが抜けた穴があるが，「スコリアは黒く，軽石は白い」というマグマの種類を反映した色の違い（表11.1）が見られる。一方，火山灰は最も細粒の火山降下物に分類される。

火山の主要な噴火様式は，マグマが直接噴出するものと，そうでないものとに分けられる。前者の噴火様式には，**アイスランド・ハワイ式**，**ストロンボリ式**，**ブルカノ式**，**プリニー式**などがあり，それぞれの噴火様式とマグマ（溶岩）の特徴との間には明瞭な関係が見られる。アイスランド・ハワイ式噴火は，粘性が低く流動性に富む玄武岩質溶岩を噴出する火山活動で，爆発性は比較的小さい。これに対して，ストロンボリ式，ブルカノ式噴火では溶岩の粘性が増し，爆発性も大きくなる傾向が認められる。ストロンボリとブルカノの名称は，ともにイタリア南部の火山島の名前に由来するものである。これらの火山活動は古代ローマ時代から記載されており，比較的粘性の低い溶岩をシャワーのように放出するストロンボリ島は“地中海の灯台”と形容された。また，ブルカノ島は大量の噴煙を放出する火山活動が特徴的である。さらにプリニー式噴火は，粘性が高く流動性の乏しい溶岩を流出させる噴火で，爆発性はきわめて大きくなる。

一方，マグマが直接噴出しない噴火には，**水蒸気爆発（水蒸気噴火）**と**マグマ水蒸気爆発（マグマ水蒸気噴火）**がある。水蒸気爆発は高温・高圧の水蒸気の作用で起こる噴火活動であり，マグマは直接関与していない。これに対して，マグマ水蒸気爆発はマグマが地下水や海水などと接触することで起こる噴火活動である。

表11.1　マグマ（溶岩）の種類と噴火の特性

特徴 ＼ マグマの種類	マグマの噴出温度	SiO_2	Fe, Mg	色	粘性	流動性	爆発性
玄武岩 (basalt)	高い	少ない	多い	黒い	低い	大きい	小さい
安山岩 (andesite)	↑	↓	↑	↑	↓	↑	↓
デイサイト (dacite)	↑	↓	↑	↑	↓	↑	↓
流紋岩 (rhyolite)	低い	多い	少ない	白い	高い	小さい	大きい

11.2　火山噴火と災害

【目的】過去の火山災害の実態を通して，火山災害の地域性および多様性を理解する。

【キーワード】ベスビオ火山，ラーキ火山，タンボラ火山，浅間山，雲仙岳，富士山，火山ハザードマップ

11.2.1　世界の火山災害

歴史記録に残されている主要な火山噴火とそれに起因する災害は，表11.2のようにまとめられる。その中で，西暦79年のイタリア，**ベスビオ火山**の噴火では，降灰と**火砕流**の流下によって，山麓の町である**ポンペイ**が壊滅的な被害を受けた（図11.5）。この火山噴火の調査を行った大プリニウス（23頃～79）と，その詳細な記録を残した小プリニウス（61頃～113頃）にちなんで，この時のような爆発的な噴火様式を**プリニー式噴火**と呼ぶようになった（11.1.2項参照）。

歴史記録に残る火山災害の中で，噴火後の飢餓によって大量の死者を出した噴火の例として，アイスランドの**ラーキ火山**（1783年）とインドネシアの**タンボラ火山**（1815年）があげられる。ラーキ火山の噴火では，大量の有毒ガス（SO_2）の噴出が牧草地や農地に深刻な被害をもたらし，長期間にわたる飢饉の原因となった。これによって，当時のアイスランドの人口（約48,000人）のおよそ2割にあたる9,350人の死者を出した（表11.2，図11.6）。一方，1815年の**タンボラ火山**の噴火による被害は，死者・行方不明者が9万人以上に達し，その大半は飢餓によるものであった。この火山噴火の規模は歴史上最大級のものの1つと位置づけられ，最悪の火山災害にもなった。この噴火ではプリニー式噴火によって大規模な**火砕流**が発生し，それがタンボラ火山のあるスンバワ島周辺の海域に流入してほかの島々に到達した。また火山灰の降下も広範囲に及び，日射を遮る**日傘効果**（1.3.5項参照）によってその後の気候変化の原因になったと推定されている（表11.2）。

図11.5　ベスビオ火山とポンペイ遺跡（1995年8月撮影）

表 11.2 世界の主な火山噴火（日本を除く）

火山名	国・地域	主な噴火年（噴出物・被害の特徴）
ピナツボ	フィリピン（ルソン島）	1991（火山灰，火砕流，火山泥流，噴煙 20 km 以上）
タール	フィリピン（ルソン島）	1911（津波），1965（津波）
マヨン	フィリピン（ルソン島）	1814（火砕流，火山泥流），1897
アウ	インドネシア（サンギヘ島）	1711（火山泥流），1812，1856，1892
クラカタウ	インドネシア	1883（クラカタウ島消滅，津波，死者 36,417 人）
パパンダヤン	インドネシア（ジャワ島）	1772（山体崩壊，死者 2,975 人）
ガルングン	インドネシア（ジャワ島）	1822（火砕流，火山泥流），1982～1983
メラピ	インドネシア（ジャワ島）	1006，1672，1930（溶岩ドーム，火砕流，火山泥流），1966
ケルート	インドネシア（ジャワ島）	1586（火山泥流，死者 10,000 人），1872，1919，1966，2007，2014
アグン	インドネシア（バリ島）	1963（火山灰，火砕流，火山泥流）
タンボラ	インドネシア（スンバワ島）	1815（世界最大噴火，火砕流，大量の噴煙，津波，死者 92,000 人，餓死者多数，気候異変）
ラミントン	パプアニューギニア	1951（火砕流，火山泥流，死者 2,942 人）
タラウェア	ニュージーランド（北島）	1886（割れ目噴火，火山灰）
ルアペフ	ニュージーランド（北島）	1953（火山泥流）
ネバドデルルイス	コロンビア	1595，1985（火山灰，火砕流，火山泥流，死者 25,000 人）
モンプレー	西インド諸島（マルチニーク島）	1902（火砕流，死者 29,000 人）
スーフリエール	西インド諸島（セントビンセント島）	1902（火口湖決壊，火砕流）
エルチチョン	メキシコ	1982（火砕流，火山泥流，大量の噴煙）
コリマ	メキシコ	1576，1806（溶岩流，火砕流）
セントヘレンズ	アメリカ合衆国（ワシントン州）	1980（山体崩壊），2004～2008（溶岩ドーム成長）
リダウト	アメリカ合衆国（アラスカ）	1989（火山灰による航空機への影響）
カトマイ	アメリカ合衆国（アラスカ）	1912（カルデラ形成）
マウナロア	アメリカ合衆国（ハワイ島）	1984（溶岩流）
キラウエア	アメリカ合衆国（ハワイ島）	1924（溶岩流）
ニーラゴンゴ	コンゴ民主共和国	1884，1977（溶岩流），2002
ベスビオ	イタリア	79（火山灰，火砕流，「ポンペイ壊滅」，死者 2,000 人以上），1631（溶岩流，火山灰，死者 18,000 人）
エトナ	イタリア（シチリア島）	BC693，1169（死者 15,000 人），1669（死者 10,000 人），1983，1992
アスケア	アイスランド	1631（死者 3,500 人）
ラーキ	アイスランド	1783（長さ 25 km の割れ目噴火，溶岩流，大量の SO_2，死者 9,350 人，餓死者多数）
ヘクラ	アイスランド	（長さ 27 km の火口列，割れ目噴火）1300，1947
エイヤフィヤトラヨークトル	アイスランド	2010（火山灰による航空機への影響）

『理科年表プレミアム』，下鶴ほか編（2008）『火山の事典（第 2 版）』などに基づいて作成

Column

アイスランドの火山

ユーラシアプレートと北アメリカプレートの拡大境界に位置するアイスランド（8.1.2項参照）には，地溝帯に沿って活火山が分布する（図11.6）。火山の周辺には，火山噴火に伴って流出した玄武岩質溶岩が広がっている。また，アイスランドの火山の特徴として，火山の山頂が氷河に覆われている場合や氷河の下に火山が存在する場合（氷底火山）が多いことがあげられる。したがって，火山噴火時に氷河からの大量の融解水で洪水が発生し，土砂災害をもたらすケースも見られる。

アイスランドにおける過去の火山災害としては，本項でも取りあげた1783年のラーキ火山の噴火によるものがあげられる。また，最近の火山噴火による影響として2010年4月のエイヤフィヤトラヨークトルの噴火がある。この噴火では，大量の火山灰が南に拡散したことから，ヨーロッパ各地の航空機の飛行に影響が及んだ（表11.2，図11.6，11.7）。

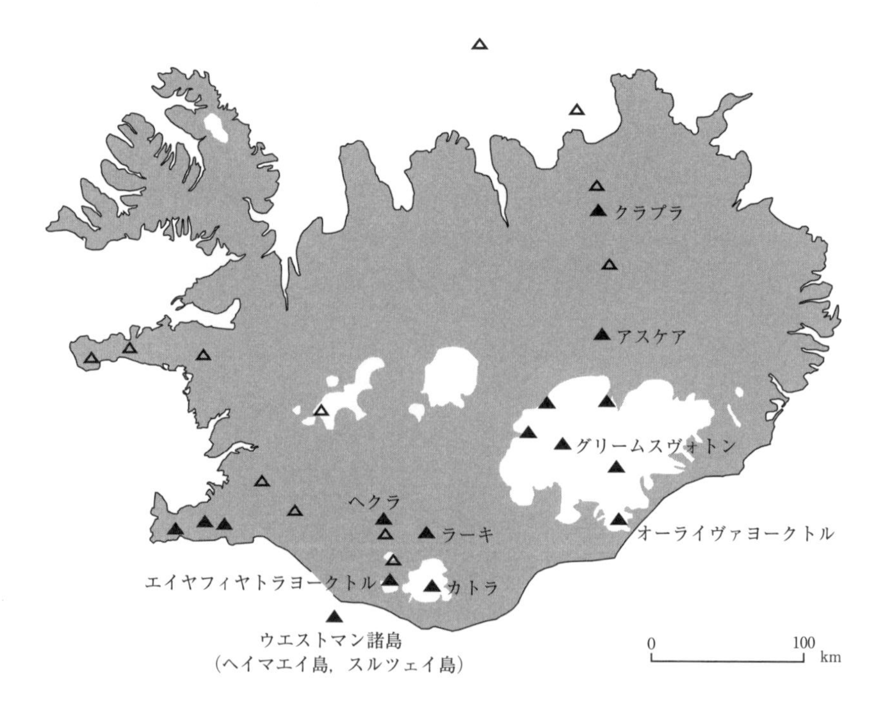

図11.6 アイスランドの活火山分布 Jónasson(2012)，アイスランド観光文化研究所HPに基づいて作成

図 11.7 エイヤフィヤトラヨークトル(2013 年 8 月撮影)

20世紀になってからの火山噴火の中で，大量の噴煙による日傘効果で地球規模の気温低下が確認された例に，1982年のメキシコ，**エルチチョン火山**，1991年のフィリピン，**ピナツボ火山**の噴火がある（表11.2）(ピナツボ火山噴火後の気温変化については図1.13参照)。

また，近年の火山災害の中で多数の死者を出した噴火として，1985年のコロンビア，**ネバドデルルイス火山**のものがあげられる。この噴火では，火山活動によって山頂付近の氷河や積雪が融けたために大規模な**火山泥流**が発生し，山麓地域に大きな被害をもたらした（表11.2)。

さらに，火山噴火によって**津波**が発生して大災害に結びつく場合もある。1883年のインドネシア，**クラカタウ火山**の噴火は，その典型的な例である（表11.2)。日本においても，11.2.2項で取り上げるように，1792年の**雲仙岳**の火山活動に伴う有明海沿岸の津波被害の例がある。

以上のように，火山災害には多様性があり，火山噴出物による直接的な被害ばかりでなく，津波など二次的に起こった現象による被害も多い。したがって，それぞれの火山について過去の噴火および災害に関する正確な情報を蓄積することが，地域の**火山防災**にとって最も重要である。

11.2.2 日本における火山噴火と災害

日本における歴史記録には，地震と同様に火山の噴火および災害の記録が多数残されている（表11.3)。それによれば，火山によって，また同じ火山であっても時期によって，噴火の形式や被害の特徴には違いが見られる。ただし，歴史記録に残されているものは人間が直接観察したものに限られるため，そこには残されていない火山噴火が存在する可能性もある。さらに，歴史時代以前における噴火の証拠は地形や地質の調査によって明らかにされるものであることから，この表の記録が過去の主要な火山活動のすべてではない点に注意する必要がある。

以下に，日本における代表的な3つの火山（浅間山，雲仙岳，富士山）の過去の噴火例をあげる。

表 11.3 日本の主な火山噴火と火山災害（歴史記録に残されているもの）

火山名	最古の噴火年	主な噴火年	噴出物，被害などの特徴
十勝岳	1857	1925～1926	火山泥流，死者・行方不明者 144 人
有珠山	1663	1822 1910 1944～1945 1977 2000～2001	火砕流，死者 50 人 火山泥流，明治新山生成 昭和新山生成 火山泥流・降灰，有珠新山生成 火山泥流・降灰
北海道駒ヶ岳	1640	1640 1856 1905 1929	噴火津波，溺死者 700 人余 死者 20 人 火山泥流 火砕流・噴石・火山ガス
鳥海山	708	871 1740 1801 1974	火山泥流 火山泥流 享和岳（新山）生成 水蒸気爆発，火山泥流
磐梯山	806	1888	水蒸気爆発による大規模な岩屑なだれ，山麓の村落埋没，死者 400 人以上
浅間山	685	1108 1783	「天仁噴火」火砕流，火山泥流，溶岩流，降灰砂 **「天明噴火」**火砕流，火山泥流，溶岩流，死者 1,151 人，気候異変助長
御嶽山	1979	2014	水蒸気爆発，火砕流，火山灰，死者・行方不明者（登山者）63 人
富士山	781	800～802 864～866 1707	降灰砂により足柄路埋没 **「青木ヶ原溶岩流」**が「せの海」を西湖と精進湖に二分 **「宝永噴火」**広範囲に降灰砂（川崎で厚さ 5cm）
箱根山	?	12 世紀後半～13 世紀頃 1933 2015	3 回の水蒸気噴火（大涌谷付近） 大涌谷で噴気噴出 大涌谷での小規模な水蒸気爆発
伊豆大島	680（？）	1690 1777～1792 1950～1951 1986	「貞享の大噴火」溶岩流が北東海岸に到達 「安永の大噴火」溶岩流が北東および南西海岸に到達 溶岩流，三原砂漠埋没 溶岩流，全島民島外避難
三宅島	832	1835，1940，1962 1983 2000～2006	溶岩流 溶岩流，マグマ水蒸気爆発 水蒸気爆発，マグマ水蒸気爆発，火山泥流，降灰，有毒火山ガスの長期大量放出，全島民島外避難
阿蘇山	553（？）	1953～1958 など多数	有史以来すべて中央火口丘・中岳のストロンボリ式噴火
雲仙岳	1663	1792 1990～1996	溶岩流，強震による山崩れ，火山泥流，有明海沿岸に噴火津波，死者約 15,000 人（有史以来の日本最大の噴火災害），**「島原大変肥後迷惑」** 溶岩ドーム形成（平成新山），火砕流，火山泥流，死者・行方不明者 44 人
桜　島	708（？）	1779 1914	「安永大噴火」溶岩流，海底噴火により「燃島」生成，噴火津波，死者 153 人 「大正大噴火」溶岩流により桜島と大隅半島が陸続きになる，死者 58 人

『理科年表プレミアム』，『火山の事典（第 2 版）』などに基づいて作成

・浅間山

浅間山は，**フォッサ・マグナ**(8.2.1項参照)の東縁部に位置する安山岩〜デイサイト質の火山(表11.1参照）で，活動の古い順に黒斑山，仏岩山，前掛山の3つの火山体で構成されている。歴史時代の噴火は，完新世に活動を始めた前掛山のもので，特に1783年（天明3年）の**天明噴火**では，北麓に流出した**火砕流**および岩屑なだれによって甚大な被害が起こった。また，これらの流出物は利根川支流の**吾妻川**(あがつま)に流入して**火山泥流**を発生させた。泥流堆積物は利根川本流にも流入して，流域に洪水被害をもたらした(12.3.2項参照)。さらに，天明噴火による天候異変は，**「天明の飢饉」**の原因の1つと考えられている（表11.3，11.4，図11.8)。

表 11.4　1783 年(天明 3 年)浅間山噴火の経過

月　日（太陽暦）	噴火活動(火山噴出物の種類)	被害・周辺への影響
5月9日	噴火活動開始	
7月26日〜8月2日	噴煙が高く上がる噴火	江戸にも降灰
8月4日	軽石・火山灰の降下 「吾妻(あがつま)火砕流」の流下	人的被害は小さい
8月5日	「鎌原(かんばら)火砕流」の流下 →「鎌原岩屑なだれ」の発生 → 吾妻川へ流入して火山泥流発生	「鎌原岩屑なだれ」による鎌原村の埋没， 鎌原村の死者 450 人 火山泥流の利根川流下→銚子まで到達と， 江戸川(利根川旧河道)への流入
8月5日(？)	「鬼押出溶岩流」の流下	明確な歴史記録なし

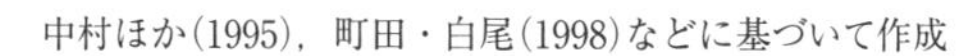
中村ほか(1995)，町田・白尾(1998)などに基づいて作成

図 11.8　浅間山と鬼押出溶岩 (2007 年 3 月撮影)
左側が前掛山。

・雲仙岳

1990～1996年の**雲仙普賢岳**の噴火は，粘性の高い安山岩～デイサイト質溶岩が山頂付近で**溶岩ドーム**を形成し，その一部が崩壊して発生した**火砕流**によって多くの犠牲者を出した（本章の扉の写真，表11.3，図11.9）。雲仙岳は1792年（寛政4年）にも活動して，日本における火山災害史上最大の人的被害をもたらした（表11.3）。この時の災害は，**「島原大変肥後迷惑」**と呼ばれる。それは，火山活動に伴って発生した地震で普賢岳の東側にある眉山(まゆやま)が崩壊し，その土砂が有明海

図11.9 雲仙普賢岳の噴火で山頂部に形成された溶岩ドーム（2002年3月撮影）

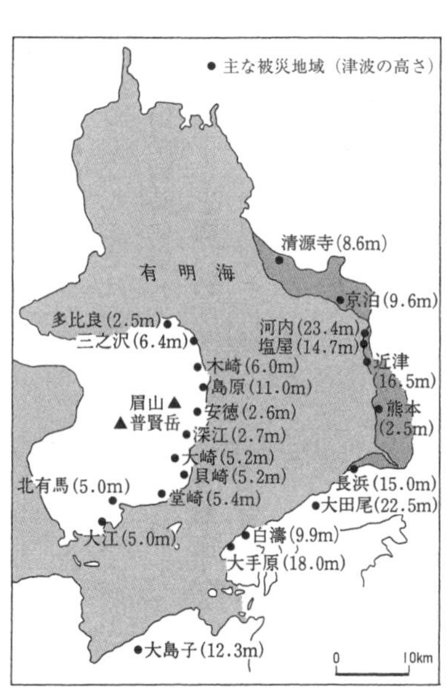

図11.10 「島原大変肥後迷惑」における津波被害 池谷(2003)を改変

図11.11 富士山宝永火口（2012年3月撮影）

に流出して大規模な**津波**を発生させ，対岸の熊本県側にも大きな被害が及んだというものである(図11.10)。このように，過去2回の雲仙岳の火山活動と災害は，それぞれ異なった特徴をもっており，同じ火山であっても，いつも類似した噴火活動および被害が見られるとは限らないことを示している。

・富士山

富士山はプレート収束境界付近に位置する火山で，粘性の低い玄武岩質溶岩を流出させてきたにもかかわらず，爆発的な噴火をする場合がある。現在の山体（新富士）は約1万年前以降の活動によって形成されたものであるが，歴史時代の明瞭な大噴火は800年（延暦19年），864年（貞観6年）と1707年（宝永4年）の3回である（表11.3，図11.11）。最後の大規模な噴火である**宝永噴火**からすでに300年以上が経過していること，および近年富士山の地下で低周波地震が発生していることなどから，近い将来の噴火の可能性について調査・研究が進められている。

11.2.3　火山ハザードマップ

日本においては，1986年の**伊豆大島**の噴火（表11.3）をきっかけに「活火山防災対策検討会」が発足し，**火山防災**の目的で主要な火山を対象にしたハザードマップの作成が本格化した。**火山**

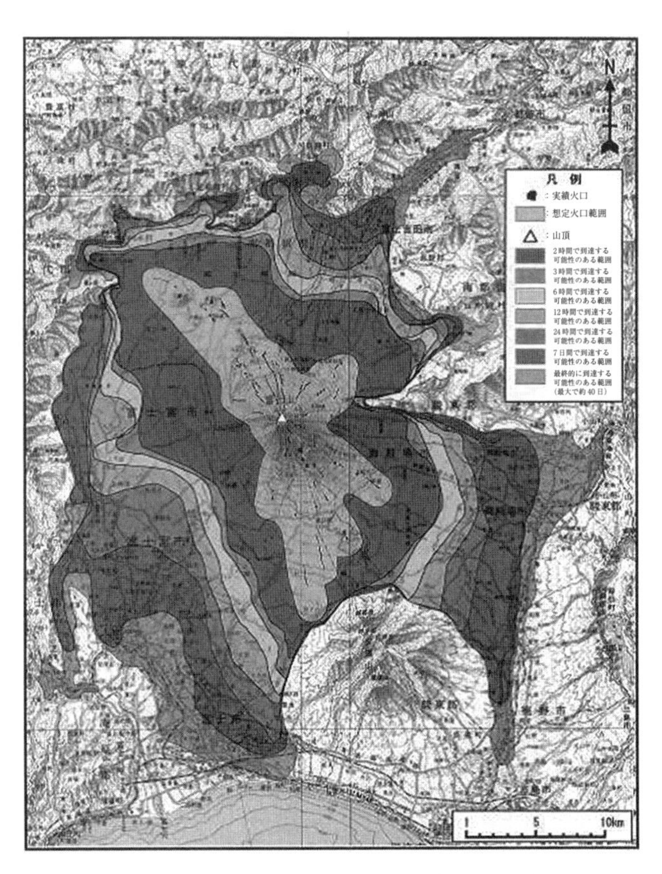

図 11.12　富士山ハザードマップ「溶岩流の可能性マップ」　富士山火山防災協議会 HP を改変

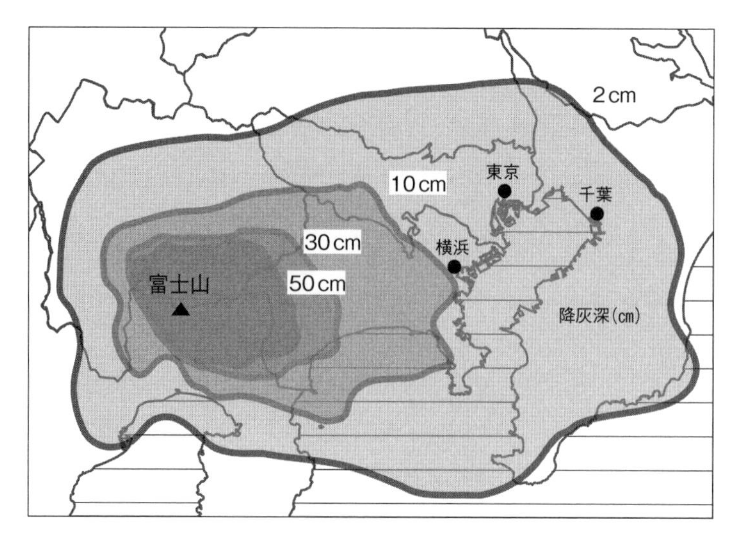

図 11.13 富士山ハザードマップ「降灰可能性マップ」 富士山火山防災協議会 HP を改変
富士山山頂で宝永噴火規模の噴火が発生した場合の降灰範囲と降灰の厚さ(cm)を示す。

ハザードマップとは，主に各火山の過去の噴火活動記録に基づいて，将来噴火が起こった場合の溶岩流出や降灰の範囲などを推定したものである。**富士山**に関しては，1707年の**宝永噴火**の際の火山噴出物の分布範囲や被害状況に基づいたハザードマップが作成されている（図11.12, 11.13）(富士山火山防災協議会 HP)。また，このほかに国土地理院が富士山の地形や地質および噴火史をまとめた「1：50,000 火山土地条件図 富士山」(2003) を発行している。

火山ハザードマップが作成されても，私たちがその内容を十分に理解し，利用できるようにならなければ被害の軽減にはつながらない。このことを示す実例として，1985年のコロンビア，**ネバドデルルイス火山**による災害があげられる。この噴火では大規模な**火山泥流**が発生し，死者は25,000人に及んだ（表11.2）。ここでは噴火の直前にハザードマップが完成しており，火山泥流の流下範囲も予測されていたが，その情報が住民に周知されないなど，十分な防災体制が整っていなかったために大災害につながったと考えられている（11.2.1項参照）。

12章

水害・土砂災害

大河津分水（新信濃川）の可動堰（2009年3月撮影）

信濃川流域に設けられた放水路である大河津分水は，新潟平野の水害を軽減する目的で建設された。放水路の建設によって水害は減少したが，一方で信濃川本流河口周辺において海岸侵食が進行するという問題が生じた（13.2.2項参照）。

12.1　水害・土砂災害の地域性と原因

【目的】日本で発生した水害・土砂災害の実態と原因を理解する。また，日本の河川の自然地理的な特性を把握する。

【キーワード】気象災害，雨の強度，保水能力，湿潤変動帯の河川

12.1.1　世界および日本における水害・土砂災害

世界の自然災害の中で水害をはじめとした**気象災害**が占める割合は，人的被害・物質的被害ともに大きい。20世紀以降に発生した世界の気象災害の中で，死者・行方不明者数が5,000人を超えるものの大半は，ハリケーン・サイクロン・台風といった**熱帯低気圧**による風水害である。したがって，これらの影響を受けやすい地域に大きな被害が集中する傾向が見られる。特に，バングラデシュやインドにおけるサイクロン被害が目立つが，その理由として，この地域がサイクロンの常襲地であるということばかりでなく，沿岸の地形が低平であることや人口密度が高いこと，また十分な**防災体制**がとられていないことなどが考えられる。

日本において甚大な被害をもたらした水害として，1959年の**伊勢湾台風**によるものがあげられるが，その原因は単に強大な台風が襲来したからというだけでなく，当時の日本の防災体制が現在に比べて脆弱であったためといえる（表12.1，12.2.1項参照）。

表12.1　日本の主な気象災害（昭和以降）

西暦年月	災害の原因	被害地域	死者・行方不明者数（人）	浸水被害（棟）
1927. 9	台風	九州～東北	439	3,493
1934. 9	「室戸台風」	九州～東北（特に大阪）	3,036	401,157
1938. 6～7	大雨（前線）	近畿～東北（特に兵庫）	925	501,201
1942. 8	台風	九州～近畿（特に山口）	1,158	132,204
1943. 9	台風	九州～中国（特に島根）	970	76,323
1945. 9	「枕崎台風」	西日本（特に広島）	3,756	273,888
1945.10	「阿久根台風」	西日本（特に兵庫）	451	174,146
1947. 9	「カスリーン台風」	東海以北	1,930	384,743
1948. 9	「アイオン台風」	四国～東北（特に岩手）	838	120,035
1949. 6	「デラ台風」	九州～東北（特に愛媛）	468	57,553
1949. 8	「ジュディス台風」	九州・四国	179	101,994
1949. 8～9	「キティ台風」	中部～北海道	160	144,060
1950. 9	「ジェーン台風」	四国以北（特に大阪）	508	166,605
1951.10	「ルース台風」	全国（特に山口）	943	138,273
1953. 6	大雨（前線）	九州～中国（特に熊本）	1,013	454,643
1953. 7	「南紀豪雨」	全国	1,124	86,479
1953. 8	大雨（前線）	東近畿	429	21,517
1953. 9	台風13号	全国（特に近畿）	478	495,875
1954. 9	「洞爺丸台風」	全国	1,761	103,533

西暦年月	災害の原因	被害地域	死者・行方不明者数(人)	浸水被害(棟)
1957. 7	「諫早豪雨」	九州(特に長崎)	992	72,565
1958. 9	「狩野川台風」	近畿以北(特に静岡)	1,269	521,715
1959. 9	「伊勢湾台風」	全国(九州を除く)	5,098	363,611
1961. 6〜7	「昭和 36 年梅雨前線豪雨」	全国(北海道を除く)	357	414,362
1961. 9	「第 2 室戸台風」	全国(特に近畿)	202	384,120
1963. 1	「昭和 38 年 1 月豪雪」	全国	231	7,028
1964. 7	「昭和 39 年 7 月山陰北陸豪雨」	山陰〜北陸(特に島根)	128	67,517
1966. 9	台風 24・26 号	全国(特に山梨)	318	53,601
1967. 7	「昭和 42 年 7 月豪雨」	九州北部〜関東	371	301,445
1967. 8	「羽越豪雨」	羽越	146	69,424
1972. 7	「昭和 47 年 7 月豪雨」	全国	442	194,691
1976. 9	台風 17 号，前線	全国	169	442,317
1982. 7	「昭和 57 年 7 月豪雨」	関東以西	345	52,165
1983. 7	「昭和 58 年 7 月豪雨」	九州〜東北	117	17,141
1991. 9〜10	台風 19 号	全国	62	22,965
1993. 7〜8	「平成 5 年 8 月豪雨」	西日本(特に九州南部)	79	21,987
1998. 8〜9	「平成 10 年 8 月末豪雨」(台風，前線)	全国(沖縄を除く)	25	13,927
2000. 9	台風 14 号，前線(「東海水害」)	沖縄〜東北	11	70,017
2004. 7	「平成 16 年 7 月新潟・福島豪雨」	新潟，福島	16	8,402
2004. 7	「平成 16 年 7 月福井豪雨」	岐阜，北陸，東北	5	13,950
2004.10	台風 23 号	沖縄〜東北	99	54,850
2005.12〜2006. 3	「平成 18 年豪雪」	四国〜北海道	152	113
2006. 7	「平成 18 年 7 月豪雨」(前線)	九州〜東北	30	6,996
2008. 8	「平成 20 年 8 月末豪雨」	九州〜北海道	2	21,844
2009. 7	「平成 21 年 7 月中国〜九州北部豪雨」	九州〜関東	39	11,541
2009. 8	台風 9 号	九州〜東北	28	5,217
2011. 7	「平成 23 年 7 月新潟・福島豪雨」	新潟，福島	6	9,025
2011. 8〜9	台風 12 号	四国〜北海道	98	22,094
2012. 7	「平成 24 年九州北部豪雨」	九州北部	32	12,606
2013.10	台風 26 号	関東	43	6,142
2014. 7〜8	「平成 26 年 8 月豪雨」	全国	88	16,599
2015. 9	「平成 27 年 9 月関東・東北豪雨」	関東〜東北	8	12,278
2017. 6〜7	梅雨前線・台風 3 号「平成 29 年 7 月九州北部豪雨」	全国	44	4,429
2018. 7	「平成 30 年西日本豪雨」	中国，四国	245	7,173(床上)

『理科年表プレミアム』などに基づいて作成

以上のことから，水害・土砂災害をとらえる際にも災害全般の問題と同様に，原因となった自然現象だけでなく，その影響を受けた地域の自然条件や社会的条件を同時に考慮する必要がある。

12.1.2 水害・土砂災害の原因

水害および土砂災害の原因は，表12.2，12.3に示したように自然要因と人為的要因が複合している。

気象・気候条件としては，短時間に大量の降水がもたらされる場合，すなわち**雨の強度**が大きい場合に水害発生に結びつくことが多い。また，**保水能力**をもつ植生は，流域に降った雨の河川への流出を緩和する効果がある。したがって，植生破壊によって，水害や土砂災害発生の危険度が増大する。

人間と河川の関わり方には2つの側面がある。1つは，河川水を飲料水・農業用水・工業用水・発電などの目的で利用する**利水**の立場であり（6.2.1項参照），もう1つは洪水氾濫などによる被害を防ぐ目的で河川水を制御する**治水**の立場である。どちらも，人間が河川に手を加えることになり，こうした行為が過剰になると水害や土砂災害の原因になる場合がある。例えば，治水目的の護岸工事で河岸や河床をコンクリートで覆うと，河川とその周辺の土地の保水能力低下を招く可能性がある。

また，河川周辺の**後背湿地**（14.2.1項参照）のように，もともと洪水氾濫の影響を受けやすい場所は，過去においては恒常的な土地利用の対象にはならなかった。しかし，近年では盛土などの土地改良を行って後背湿地が宅地や農地として利用されることが多くなり，こうした場所での水害が増加する傾向も見られる。

表12.2 水害・土砂災害の主な自然要因

要　因	内　容
気象・気候	雨の強度(1時間雨量)，年降水量，降水量の季節変動
植生	保水能力
地形	地形勾配
地質	侵食に対する抵抗力
地殻変動	地盤の隆起・沈降速度

表12.3 水害・土砂災害の主な人為的要因

要　因	内　容
河川流域の開発	傾斜地の開発(平坦地化に伴う崖の形成)，植生破壊
河川改修	流路の固定・直線化などに伴う堤防建設・護岸工事
河川周辺の開発	氾濫原，後背湿地の利用

12.1.3 日本の河川の特徴

日本の河川は，大陸を流れる河川に比べて流域面積や流長などの規模は小さいものの（表12.4，12.5），**湿潤変動帯**（湿潤な気候帯に属し，地殻変動の激しい地域）（吉川，1985）を反映した特徴をもつ。日本の河川の特徴として以下の4つの点があげられるが，そこには日本列島の地形・地質，気象・気候，および地殻変動などの条件が関わっていると考えられる（大森，1993；阪口ほか，1995）。

①**急勾配**で屈曲に富む（蛇行河川が多い）。

②**比流量**（単位面積における1秒間の流量，$m^3/100km^2$・秒）が多い。

③**侵食速度**（一定期間に一定面積から削り取られた土砂の体積，m^3/km^2・年）が速い。

④流域面積に対して**堆積平野**（河川，波浪・沿岸流，風などの堆積作用によって形成された平野の総称）の占める割合が大きい。

①の急勾配であることは，日本の山がちな地形を反映したものである。また，第四紀における地殻変動の中で山地の隆起傾向が継続していることも，河川が急勾配を維持している理由の1つといえる。一方，蛇行河川が多いのは，地質構造が複雑であること，および地殻変動が活発であることなどが関わっているためと考えられる。

②の比流量（$m^3/100km^2$・秒）については，世界の大河川の大部分が0.1～1.0であるのに対して，日本の河川の多くは2.0以上である（比流量の数値は阪口ほか，1995による）。日本の河川の比流量が多いのは，日本列島が湿潤な気候帯に属していて流域面積に対する河川の流量が豊富であるためといえる。

③の侵食速度は河川の侵食力および運搬能力の指標であり，流域における平均高度の低下速度（削剥速度，mm/1000年）を示すものでもある。世界の大河と呼ばれる河川の侵食速度（m^3/km^2・年）の例をあげると，ナイル川 13，アマゾン川 58，ミシシッピ川 59，黄河 1,160である。日本の場合は，関東平野を流れる利根川が137である一方，中部山岳地域の河川では1,000以上を示し，なかでも黒部川は6,872に達する（侵食速度の数値は阪口ほか，1995による）。日本の河川の侵食速度が速いのは，日本列島の地形，地質，気候，地殻変動などの特徴が複合した結果と考えられる。すなわち，“削る側”にあたる河川を見ると，①や②のような特徴があるため，侵食力が大きくなる。一方，“削られる側”に相当する地盤を見ると，複雑な地質構造，激しい地殻変動および火山活動のために削られやすい地層が広く分布している。

④の堆積平野の形成については，第四紀における地殻変動の中で，山地の隆起傾向に対して平野は沈降する傾向が見られること（成瀬，1982など）が関与していると考えられる。日本に分布する主な平野は共通して沈降傾向にあり，しかも関東平野に代表されるような**造盆地運動**によって特徴づけられるものが多い。造盆地運動とは，中心部ほど沈降速度が速い沈降運動を指す。これは，日本列島とその周辺の海底に複数のプレート収束境界が存在し，プレート同士が常に押しあっているためと推定される（8.2.1項参照）。こうした沈降様式が，平野を**堆積の場**として存続させてきたといえる。また，河川の侵食速度が速いことによって，平野部への堆積物の供給が盛んになり，広い堆積平野が形成されたものと考えられる。

表 12.4 世界の主要河川(流域面積 80 万 km^2 以上)

河川名	流域面積 ($\times 10^3 km^2$)	流長 (km)	河口の所在 (国名・海洋名)
アマゾン	7,050	6,516	ブラジル・大西洋
コンゴ[ザイール]	3,700	4,667	コンゴ・大西洋
ナイル	3,349	6,695	エジプト・地中海
ミシシッピ-ミズーリ	3,250	5,969	アメリカ合衆国・メキシコ湾
ラプラタ-パラナ	3,100	4,500	アルゼンチン-ウルグアイ・大西洋
オビ-イルチシ	2,990	5,568	ロシア・オビ湾
エニセイ-アンガラ	2,580	5,550	ロシア・カラ海
レナ	2,490	4,400	ロシア・テプテス海
チャンジャン(長江)[揚子江]	1,959	6,380	中国・東シナ海
ニジェル	1,890	4,184	ナイジェリア・ギニア湾
アムール[ヘイロンジャン・黒龍江]	1,855	4,416	ロシア・間宮海峡
マッケンジー	1,805	4,241	カナダ・ボーフォート海
ガンジス・ブラマプトラ	1,621	2,840(ブ) 2,510(ガ)	バングラデシュ・ベンガル湾
セントローレンス	1,463	3,058	カナダ・セントローレンス湾
ボルガ	1,380	3,688	ロシア・カスピ海
ザンベジ	1,330	2,736	モザンビーク・モザンビーク海峡
インダス	1,166	3,180	パキスタン・アラビア海
ネルソン-サスカチェワン	1,150	2,570	カナダ・ウィニペグ湖
マーレー-ダーリング	1,058	3,672	オーストラリア・グレートオーストラリア湾
オレンジ	1,020	2,100	南アフリカ・大西洋
ホワンホー(黄河)	980	5,464	中国・渤海
オリノコ	945	2,500	ベネズエラ・大西洋
ユーコン	855	3,185	アメリカ合衆国・ベーリング海
ドナウ[ダニューブ]	815	2,850	ルーマニア・黒海
メコン	810	4,425	ベトナム・南シナ海

『理科年表プレミアム』に基づいて作成

表 12.5 日本の主な河川(流域面積 2,000 km^2 以上)

河川名	流域面積(km^2)	幹川流路延長(km)	2015 年の年平均流量(m^3/s)	観測地点	観測期間
利根川	16,840	322	250	栗橋	1918 年〜
石狩川	14,330	268	130	伊納	1953〜
信濃川	11,900	367	540	小千谷	1942〜
北上川	10,150	249	330	登米	1952〜
木曽川	9,100	227	320	犬山	1951〜
十勝川	9,010	156	70	帯広	1954〜
淀川	8,240	75	270(2013 年)	枚方(高浜)	1952〜
阿賀野川	7,710	210	450	馬下	1951〜
最上川	7,040	229	380	高屋	1959〜
天塩川	5,590	256	130	美深橋	1967〜
阿武隈川	5,400	239	50	阿久津	1951〜
天竜川	5,090	213	260	鹿島	1939〜
雄物川	4,710	133	240	椿川	1938〜
米代川	4,100	136	110	鷹巣	1957〜
富士川	3,990	128	60	清水端	1952〜
江の川	3,900	194	70	尾関山	1956〜
吉野川	3,750	194	120	池田	1954〜
那珂川	3,270	150	80	野口	1949〜
荒川	2,940	173	20	寄居	1938〜
九頭竜川	2,930	116	140	中角	1952〜
筑後川	2,863	143	120	瀬ノ下	1950〜
神通川	2,720	120	210	神通大橋	1958〜
高梁川	2,670	111	60	日羽	1963〜
岩木川	2,540	102	80	五所川原	1953〜
斐伊川	2,540	153	40	上島	1984〜
釧路川	2,510	154	30	標茶	1956〜
新宮川	2,360	183	200	相賀	1951〜
四万十川	2,270	196	330	具同	1952〜
大淀川	2,230	107	220(2012 年)	柏田	1961〜
吉井川	2,110	133	80	津瀬	1986〜
馬淵川	2,050	142	50	剣吉	1963〜

『理科年表プレミアム』に基づいて作成

12.2　水害・土砂災害の実態

【目的】 日本における水害の実態を歴史的にとらえ，社会的な背景と被害との関わりを理解する。また，新興国・発展途上国での水害・土砂災害の実態を知る。

【キーワード】 人的被害，物質的被害，外水氾濫，内水氾濫，都市型水害，地下浸水，氷河湖決壊洪水

12.2.1　日本の水害・土砂災害

日本における昭和以降の水害の実態を，図12.1，12.2に示した。20世紀について見ると，**人的被害**（死者・行方不明者数），**物質的被害**（被害額）ともに，太平洋戦争後の1940年代後半から1950年代にかけてが最も多い（図12.1）。なかでも，1959年9月の**伊勢湾台風**による水害は，死者・行方不明者が5,000人を超える日本の水害史上最悪のものであった。この時期に大規模な水害が集中した理由としては，日本に影響を及ぼすような台風が多かったという自然要因もあるが（図12.3），日本の社会的背景として，太平洋戦争によって国土が荒廃した状態であったために災害を受けやすかったこと，および十分な防災体制が整っていなかったことが考えられる（町田・小島編，1996など）。

一方，高度経済成長期を迎える1960年代以降は，それ以前に比べて人的被害は著しく減少する（図12.1）。これは，治水事業によって大河川の堤防施設などが整備されるようになり，**破堤**（堤防が決壊すること）や越流・越水（河川水が堤防を越えてあふれること）に伴う**外水氾濫**が少なくなったことを反映している。ところが，大規模な外水氾濫は減少傾向にあるものの，水害その

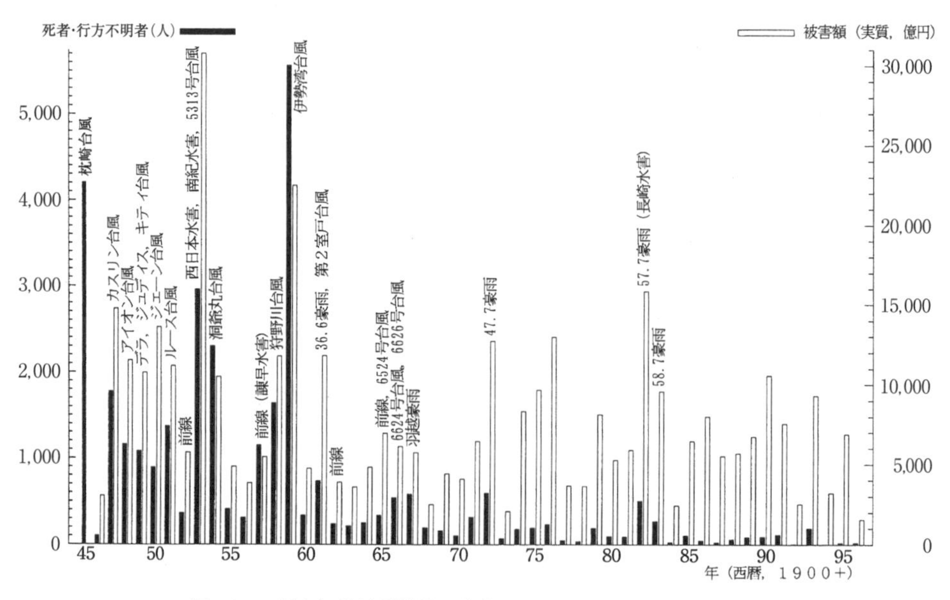

図12.1　日本における戦後の水害　京都大学防災研究所編（2001）

ものは毎年のように発生している（表12.1）。また，人的被害が減少しているのに対して，経済発展の影響で被害額には明確な減少傾向は認められない（図12.1，12.2）。

近年では，大雨などで河川の水位が上昇し，**堤内地**（堤防に囲まれた河川側を**堤外地**というのに対して，人間が生活している側を堤内地と呼ぶ）から河川本流への排水が困難になって浸水が起こる**内水氾濫**が目立ってきた。2000年9月に名古屋市周辺で大きな被害を出した「東海水害」は，この典型的な例である（表12.1）。こうした内水氾濫被害増大の原因の1つとして，人口の増加に伴って，それまでは水田などとして利用されてきた河川周辺の**後背湿地**が宅地化されてきたという土地利用の変化が考えられる（12.1.2項参照）。

1990年代以降になると，都市部の**集中豪雨**によって地下施設の浸水が起こるケースが増えてきた。このような**地下浸水**を伴う**都市型水害**の背景には，いくつかの人為的要因が関わっていると考えられる。まず，都市部で発生する集中豪雨の頻度が増加しているのに加えて，**雨の強度**（1時間あたりの雨量）の増大傾向があげられる（図12.4）。こうした雨の強度の増大によって十分な排水が困難になって道路が冠水する，また，あふれた水が地下に侵入するなどの被害が起こるものと推定される。雨の強度が増大傾向にあることの原因として，地球温暖化に加えて，都市部で顕著な**ヒートアイランド現象**に伴う集中豪雨の増加が考えられる（5.2節参照）。

さらに，都市型水害の発生には都市部における**保水能力**の低下が強く関わっている。土地被覆形態について見ると，アスファルトやコンクリートで覆われた状態では，土や植生に覆われている場合に比べて，水が地下に浸透する割合が著しく低下する。したがって，降った雨が地表にあふれやすくなり，地下浸水を起こす危険性が高まると考えられる。

地下浸水に象徴される都市型水害を防ぐ対策として，地下調整池・地下分水路の建設，地下への出入り口での防水板の設置や，道路の**透水性舗装・保水性舗装**工事（5.2.2項のコラム参照）などが実行されている。また，ヒートアイランド現象緩和のために進められている**都市緑化**の取り

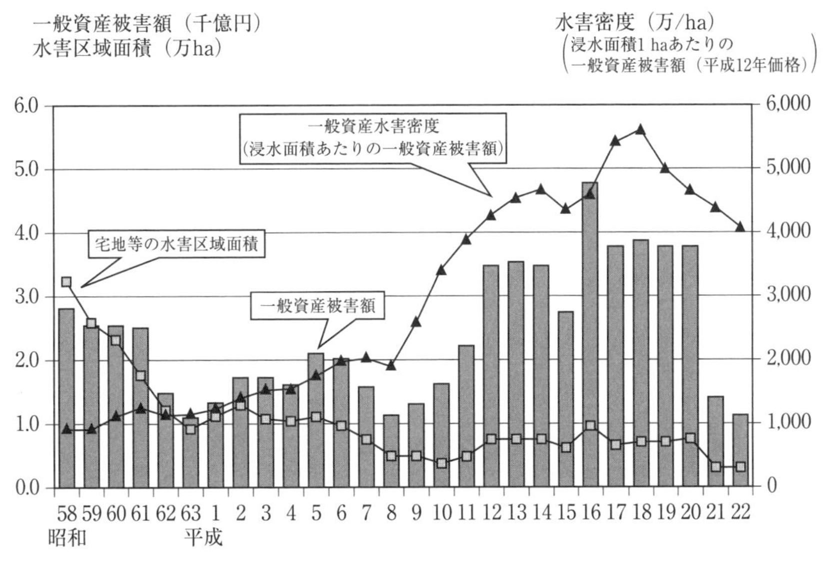

図12.2　日本における気象災害に伴う宅地等の浸水面積と浸水面積あたりの被害額(水害密度)，一般資産被害額の経年変化　文部科学省・気象庁・環境省(2013)を改変

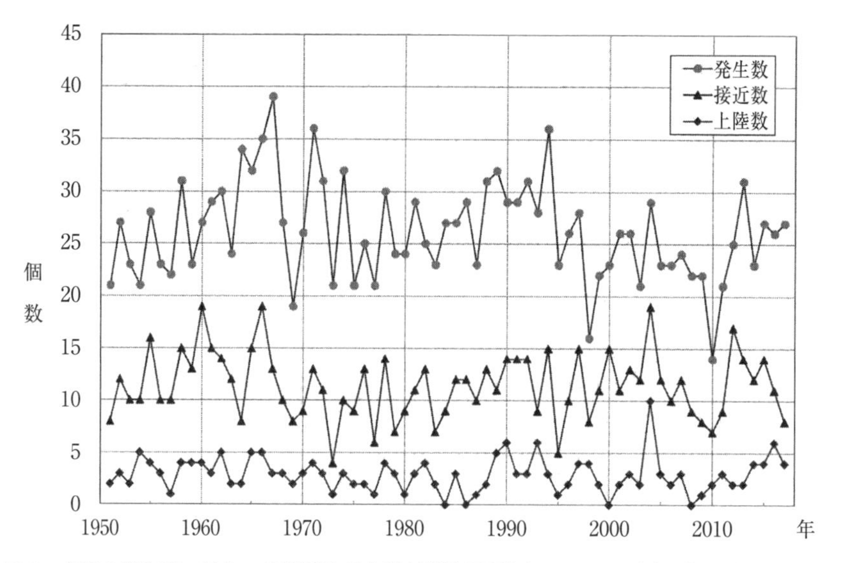

図 12.3 台風の発生数，日本への接近数および上陸数の変化（1951～2017 年） 『環境年表 2019-2020』

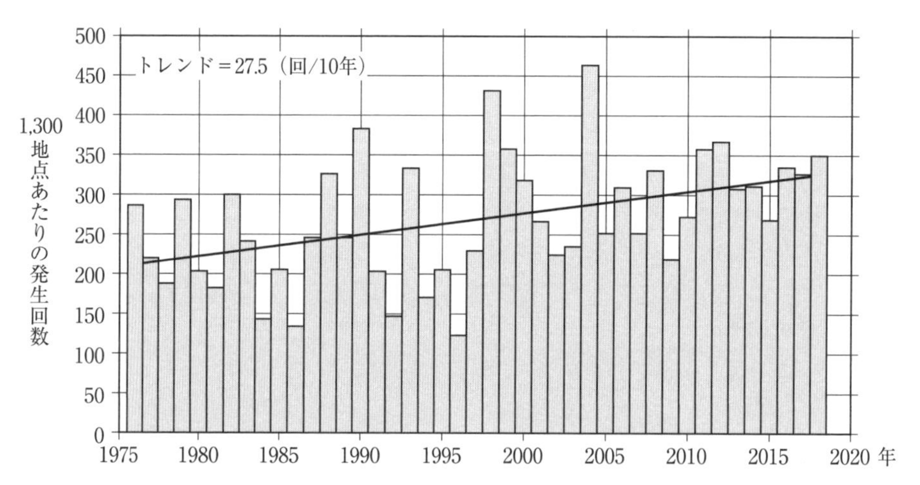

図 12.4 日本における 1 時間降水量が 50 mm 以上の年間観測回数の変化（1976～2018 年） 気象庁(2019)
棒グラフは各年の値，直線は期間全体の平均的な変化傾向をそれぞれ示す。

組みは，水害対策としても重要である。

12.1.3 項で述べた日本列島の地形・地質・地殻変動の特徴から，日本は水害とともに土砂災害も発生しやすい地域である。特に，背後に山地や急傾斜地が分布する場所では，地すべりや斜面崩壊などの土砂災害の危険性が高くなる。さらに，近年では斜面表層部の崩壊（**表層崩壊**）ばかりでなく，深層の風化した岩盤も崩落して大規模な土砂災害を招く**深層崩壊**にも注意が向けられるようになり，「深層崩壊推定頻度マップ」が公開されている（図 12.5）（国土交通省 HP）。ただし，これは，あくまでも深層崩壊の相対的な発生頻度が示されているだけであるため，今後は地域ごとの危険度を示す詳細なハザードマップの整備が必要になる。

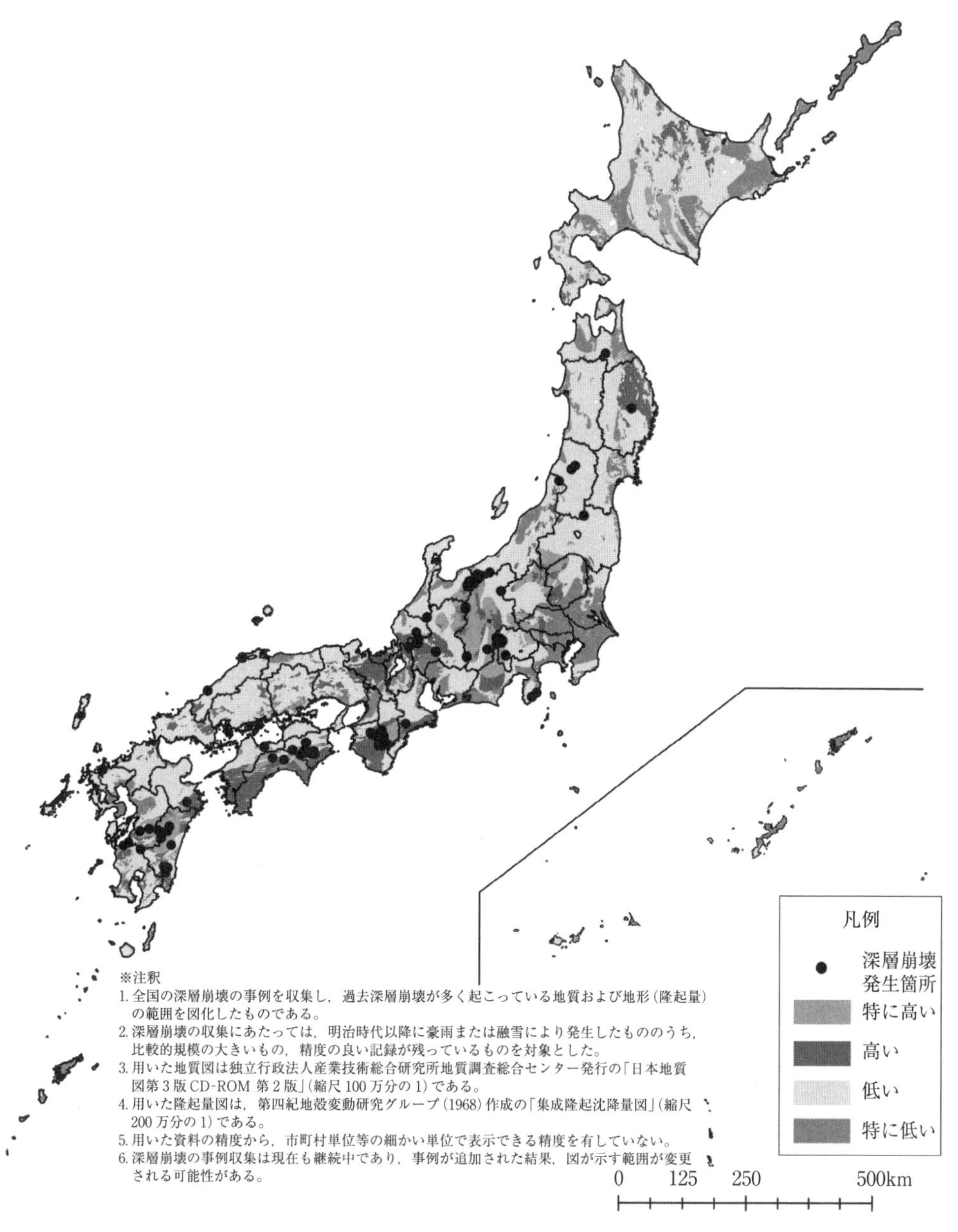

図 12.5　深層崩壊推定頻度マップ（国土交通省 HP）

12.2.2 中国の水害

中国を流れる代表的な河川に，**長江**（Changjiang River，Yangtze River）と**黄河**（Huanghe River，Yellow River）がある。これらの河川は，ともにチベット高原の北東部から東部の地域を源流としている。また，流長（本流の長さ）はどちらも5,000kmを超えており（表12.4），それぞれの河口には三角州が発達するなどの共通点がある。その一方で，流域および河川の特徴には大きな違いも見られる。流域面積と流量は，黄河に比べて長江の規模がはるかに大きいものの，運搬される土砂量は黄河の方が圧倒的に多い。このような違いが生じた理由は，2つの河川の流域で自然地理的特徴が異なるためである。長江と黄河の上流側における流域界（分水嶺）は，東西にのびるチンリン（秦峯）山脈である。この山脈の周辺は，年平均気温12～14℃，年降水量800～1,000mmの地域に相当し，これより北側の黄河流域には寒冷で乾燥した地域が，南側の長江流域には温暖で湿潤な地域が，それぞれ分布している。

長江および黄河の流域では，ともに過去に多くの水害が発生している。長江流域では，四川盆地よりも下流側に広がる平野に水害が集中する傾向が見られる。三峡ダム建設の目的の1つは，こうした平野部における水害を防ぐことであった。一方，黄河では上流から中流域にかけての乾燥地域に黄土高原が広がっているため，大量の黄土が河川に流入して土砂量が多くなる。黄河流域で発生する水害の原因の1つは，河床に大量の土砂が堆積するために豪雨によって氾濫が起きやすいことであるが，このほかに，冬季に河川水が凍結して形成された浮氷が解ける時期に起こる洪水もある（黄河水利委員会編，1989）。

長江および黄河流域では，ともに治水・利水を目的としたダムが建設されてきた。しかしながら，黄河流域では，上流側で灌漑用水の需要が拡大したことや（図12.6），上流側の乾燥地域で植林が進んで土地の保水能力が増加したことなどから，下流側に流出する水の量が減少して“断流”が起こるケースも見られる。このような状況を解決するために，長江流域から黄河流域に水を供給するための水路建設（「南水北調」計画）が進められている。

図12.6 黄河上流域 三盛公堰（内モンゴル自治区）の黄河本流(右)と灌漑用水路(左)の分岐点
（2004年9月撮影）

12.2.3　ネパールの水害・土砂災害

東南アジアおよび南アジア地域では，モンスーンが活発になる夏季に水害が発生する場合が多い。ここでは，南アジアに属するネパールを取り上げて，水害および土砂災害の原因と実態を解説する。

ネパールは東西約800 km，南北約200 kmの細長い国土をもつが，北部のヒマラヤ山脈から南部のタライ平原までの標高差は8,000 mにも及び，南北方向の地形勾配がきわめて大きいのが特徴である。また，この地域はインド・オーストラリアプレートとユーラシアプレートの**衝突境界**に位置していることから（8.1.2項参照），地質構造および水系は複雑である。

ネパールの水害・土砂災害の多くは，雨季にあたる6月から9月の期間に山地・丘陵から平野に移行する傾斜の変換点付近で発生している。これは，雨季に降雨が集中することで**侵食速度**の速い河川によって大量の土砂が運搬され，それらが平野部で堆積するためである（図12.7～12.11）。

さらにこの国では，雨季の水害・土砂災害とは別に，**氷河湖決壊洪水**（GLOF：Glacier Lake Outburst Flood）と呼ばれる氷河湖起源の洪水が大きな問題になっている。これは，後退傾向にあるヒマラヤの氷河において融氷水の増加によって氷河末端の氷河湖が拡大し，氷河湖の水が末端モレーンを決壊させて洪水を起こすというものである（氷河地形については2.2.2項参照）。氷河後退の原因の1つとして，**地球温暖化**が考えられる（5.1.2項参照）。

以上のように，ネパールでは，もともと水害や土砂災害が発生しやすい自然地理的条件に加えて，近年の地球環境変化によって災害の危険度が増している。一方で，**防災対策**が十分でないことも災害の規模を大きくする一因になっている。その背景には不安定な政治情勢のほか，発展途上国が共通に抱える経済的および技術的な問題がある。

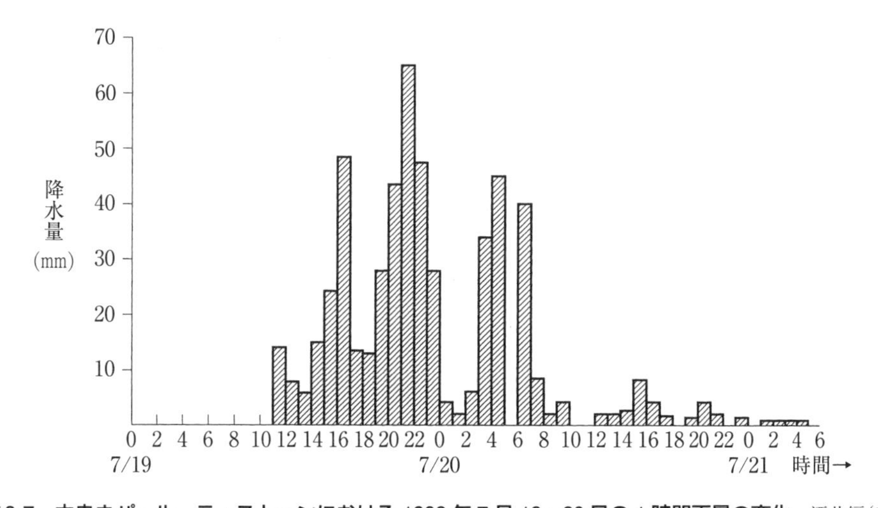

図12.7　中央ネパール，ティストゥンにおける1993年7月19～20日の1時間雨量の変化　酒井編（1997）

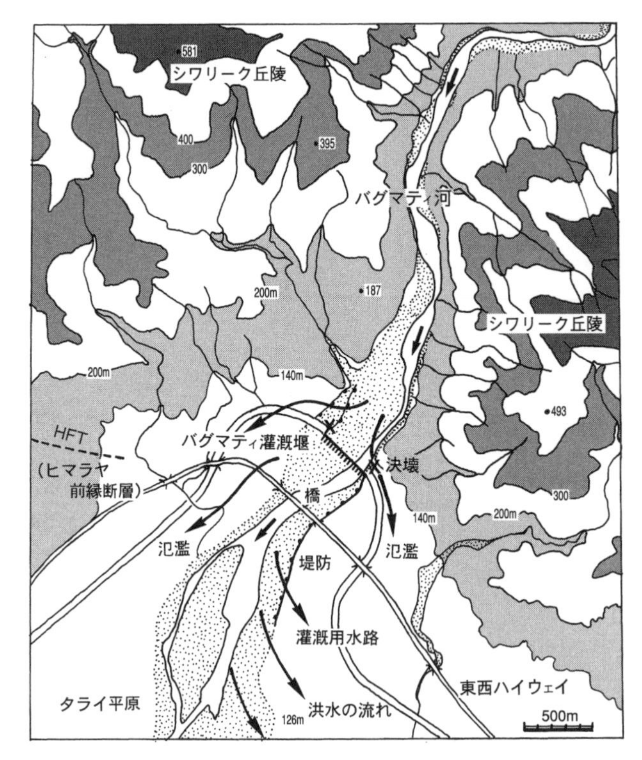

図 12.8 ネパール バグマティ河灌漑堰の決壊場所 酒井編(1997)
1993 年 7 月の大雨で丘陵から平野に移行する付近に建設された堰が決壊して洪水が発生し, 死者・行方不明者 798 人の大災害となった。

図 12.9 1993 年の洪水で河川周辺に土砂が流出した場所 (2000 年 3 月撮影)
白く見えているのは流出して堆積した土砂。3 月は乾季のため河道に水はほとんど流れていない。

図 12.10　斜面崩壊による土砂流出（2000 年 3 月撮影）

図 12.11　土砂によって埋積された河床（2000 年 3 月撮影）

12.3　水害対策の歴史

【目的】過去の治水の歴史から，多様な水害対策について理解する。

【キーワード】利根川の東遷，大河津分水，信玄堤，水害ハザードマップ

12.3.1　治水の方法

治水には複数の方法があり，地域の特性を考慮したうえで最も適した方法の組み合わせが選択される（図12.12）。

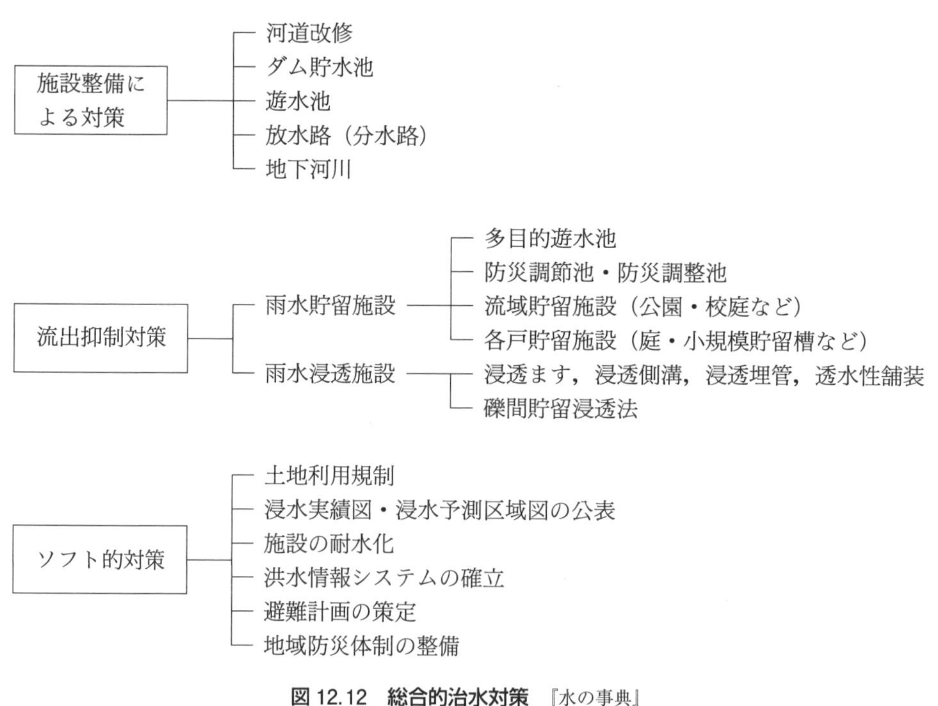

図12.12　総合的治水対策『水の事典』

12.3.2　利根川流域の水害と東遷工事

利根川は，新潟・群馬の県境にあたる三国山脈を源流とし，赤城山・草津白根山・浅間山・榛名山といった北関東の火山地帯を流下して，群馬県前橋付近からは**関東平野**をほぼ東に向かって流れる。利根川が運搬した土砂は，広大な関東平野をつくりあげてきた堆積物でもある。現在の利根川は日本で最も流域面積の大きい河川であるが（表12.5），近世初頭までは，その河口が現在の江戸川の下流部にあたり，東京湾に注ぐ河川であったことがわかっている。一方，現在の利根川下流部は，もともとは常陸（ひたち）川と呼ばれる河川であり，鬼怒川・小貝川と合流して銚子で太平洋に注いでいた。すなわち，現在の鬼怒川・小貝川流域は，本来の利根川（流域面積は9,530 km^2）とは別の流域であった（図12.13）。

現在の利根川下流の流路は人間によって改変されたものであり，これを**利根川の東遷**と呼んでいる。利根川の流路に最初に人間の手が加わったのは，徳川家康が江戸に入府した直後の16世紀末頃とされる。江戸時代の東遷工事の目的は，治水よりもむしろ新田開発や舟運体系の整備などの**利水**にあったと考えられている（大熊，2007）。初期の工事は，利根川下流域を流れる河川同士を運河で結ぶというものであったが，17世紀前半になると，利根川と常陸川をつなぐための水路が掘削されて，利根川の水の一部が銚子で太平洋に注ぐようになった。明治時代の後半になると，1896年の**河川法**制定に伴い，利根川をはじめとする**治水**目的の河川工事が明治政府の手によって行われた。

利根川流域では，江戸時代の後期以降になって水害の発生頻度が増加する傾向が見られる。その原因の1つに，1783年の**浅間山の天明噴火**があげられる（11.2.2項参照）。表12.6を見ると，浅間山の噴火を境にして，それ以降利根川流域の水害が増加していることがわかる。これは，浅間山の噴火で発生した**火砕流**起源の土砂が利根川支流の吾妻川に流入して**火山泥流**を発生させ，それが利根川本流にも流入したことで，利根川の河床が上昇して水害や土砂災害の頻度が高まった

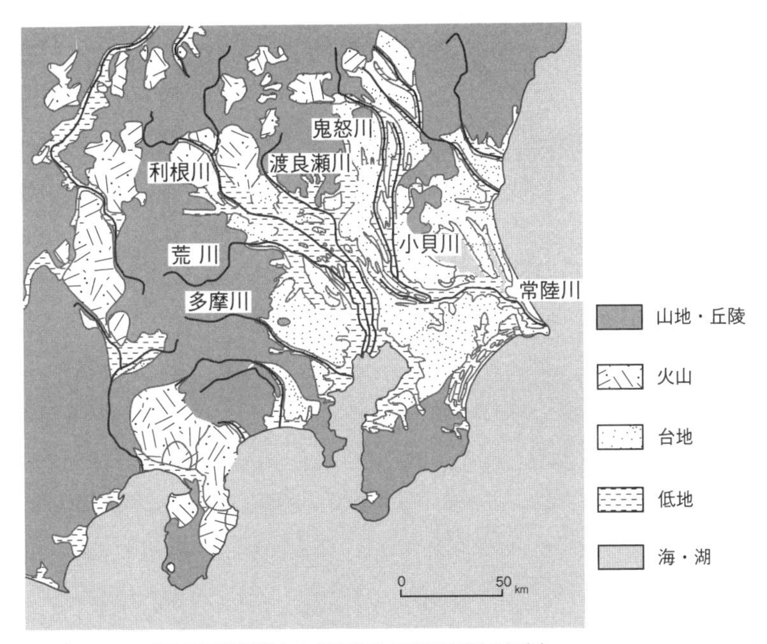

図12.13 江戸時代初期（16世紀頃）の関東平野の河川
中村ほか（1994）に基づいて作成

表12.6 利根川流域の水害頻度

	浅間山噴火以前	浅間山噴火以後
水害発生件数	26回（160年間）	70回（167年間）
上・下利根川ともに水害発生	5回	19回
上利根川のみ水害発生	8回	37回
下利根川のみ水害発生	13回	14回

大熊（2007）

ためと推定される（表11.4参照）（阪口ほか，1995）。

こうした水害を減らすために江戸時代にも治水工事が行われたが，当時の土木技術では十分な効果はあがらなかった。これに対して，明治時代になると，大規模な河床の浚渫（しゅんせつ）が行われるようになり，堤防工事も実施されたために，治水対策の成果が現れるようになった。しかし，その後も1947年のカスリーン台風による大洪水が発生するなど，利根川流域の水害がなくなったわけではない（表12.1）。特に，利根川中・下流域を占める関東平野の中央部は，浸水被害が多く発生する地域である。その理由として，関東平野が**造盆地運動**によって形成されてきた堆積平野であることがあげられる。これによって，周囲よりも中央部の海抜高度が低く浸水しやすい地形が形成された（12.1.3項参照）。また，このようにして形成された関東平野中央部では，軟弱層が周囲よりも厚く堆積しているために，地下水の大量採取に伴う地盤沈下の影響を受けやすく，さらなる土地の低下を招くこととなった（13.1.1項参照）。

12.3.3 信濃川下流域の水害と放水路建設

日本で最も流長が長い**信濃川**（表12.5）においても，明治時代末から大規模な治水工事が行われた。関東山地を源流とする千曲川と，北アルプスから流れ出す犀川は長野盆地で合流し，ここより下流では信濃川と呼ばれて新潟市で日本海に注ぐ。下流域には，信濃川が上流域から運搬してきた土砂によって形成された**新潟平野**（越後平野）が広がる。新潟平野は現在，日本を代表する米所の1つであるが，かつてはしばしば洪水に見舞われる排水不良の低湿地帯が分布していた。新潟平野の地形を見ると，海岸部の砂州地形（砂丘）と内陸の丘陵にはさまれた凹地帯であることがわかる（図12.14）。こうした地形の特徴には，新潟平野が関東平野と同様に**造盆地運動**によって形成されたことも関与している。

江戸時代には，新潟平野の水害を軽減する目的で，低湿地帯から日本海への排水のために複数の**放水路**が開削された。その後，1909年には，信濃川の河口から50kmほど上流の大河津（長岡市）を起点にして，日本海に注ぐ全長約10kmの放水路（**大河津分水**または**新信濃川**）の掘削工事が始まり，1922年に通水した（12章の扉の写真，図12.14，12.15）。これによって，信濃川の水は新潟平野の南部で本流と放水路に分割されたために，新潟平野の水害は減少し，水稲の収穫高が増加した（阪口ほか，1995）。また，阿賀野川についても，江戸時代に信濃川と結ぶ舟運のために掘削された小阿賀野川に，新潟平野の水害を軽減する目的で1915～1931年に水門工事が実施された（図12.15）。

大河津分水の建設は新潟平野の治水に大きな効果があった一方で，海岸部に著しい変化をもたらすこととなった。それは，新たに放水路が建設されたために，河川水だけでなく河川が運搬する土砂も，本流と放水路に分割されて起こったものである。すなわち，土砂が分割されたことで，信濃川本流の河口にあたる新潟海岸では河川による土砂供給量が減少し，**海岸侵食**が起こった。ここでの海岸線の後退速度は，最大で1年間に約5mにも達した。これに対して，大河津分水（新信濃川）の河口である寺泊海岸では，土砂供給量が増加したことによって約60年間に最大で600mも海岸線が前進した（13.2.2項参照）（小池・太田編，1996）。このように，河川に人の手が加わることは，水や土砂の流れのバランスを変化させる原因になりうる。

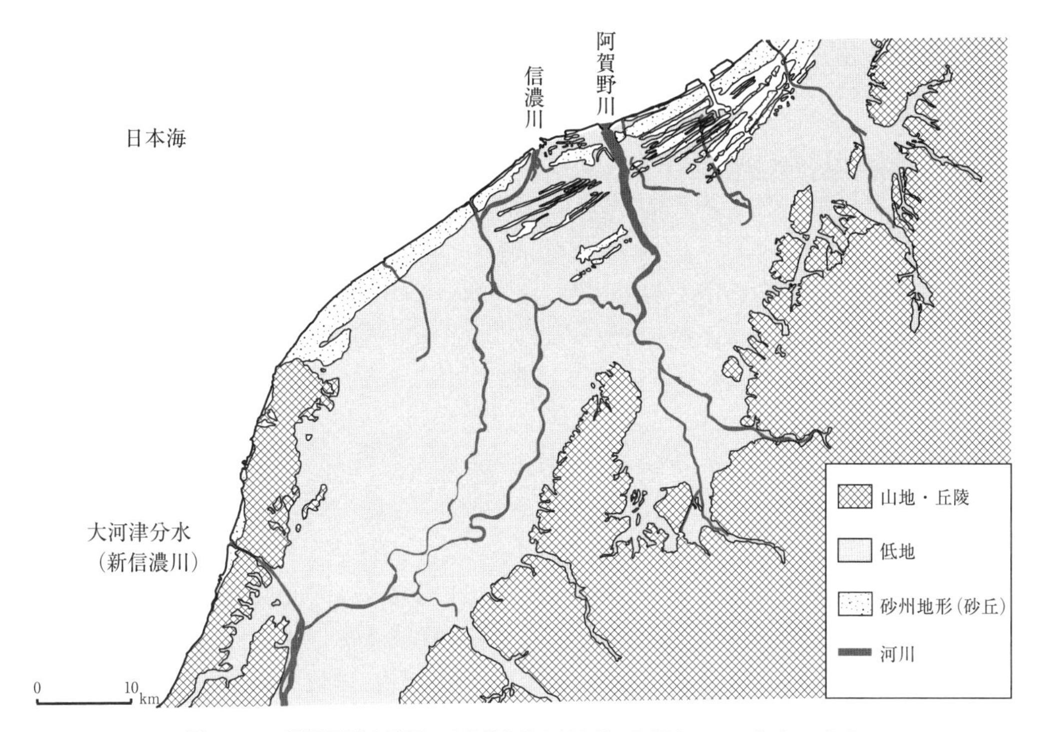

図 12.14　新潟平野の地形　産業技術総合研究所，地質図 Navi に基づいて作成

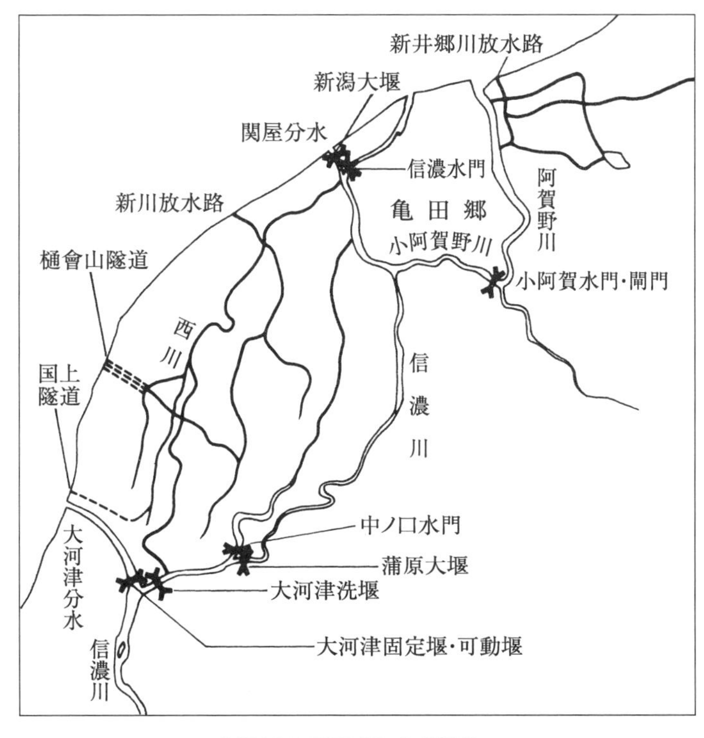

図 12.15　信濃川と阿賀野川の河川改修　大熊(2007)

12.3.4 武田信玄による甲府盆地の治水

人間は，災害を軽減する目的で，あるいは自分たちの生活がより便利になるようにと，河川に手を加えてきた。歴史的に見て，日本では戦国武将による河川改修の例がよく知られている。特に，16世紀中頃に**武田信玄**が**甲府盆地**の治水のために行った堤防建設や，16世紀末から17世紀前半にかけて**伊達政宗**が水上交通網整備のために行った北上川の流路変更などが有名である。その後，河川への人間の働きかけはいっそう増大していくことになる。

甲府盆地において武田信玄が行った治水工事は，「甲州流河除法」と呼ばれ，日本における河川工学の祖として位置づけられている（国土交通省甲府河川国道事務所HPなど）。**フォッサ・マグナ**（図8.3）に位置する甲府盆地には，北西の南アルプス，甲斐駒ヶ岳を源流とする**釜無川**と，北東の関東山地，甲武信ヶ岳を起源とする**笛吹川**が流れる。これらの河川は盆地の南部で合流してから**富士川**と呼ばれて南下し駿河湾に至る。甲府の中心部は，釜無川と笛吹川の2つの河川にはさまれた範囲にあるため，昔から洪水氾濫の被害を頻繁に受けてきた。

武田信玄は，複数の方法を組み合わせて治水工事を行った（図12.16，12.17）。その代表的なものは，釜無川支流の**御勅使川**（みだい）の**流路変更**，釜無川・笛吹川に沿って築いた堤防（**霞堤**（かすみてい））および**水害防備林**などである。釜無川は，しばしば氾濫して甲府の中心部がある左岸側（東側）の地域

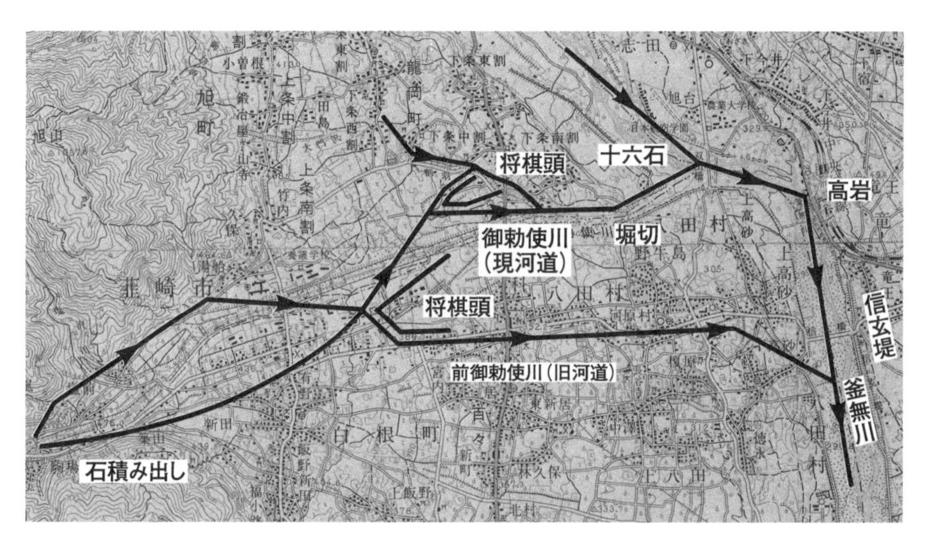

図12.16 御勅使川における治水工事（建設省甲府工事事務所パンフレット）

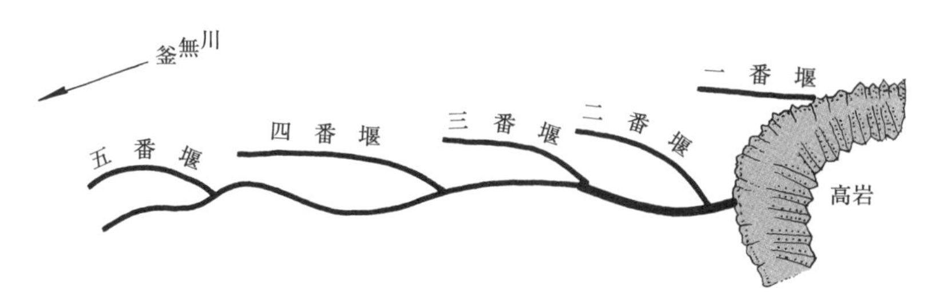

図12.17 寛政7年当時の信玄堤の概略図（建設省甲府工事事務所パンフレット）

に被害を及ぼしてきた。なかでも，西方から釜無川に合流する御勅使川は，急勾配で大量の土砂を運搬する河川であり，釜無川との合流点付近で氾濫する場合が多かった。信玄が行った釜無川と御勅使川の治水は，次のようにまとめることができる（阪口ほか，1995；大山・大矢，2004など）。

① **将棋頭**と呼ばれる石積みの構造物によって御勅使川の流れを北側と南側の2つに分けて，川の勢いを減じた（図12.16）。

② 台地を掘削して，将棋頭による分流でできた北側の新たな水路（現在の御勅使川）を釜無川に合流させた。また合流点を，その東側の延長上に盆地北側から張り出す竜王台地（“高岩”）が位置するように定めた。これによって，合流点で氾濫が起こっても，水流は高岩にぶつかって水勢が弱められるため，被害を軽減することができる（図12.16）。

③ 釜無川の左岸側に，川の水勢を弱めるために不連続的で一部が重なるような堤防（**霞堤**）を築いた。不連続な堤防の間の部分は，遊水池（遊水地とも書く）の役割を果たす。この霞堤は**信玄堤**と呼ばれ，現在でも釜無川の治水の機能を果たしている（図12.16～12.18）。

図 12.18 釜無川と信玄堤（2006年4月撮影）

12.3.5 水害ハザードマップ

洪水や**高潮**による被害を受けやすい地域においては，さまざまな種類のハザードマップが作成されている。日本における**水害ハザードマップ**の先駆けは，大矢（1956）による「木曽川流域濃尾平野水害地形分類図」である（図12.19）。この地図は，水害の常襲地域であった**濃尾平野**において，過去に洪水・高潮被害を受けた場所の地形条件の特徴に基づき，地形分類図の地形要素ごとに水害の危険度を示したものである（平野の地形要素については14.2.1項参照）。ここでは，凹地である**後背湿地**や**旧河道（旧流路）**が最も浸水被害を受けやすいことが明示されている。この地

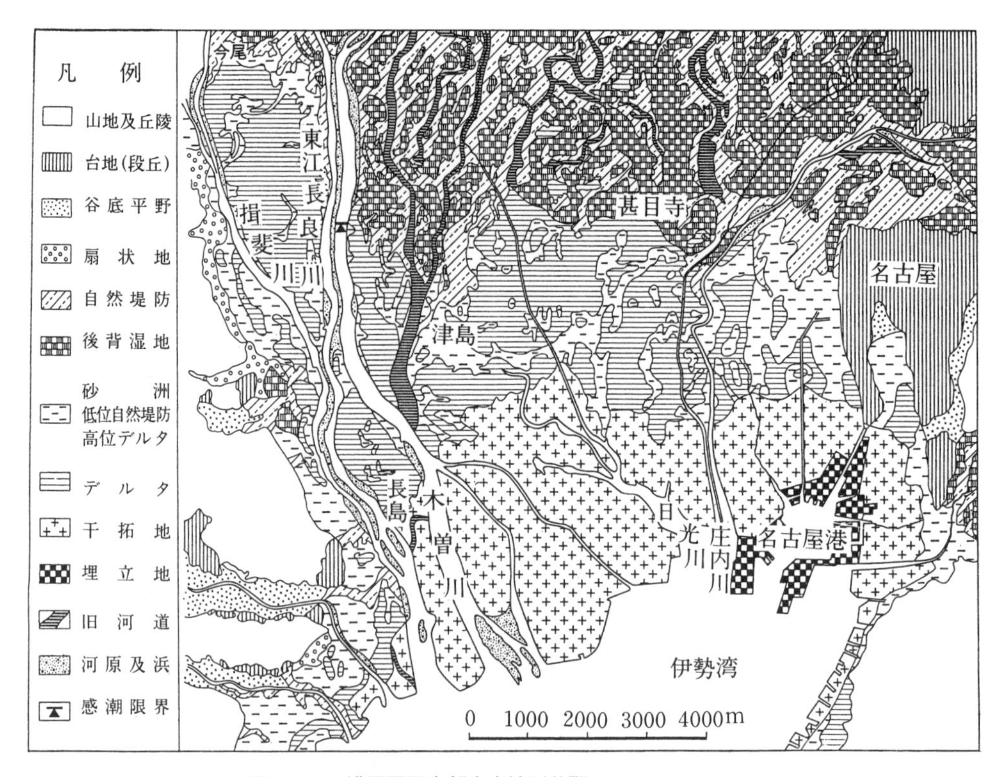

図 12.19 濃尾平野南部水害地形分類図 大矢ほか(1996)

図の有用性は，1959年の**伊勢湾台風**で大きな被害を受けた地域が後背湿地や旧河道に集中していたことで認識された。その後，同様の水害地形分類図が，主要な河川の流域で作成されていった。また，国土地理院が作成している**土地条件図**も地形分類を主体としたものであるため，ハザードマップとして利用することができる。

このような地形分類を基本にしたハザードマップは，あくまでも定性的なものであることから，これだけでは実際の浸水がどのように拡大していくかなどの定量的な情報は得られない。そこで，2001年の**水防法**の改正に伴い，国および都道府県によって洪水予報，浸水想定を示したハザードマップの作成が進められるようになった。その中で，浸水想定区域や避難情報を示した**洪水ハザードマップ**や，氾濫状況の予測や避難場所の適否を示した**動的ハザードマップ**なども公開されている。一方，高潮被害に関しては，2004年に国土交通省が「**津波・高潮ハザードマップ**マニュアル」を作成し，これに基づいて各自治体が沿岸域における津波・高潮被害を想定したハザードマップづくりを進めている。ただし，ハザードマップの整備状況は自治体によってまちまちであり，作成されていたとしても，それをどのように住民に周知し，有効に活用していくかが次の課題である。さらに，東日本大震災で地盤が変形した地域があること，さまざまな自然災害における被害の実態の中に，今まで認識されていなかったものが含まれていることなどから，すでに完成している各種ハザードマップについても再検討が必要になっている。

13章

人為的要因による災害

沼津海岸の砂礫浜と防潮堤（2011年11月撮影）

駿河湾奥の沼津・富士海岸は主に富士川起源の砂礫で構成されているが，1960年代頃から海岸侵食が顕著になったため，海岸侵食対策の1つとして砂礫を運び入れる養浜が実施されている。

13.1　地盤の沈下現象

【目的】地盤沈下の原因と実態を理解する。

【キーワード】地下水，帯水層，不透水層，抜け上がり，荷重，不等沈下

13.1.1　地下水採取による地盤沈下

地下水の大量採取が原因となって発生する**地盤沈下**（land subsidence）は，環境基本法における**七大公害**の1つに位置づけられている（七大公害には，地盤沈下のほかに，大気汚染，水質汚濁，土壌汚染，騒音，振動，悪臭がある）。地下水位は，雨水などの浸透による供給と，揚水による消費とのバランスによって決まり，揚水量が増加することで低下した地下水位は，揚水量を減らせば再び上昇する。これに対して，地盤沈下が発生している場所の地盤高は，地下水採取を停止したとしても完全に回復することはない。地下水の用途は多様で（図13.1），飲料水，農業用水，工業用水，消雪水などに利用されるほかに，水溶性天然ガスの採取の際にもくみあげられている。地下水採取による地盤沈下のメカニズムは，図13.2のようにまとめることができる。

日本においては，大正時代から昭和初期にかけて地盤沈下現象が顕在化した。その背景には，井戸の掘削技術の進歩と，経済発展に伴う水需要の増加があった。太平洋戦争前後には，地下水採取量が減少したために地盤沈下も一時的に沈静化したが，戦後の復興期に地下水使用量が急増するのに伴って地盤沈下も加速していった（図13.3）。これによって，**軟弱粘土層**が厚く堆積している**関東平野**や**大阪平野**などでは，地盤地下による構造物の**抜け上がり**（図13.4）や，洪水・高潮被害の危険性増大などの問題が生じてきた。その後，地盤沈下の影響は，濃尾平野や新潟平野をはじめ，多くの平野に現れた（図13.3，13.5）。

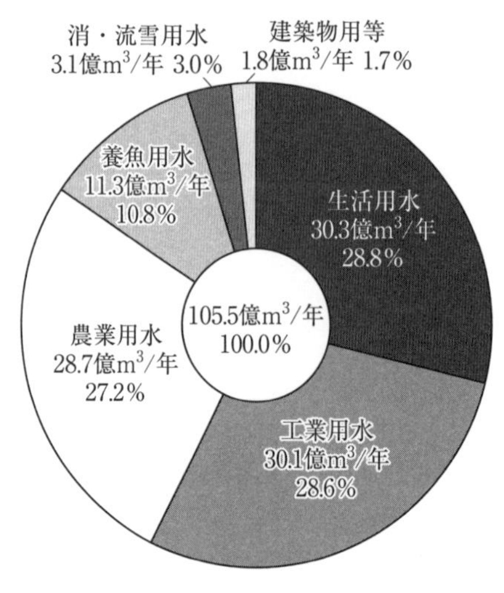

図13.1　日本における地下水の用途　国土交通省（2019）『平成30年版 日本の水資源の現況』

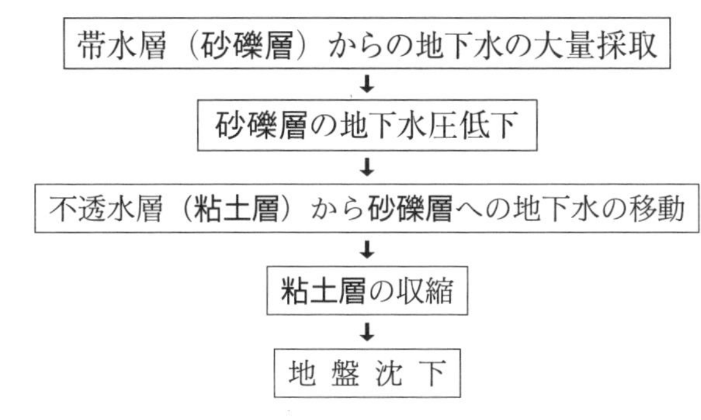

図 13.2 地盤沈下の主要な発生過程

礫とは砂より大きい直径が 2mm 以上の粒子。

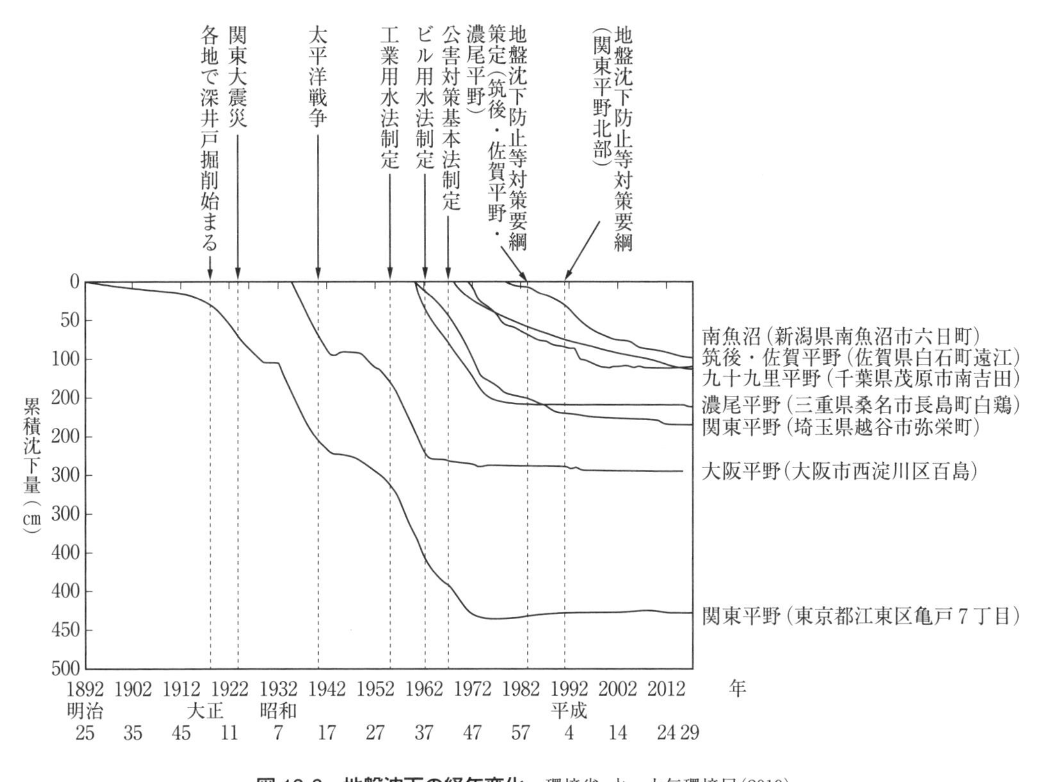

図 13.3 地盤沈下の経年変化 環境省 水・大気環境局(2019)

地下水採取量，地下水位，地盤沈下量の3者の間には，明瞭な因果関係が認められることから，地盤沈下対策として地下水の**揚水規制**が実施された（1956年の「工業用水法」，1962年の「ビル用水法」など)。さらに，各自治体でも地下水利用に関する条例を設けたことで，近年では全体として地盤沈下は沈静化する傾向にある（図13.3)。ただし，1970年代以降，豪雪地帯において地下水が**消雪水**として利用されるようになると，新潟県南魚沼のように地盤沈下が顕著になっていった地域もある（図13.3)。

図13.6の関東平野北部における地盤沈下面積変化を見ると，2011年に一時的に沈下面積が拡

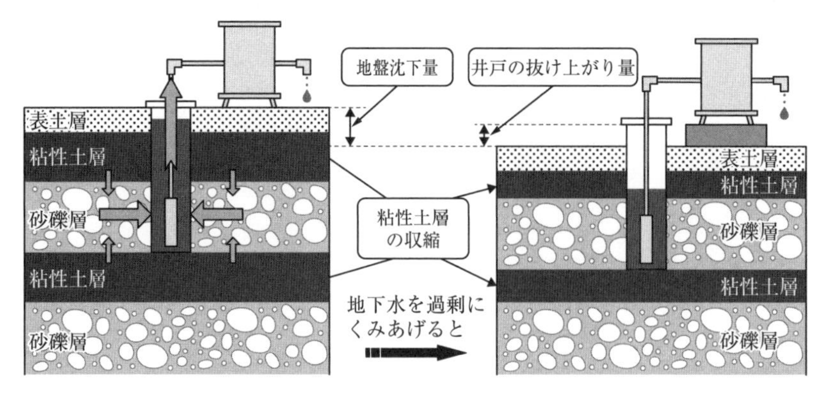

図 13.4 地盤沈下による抜け上がり現象 環境省 水・大気環境局(2019)を改変

図 13.5 平成 29 年度の全国の地盤沈下状況 環境省 水・大気環境局(2019)を改変

大している。一方，同じ時期に地下水揚水量には変化が見られないことから，この地盤の低下は東北地方太平洋沖地震(8.2.5項参照)による地殻変動の影響と推定される。

埼玉県では，1960年代から1970年代にかけて南部および北東部の低地を中心に地盤沈下が進んだため，それ以降，地下水の採取規制など県独自の対策が実施されてきた。2002年からは，

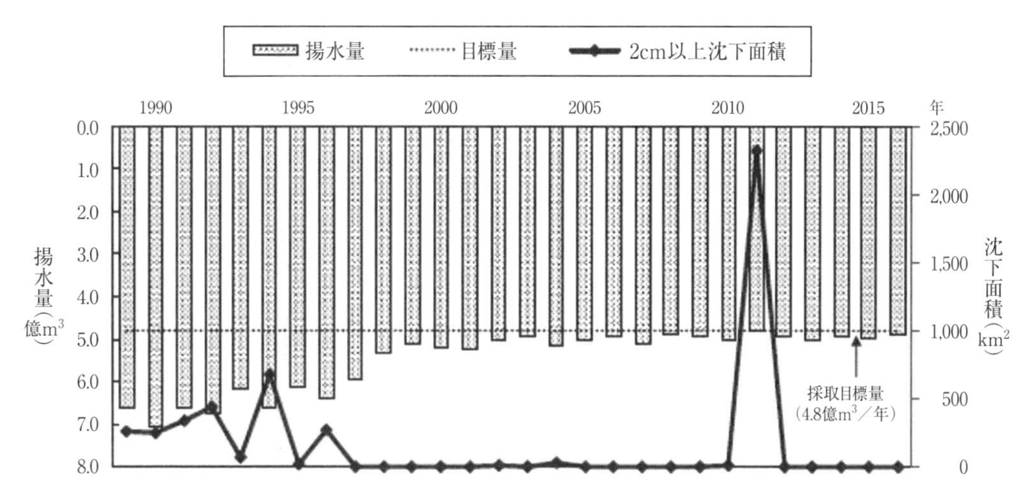

図 13.6　関東平野北部（茨城県，栃木県，群馬県，埼玉県，千葉県）における地下水揚水量および地盤沈下面積の推移　環境省 水・大気環境局（2019）を改変

地盤沈下対策を含む県の生活環境保全条例が施行された。具体的には，県内4ヶ所に設置した地下水位観測所の観測記録をリアルタイムで監視し，地盤沈下を起こす可能性がある著しい地下水位低下が生じた場合には，「注意報」あるいは「警報」を発令して県民に情報提供を行うとともに，地下水利用者に対しては地下水採取の抑制を要請する体制を整えている。

このように，地下水の採取規制が行われるようになったことで，地下水位の回復傾向が顕著になった地域では，改めて地下水の有効かつ適正な利用が検討されている。一方で，地下水位が回復し地盤沈下が治まっても，一度沈下した地盤のもとの高さへの回復は望めないことから，地盤沈下の影響を受けてきた地域では，水害など防災面での注意が引き続き必要になる。

13.1.2　構造物および埋立て土砂の荷重による地盤沈下

地下水の大量採取による地盤沈下とは別に，**軟弱粘土層**が厚く堆積している地域や**埋立て地**などでは，構造物や埋立て土砂の**荷重**によって地盤の沈下が起こる場合がある。これは，沿岸の低地や埋立て地において構造物や埋立て土砂の重さで，その下の軟弱粘土層に含まれる地下水が急速に排出されて地盤が収縮するためである。このような地盤沈下の例として，イタリアの**ベネチア**や，**ピサの斜塔**（図13.7）がある。

日本においても，関西空港や羽田空港などで地盤の沈下現象が報告されている。また荷重が均等でない場合には，場所によって地盤の沈下量が異なることから，地表面が傾いたり，凹凸が生じる**不等沈下**現象が起こる。

以上のような地盤の沈下現象を解決するために，埋立て地造成の際に，地下水の排出を促進し地盤を早く安定させるサンドドレーン工法や，構造物建設後にも地盤沈下に対応できるように建物の壁面を上下方向の可動式にする方法などが実施されている。

Column

ピサの斜塔はなぜ傾いているか？（図13.7）

ガリレオ・ガリレイが「落体の実験」を行ったとされるピサの斜塔は，高さ約55m，直径16m，重さ14.5tの円筒状の大理石製鐘塔である。塔の建設は1173年に始まったが，まもなく工事は中断された。工事が再開されたのは1272年であり，6年ほどで鐘楼を除いた部分が完成した。しかし，この時点で塔の軸がすでに曲がり始めていたといわれている。その後，工事は再び中断し，鐘楼部分が完成したのは1350年のことであった。

塔が傾いた原因には，構造的な問題があった可能性もあるが，主要な原因は地盤の沈下であると考えられている。ピサはアルノ川下流の低地に位置し，塔の地下には厚さ約30mの軟弱粘土層が堆積している。この粘土層の上には，地表まで砂と粘土の互層が約7mの厚さで堆積している。この2つの層の境界部，すなわち下位の粘土層の上面には粘土層の収縮のためにできたと考えられる凹みがあることから，塔の荷重による地盤の沈下が起こっているものと推定される。

塔の傾きが徐々に大きくなっていったため，1990年から2001年にかけて土台部分の大規模な補強工事が行われた。

図13.7　ピサの斜塔（2002年9月撮影）

13.2　海岸侵食

【目的】海岸侵食の原因および実態を理解する。

【キーワード】砂浜海岸，堆砂，波浪，沿岸流，漂砂，突堤，離岸堤，養浜

13.2.1　海岸侵食の原因と過程

海岸侵食（coastal erosion）とは，海岸線が内陸側に後退する現象を指すが，その原因や過程は対象地域および対象期間によって異なる。海岸侵食は，岩石海岸においては海食崖などの後退として現れるのに対して，**砂浜海岸**においては砂浜の消失として現れる。人間活動に関わる災害としての海岸侵食は，砂浜海岸のものが主体であることから，ここでは砂浜海岸を対象にした海岸侵食について解説する。

砂浜海岸の海岸侵食に関わる要因は表13.1のようにまとめることができるが，これらのうちで人間活動と直接関わっているのは，中・長期的な時間スケール（数年以上）を対象にしたものである。

砂浜海岸における海岸線の位置は，平均海面の高さが一定ならば，ある期間において海岸に供給される土砂量（**土砂供給量**）と海岸から流出する土砂量（**土砂流出量**）のバランスによって決定される。すなわち，土砂供給量＞土砂流出量ならば海岸線は沖合側に前進し，土砂供給量＜土砂流出量ならば海岸線は内陸側に後退して海岸侵食が起こる。土砂の供給源の大半は周辺に分布する海食崖や河川であることから，河川流域の環境変化が海岸線の位置に影響を及ぼす可能性が考えられる。

表13.1　海岸侵食に関わる諸要因

短期的要因	波浪の季節変化 ［例：太平洋側の夏～秋季の台風，日本海側の冬季の季節風］
中・長期的要因	海岸への土砂供給量変化 ［例：ダム建設や放水路建設による土砂供給量の減少，海岸施設の建設に伴う沿岸漂砂運搬系の変化］ 沿岸部の地盤沈下に伴う相対的な海面上昇 地球温暖化に伴う海面上昇

13.2.2　海岸侵食の実態

・新潟海岸の例

信濃川河口周辺の**新潟海岸**は，日本の中で海岸侵食が顕著な地域の1つである。これに対して，信濃川の放水路である**大河津分水（新信濃川）**の河口に位置する**寺泊海岸**では，海岸線の前進傾向が続いていた（図13.8～13.11）。こうした対照的な海岸線変化は，大河津分水の建設に伴い，信濃川本流の河口周辺の新潟海岸への土砂供給量が減少する一方で，大河津分水（新信濃川）河

口付近の寺泊海岸への土砂供給量が増加したためであると考えられる（12.3.3項参照）。また1950年代以降，新潟平野において水溶性天然ガス採取の際の地下水くみあげに伴って生じた**地盤沈下**（13.1.1項参照）も，新潟海岸の海岸侵食を進行させる原因となった。

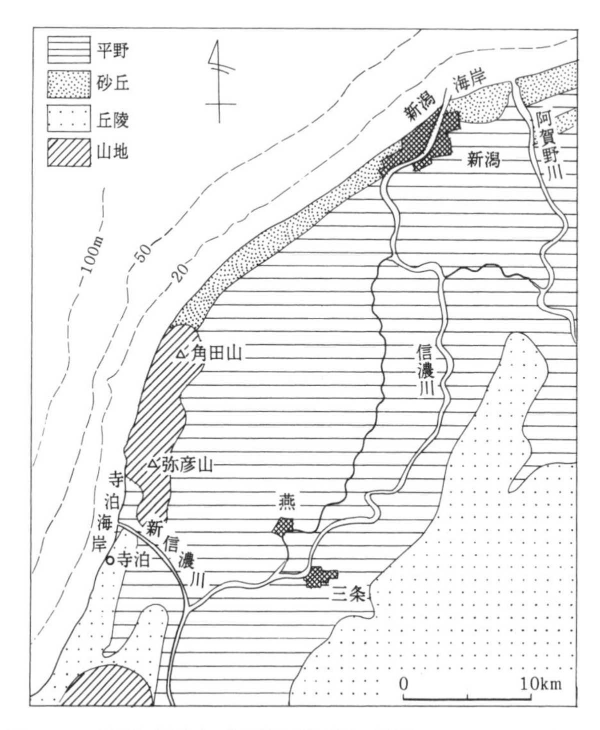

図 13.8 新潟海岸および寺泊海岸周辺の地形 小池・太田編（1996）

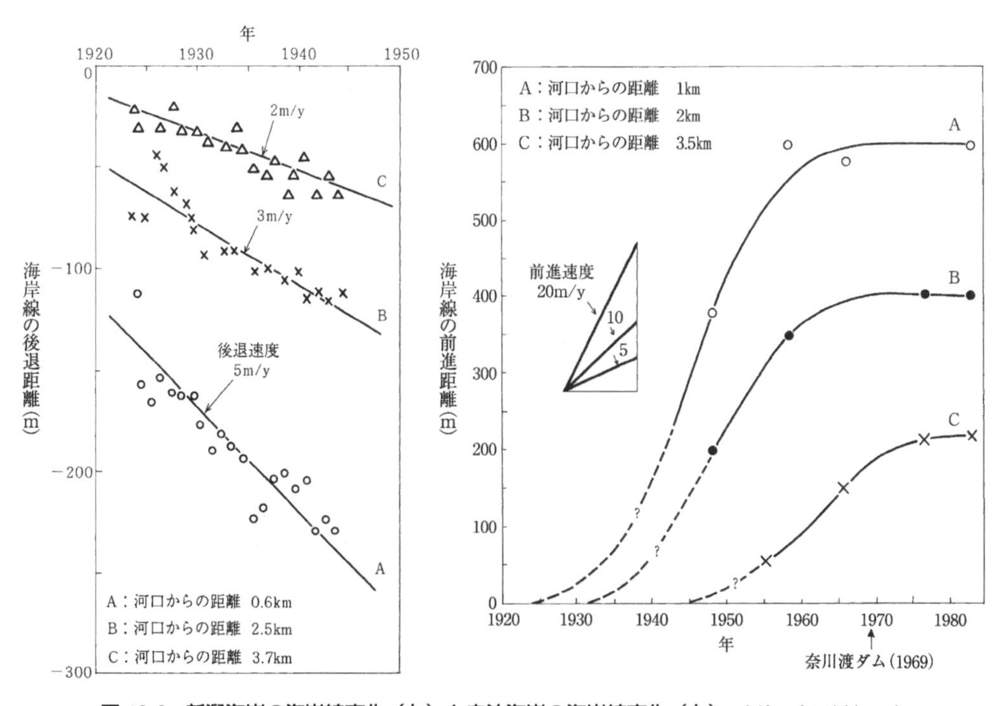

図 13.9 新潟海岸の海岸線変化（左）と寺泊海岸の海岸線変化（右） 小池・太田編（1996）

図 13.10 現在の新潟海岸（2009 年 3 月撮影）
海岸侵食の進行を防ぐための護岸工事が行われている。

図 13.11 現在の寺泊海岸（2009 年 3 月撮影）
大河津分水（新信濃川）の完成後に拡大した砂浜海岸。正面の山は弥彦山。

・ナイル川河口三角州の例

世界有数の**河口三角州（デルタ）**が形成されているナイル川では，20世紀に入ってから海岸侵食が顕著になった。その原因は，ナイル川上流に建設された**アスワンダム**および**アスワンハイダム**によって下流側への土砂供給量が減少したことにあると推定されている（図13.12）。

「エジプトはナイルの賜物」という言葉は，ナイル川の氾濫の繰り返しによって堆積した土砂が，流域に肥沃な土地を提供してきたという意味をもつが，土砂供給量が減少した現在，ナイル川河

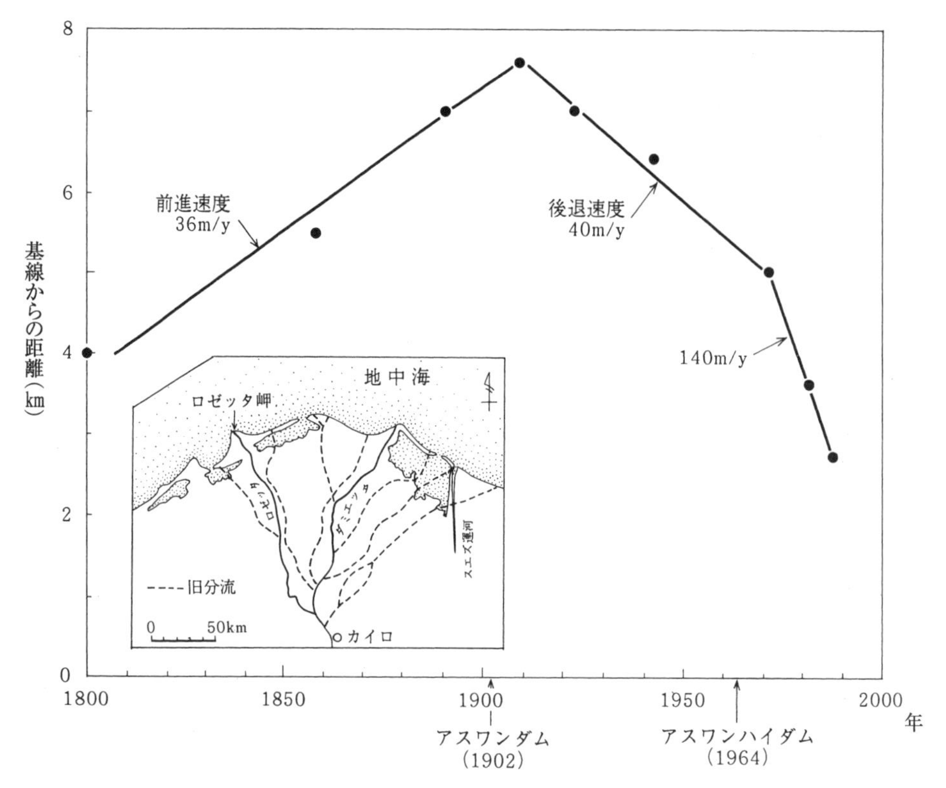

図 13.12 ナイル川河口三角州のロゼッタ岬先端における海岸線変化 小池・太田編(1996)

口三角州では海岸侵食ばかりでなく土地の**塩類化**の問題も生じている。

日本においても，河川流域に建設されたダムの底に土砂が堆積する**堆砂**が起こり，下流側への土砂供給量が減少する傾向が認められる。その結果として，河口周辺の砂浜海岸では海岸侵食が進行している。また，ダム堆砂はダムの貯水容量を減少させることから，ダムの上流側における洪水発生の原因にもなりうる。このように，ダム堆砂の問題は河川流域全体に関わるものとなっている。

・海岸部の人工構造物による海岸侵食の例

砂浜海岸は，**波浪**や**沿岸流**が運搬する土砂の堆積によって形成される。沿岸流によって海岸線に平行する方向に運ばれる土砂を**漂砂**と呼ぶ。海岸に人工的な構造物があると，漂砂の運搬・堆積のバランスが崩れる。特に，海岸線に直交する方向に建設された**防波堤**や**突堤**などの周辺では，漂砂が運ばれてくる上手側で堆積が進む一方，下手側では漂砂の運搬量が減少するために局部的な海岸侵食が起こる。このように，人工構造物の存在によって，本来平滑であった海岸線の形態が変化することになる（図13.13）。

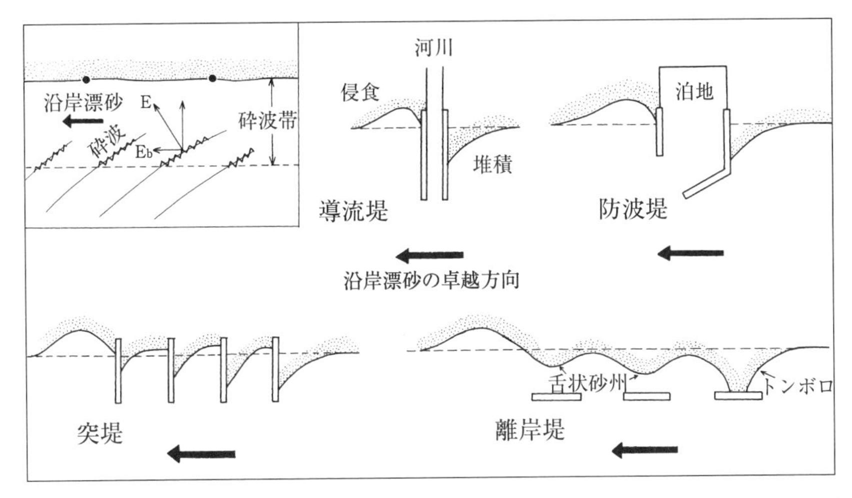

図 13.13 海岸部の人工構造物による漂砂の運搬・堆積バランスの変化 小池・太田編（1996）

13.2.3 海岸侵食対策

海岸侵食には複数の要因が関わっているが（13.2.1項参照），多くの場合，13.2.2項で述べたような海岸部への土砂供給量の減少が原因と考えられる。そこで，こうした原因による海岸侵食の状況を改善するために，**離岸堤**と呼ばれる海岸線に平行した構造物を沖合につくり，そこに漂砂を堆積させる方法（図13.13）や，人工的に海岸に土砂を運び入れる**養浜工法**などが行われている。養浜工法の具体例として，構造物の上手側に堆積した漂砂起源の土砂を採取して下手側に運ぶ**サンドバイパス工法**や，下手側に過剰に堆積した土砂を採取して上手側に戻す**サンドリサイクル工法**などが実施されている。

以下に，駿河湾沿岸の沼津・富士海岸と三保海岸，日本海側の天橋立における海岸侵食の実態と対策を取り上げる。

・沼津・富士海岸の例

駿河湾奥に面する**沼津・富士海岸**は，狩野川河口と富士川河口の間の長さ約20kmにわたる砂礫（れき）の浜である（礫とは，砂より大きい直径2mm以上の粒子を指す）。砂礫の多くは富士川から供給され，西から東に向かう沿岸流によって運ばれてきたものである。現在の海岸部には砂州地形が発達し（砂州地形については，14.2.1項参照），その背後には低湿地の**浮島ヶ原低地**が広がる（図3.11，14.20）。

太平洋に広く開いた形状をもつ駿河湾の沿岸では，湾奥部にも太平洋からの波浪の影響が直接及び，台風などによる高波の被害をしばしば受けてきた。さらに，海岸に供給される河川起源の土砂量が減少してきたことや，海岸部に港や放水路が建設されたことによって，1960年代頃から海岸侵食が進むようになった。現在では高波・津波対策として防潮堤が建設される一方で，海岸侵食対策としては消波堤・離岸堤の設置や，砂礫を運び入れて海浜の幅を保つ養浜工事が実施されている（本章の扉の写真参照）。

・三保海岸の例

駿河湾の西部に位置する**三保海岸**は**三保砂嘴**の駿河湾側にあたり，清水低地の一部を形づくっている（図3.12，14.21）（砂嘴については，14.2.1項参照）。三保砂嘴は，有度丘陵の南東縁から北東方向にのびている。有度丘陵の南縁から東縁にかけては旧海食崖の地形が見られ，これらは完新

図 13.14　三保海岸（静岡県）の離岸堤（1997年11月撮影）

三保砂嘴（三保の松原）の海岸侵食対策の1つとして，離岸堤が建設されている。離岸堤には，沖合から入射した波を内側に曲げて（波の回折現象），漂砂を堆積させる効果がある。これは，陸繋砂州（トンボロ）（14.2.1項参照）の形成作用と同じものである。ただし，漂砂の総量が変わらなければ，別の場所では海岸侵食が進行することになるため，離岸堤の効果は局所的なものにとどまる。

図 13.15　三保海岸における養浜（1997年11月撮影）

左側の明色の部分は本来の海岸堆積物ではなく，ほかの場所から持ち込まれた土砂である。

世の海面上昇期に形成されたものと考えられる（3.3.2項および14.3節参照）。現在の三保砂嘴への砂礫の主要な供給源は，西方の安倍川河口から北東に運ばれる漂砂であるが，完新世における三保砂嘴の発達過程では，安倍川のほかに，西側の有度丘陵の旧海食崖も砂礫の重要な供給源であったと推定される。

戦後の高度経済成長期において，安倍川の河床から大量の砂礫が建設骨材として採取されたために，海岸への土砂供給量が大幅に減少し，安倍川河口から東へと海岸侵食が広がっていった。1967年に河川の砂礫採取が禁止されたことで，一部では砂礫浜の回復が見られるようになった。さらに，離岸堤の建設やサンドバイパス工法をはじめとする養浜工事の実施によって海岸侵食対策が進められている（図13.14，13.15）（宇多，2004など）。

・天橋立の例

天橋立は日本海に面した丹後半島の南東側に位置し，日本海側の宮津湾と内側の阿蘇海を隔てるように形成された**砂州**である。すなわち，閉塞された側の阿蘇海が潟湖にあたる（図13.16，14.5）。砂州は北から南に向かう**沿岸流**によって発達してきた。砂州を構成する海浜砂の主な供給源は，丹後半島東岸に流出する複数の河川と考えられる。

昭和初期に土砂供給源である河川で砂防工事や河川改修が行われたために，土砂供給量が減少して天橋立の海岸侵食が進行するようになった。さらに，昭和20年代には砂州の北部に港湾が建設され，その防波堤が北からの漂砂の一部を遮断する結果となり，海岸侵食がより顕著になった（図13.16）。

海岸侵食対策として，海岸から沖合に向かう複数の**突堤**の建設によって沿岸漂砂を上手側に堆積させる工事が進められた。しかし，漂砂量そのものが減少していることから本質的な解決には至らなかった。その後，1979年からはサンドバイパス工法が導入され，上手側から土砂を補給する一方，下手側の土砂を上手側に戻すサンドリサイクル工法も行われるようになった。こうした試みによって，海岸侵食は改善傾向にある（図13.16）（柴山・茅根編，2013など）。

以上のような方法で海岸に砂浜が回復しても，もとの自然な状態に戻ったとはいえない場合が多く，三保海岸や天橋立では景観の面でも問題が生じている（図13.14，13.15，13.16）。さらに，三保海岸における離岸堤や，天橋立における複数の突堤の建設によって，それぞれ漂砂の一部が海岸に堆積して砂浜が回復した場所もあるが，逆に海岸侵食が進行した所も認められる。すなわち，漂砂の総量が変わらなければ，このような対策だけでは本質的な解決にはつながりにくい。漂砂量を増やす手段の1つとして，ダムの**排砂ゲート**などから堆砂を下流側に放出する方法が実施される場合があるが，大量の土砂が河口周辺の沿岸域に拡散することで海洋環境に影響を及ぼす可能性も考えられるため，慎重な対応が必要である。

図 13.16 天橋立 (上)1987 年 3 月撮影 (下)2014 年 3 月撮影

日本三景の 1 つとして有名な天橋立は日本海に面した宮津湾(写真の右側)の奥に形成された砂州である。写真の左側が潟湖にあたる阿蘇海，写真奥に見えるのが丹後半島。戦後になって海岸侵食が顕著になったが，突堤の建設をはじめとする種々の対策によって近年では砂浜の回復傾向が認められるようになった。

14章

身近な地形と人間活動

慶應大学日吉キャンパスから矢上キャンパスを望む（2005年12月撮影）

日吉および矢上キャンパス（神奈川県横浜市）は，関東平野の台地上に立地している。段丘区分では，日吉キャンパスが下末吉段丘，矢上キャンパスが武蔵野段丘にあたる。両キャンパスの間には低地が広がる（写真手前）。

14.1　地形情報の解析方法

【目的】地形解析の手段として，地図・空中写真の利用法を知り，GISの基本を理解する。
【キーワード】地形図，空中写真，GIS，リモートセンシング

14.1.1　地図および空中写真の利用

地図にはさまざまな種類があるが，その中で基本になるのは**地形図**である。地形図からはいろいろな情報が読み取れるが，地形の解析は標高データや等高線の配列に基づいて行われる。地形図をはじめとした各種の地図類（土地条件図，都市圏活断層図など）および空中写真・衛星画像は，国土地理院のウェブサイト（国土地理院地理空間情報ライブラリー，地理院地図）で閲覧することができる。さらに，地理院地図には，土地の起伏を色別や陰影をつけて表示したり，地形断面図を作成したりする機能もあるため，さまざまな地形解析に活用できる。

空中写真は航空機から地上を撮影したもので，撮影コース上の隣り合った2地点から撮影された写真は約60％の範囲が重複している。重複部分は同一範囲であるが，撮影位置が異なるため，それぞれを左右の眼で見ることで立体的にとらえることが可能になる。こうした作業は肉眼もしくは専用の器具（実体鏡）を用いて行われ，実体視と呼ばれる。実体視を行うことによって，地表面の起伏を詳細にとらえて地形要素を把握することが可能になる。また，この手法は活断層調査において，地表地震断層を解析する際にも用いられる（9.1.2項参照）。

14.1.2　GIS（地理情報システム，地理情報科学）

GIS（「**地理情報システム**（geographical information systems）」もしくは「**地理情報科学**（geographical information science）」）は，地理的な位置情報（緯度・経度・標高）と，さまざまな属性情報をコンピュータで処理するための手段であり，地理学のみならず幅広い分野で使われている（高坂・村山編，2001；野上ほか，2001など）。GISを用いることによって，統計データを分布図などの形で表現することや，複数の地図を重ね合わせることが容易になり，種々の解析が可能になった。図14.1は，横浜市の日吉周辺を対象にして作成時期の異なる地形図から土地利用の情報を抽出し，GISを使って編集した例である（横浜周辺の地形については14.2.4項参照）。

また1970年代以降，人工衛星から撮影された画像の解析を行う**リモートセンシング**（remote sensing）が新たな解析手法として定着した。これによって，地球規模に及ぶ広範囲の地域を対象にした画像解析が可能になり，グローバルな環境変化などを高精度でとらえられるようになった。

1909(明治42)年

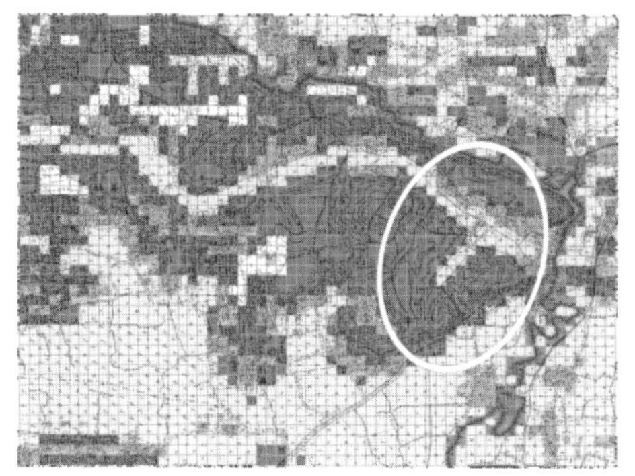

1925(大正14)年

1953(昭和28)年

1967(昭和42)年

1978(昭和53)年

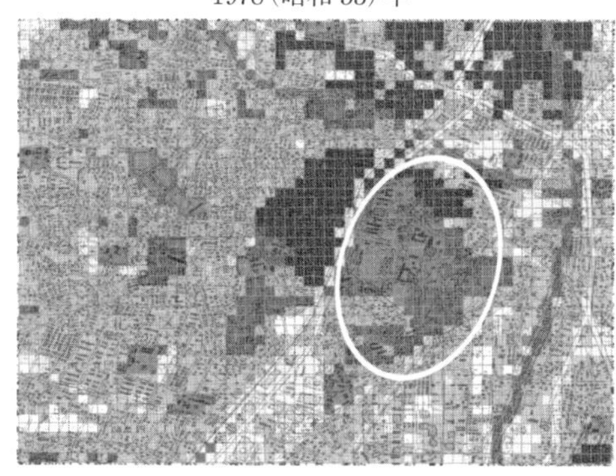

1994(平成6)年

水田
畑
河川
果樹，林，荒地
住宅地
商店街，密集地
学校，キャンパス
その他(道路，墓，工場)

図 14.1 慶應大学日吉キャンパス周辺の土地利用変遷
松原ほか(2007)を改変

⬭は，日吉・矢上キャンパスの範囲を示す。図の作成には，旧版地形図(明治42年発行「溝口」1：20,000；大正14年・昭和28年・42年・53年・平成6年発行「川崎」1：25,000)を使用した。

14.2　平野の地形

【目的】平野を構成する地形要素の特徴を把握し，身近な地域に分布する地形を通してその形成過程を理解する。

【キーワード】段丘，扇状地，自然堤防，後背湿地，砂州，砂嘴，浜堤，海岸砂丘，三角州，下末吉段丘，武蔵野段丘，立川段丘，関東ローム，古東京湾，日比谷入江

14.2.1　平野を構成する地形要素

地形の解析は，地形図の読図，空中写真判読・衛星画像分析，および現地調査によって行う。ここでは，平野を構成する主要な地形要素を対象にして，形態の特徴および成因について解説する。具体的には，海岸部や河川沿いを中心に広く分布する段丘地形，河川の作用（河成作用）で形成される扇状地，低地上の起伏として認識される自然堤防や旧河道（旧流路）などの微地形，海岸部に共通する堆積地形の砂州・砂嘴・浜堤・海岸砂丘といった砂州地形，さらに河成作用と海成作用の複合によって形成される三角州を取り上げる。

段丘（terrace）は，平坦な**段丘面**（terrace surface）と急傾斜の**段丘崖**（terrace scarp）からなる階段状の地形で，波浪および沿岸流の侵食・堆積作用によって形成された**海成段丘**（marine terrace）と，河川の侵食・堆積作用による**河成段丘**（fluvial terrace）に大別される。海成段丘の段丘面は海成層（marine deposits）によって構成され，そこがかつて海岸もしくは海底であったことを示す。また，河成段丘の段丘面には河成層（fluvial deposits）が堆積している。段丘地形は高さの異なる複数の段丘面で構成されることで特徴づけられ，その形成過程には地球規模の気候変化および海面変化（1.2節参照）や，地震性の地殻変動が深く関わっている。日本において海成段丘が明瞭に発達している地域として室戸岬周辺・紀伊半島南岸，房総半島南岸などがあるが，これらの地域における段丘の形成には，それぞれ南海トラフと相模トラフを震源域とするプレート境界型地震による隆起の蓄積が関わっている（図14.2）(8.2.3項，8.2.4項参照)。一方，河成段丘は河川の流域に普遍的に分布しているが，なかでも利根川上流域や信濃川上流域（千曲川流域），相模川上流域（桂川流域）には典型的な地形がみられる（図14.3）。

扇状地（alluvial fan）は，砂礫を中心とした河成層で構成される半円錐形の地形で，山地から平野（盆地）に移行する傾斜変換点を起点として下流側に形成される堆積地形である。扇状地の形成は，傾斜の大きい山地側では河川の侵食・運搬作用が卓越しているのに対して，傾斜が小さくなる平野（盆地）側では堆積作用が優勢になるためと考えられる。扇状地の起点は扇頂，中央部は扇央，末端部は扇端と，それぞれ呼ばれる。日本の沿岸部で典型的な扇状地が発達する地域として，黒部川や富士川の河口域があげられるが，これらの河川は日本列島の中で第四紀における隆起速度が最も速い日本アルプスを源流とし，急峻な海底地形をもつ湾（富山湾，駿河湾）に流入するという共通点をもつ。また，内陸の盆地の縁辺に発達する扇状地としては，フォッサ・マグナに位置する松本盆地や甲府盆地の例があげられる（フォッサ・マグナについては8.2.1項参照)。

自然堤防（natural levee）は河川に平行してのびる細長い高まりで，背後（河川とは反対側）

図 14.2　紀伊半島南岸の海成段丘（2006 年 3 月撮影）

図 14.3　利根川支流片品川沿いの河成段丘（2007 年 3 月撮影）

の凹地である**後背湿地（backmarsh, backswamp）**との比高（高度の差）は日本では数m以下の場合が多い（図14.4）。自然堤防および後背湿地は，いずれも河川が運搬してきた土砂で構成されるが，自然堤防が砂を主体としているのに対して，後背湿地は泥が中心である。これは，河川の氾濫に際して粗粒の砂が河川近くに堆積する一方で，細粒の泥は氾濫水に浮遊した状態で運ば

図 14.4 房総半島，小櫃川下流域の自然堤防（2002年3月撮影）

中央部を流れる現在の小櫃川の左岸側（手前）と右岸側（奥）に，それぞれ帯状の高まりである自然堤防が分布し，その上に集落が見られる。一方，周辺の水田は後背湿地にあたる。

図 14.5 天橋立（2014年3月）

砂州の右手前が阿蘇海（潟湖），奥が宮津湾。

れ，河川から少し離れた範囲に堆積したためと推定される。自然堤防は，平野を流れる河川沿いに普遍的に分布する地形であるが，その長さや幅，後背湿地との比高は河川の水量および土砂運搬量などによって異なる。自然堤防は自然の河成作用によって形成された地形であることから，現在，治水目的の人工的な堤防がすでに築かれている河川では形成されない。

旧河道（旧流路）（abandoned channel）は，かつて河川が流れていた痕跡で溝状の凹地として

図 14.6　函館山（陸繋島）から函館市内（陸繋砂州）を望む（2010 年 3 月撮影）

図 14.7　九十九里浜平野の浜堤列（2010 年 9 月撮影）

確認され，現在でも水路が残っている場合がある。旧河道の地形は，扇状地上や三角州上に分布することが多く，河川の流路変遷，および扇状地や三角州の形成過程などを復元する際の重要な証拠となる。

砂州（coastal barrier），**砂嘴**（sand spit），**浜堤**（beach ridge），**海岸砂丘**（coastal dune）は，いずれも海岸線に平行にのびる帯状の高まりである。本書では，これらの地形を総称して**砂州地**

形（coastal ridges）と呼ぶ（14.3.1項参照）。砂州は沿岸の湾入部を塞ぐようにして形成され，背後には湾や**潟湖**（lagoon），もしくは後背湿地が分布する。日本では砂州の両端が陸地とつながっている場合が多いが，北米大陸の大西洋沿岸やメキシコ湾岸，あるいは北海沿岸などに広く分布する砂州のように，陸地から離れた沖合に形成されているものもある（バリアー島，barrier island）。こうした形態の違いには相対的海面変化の地域差が関わっていると考えられる。すなわち，バリアー島が広く分布する地域は相対的海面変化において現在が最高海面期であるのに対して，日本は過去に最高海面期が確認され，その後の海退に伴って沿岸域の地形が変化してきたという違いがある（3.2.1，3.3.2項参照）。日本における砂州の典型例として，宮津湾を閉塞して形成された京都府の天橋立（背後の潟湖は阿蘇海と呼ばれる）（図13.16，図14.5），中海を塞ぐ弓ヶ浜半島，浜名湖やサロマ湖の湖口部などがあげられる。一方，砂嘴は片方だけが陸地とつながっているもので，もう一方の先端は弧を描くようにして内側に曲がっている。日本を代表する砂嘴としては，北海道東部の野付崎や静岡県の三保砂嘴（図3.12，14.21）があげられる。さらに，砂州の中には沖にある島に向かってのびて島と陸続きになっているものがある。こうした砂州を**陸繋砂州（トンボロ）**（tombolo）と呼ぶ。また，砂州とつながっている島は**陸繋島**（land-tied island）と呼ばれる。日本では，紀伊半島南端の串本町と潮岬，また函館市と函館山が，それぞれ陸繋砂州と陸繋島の典型的な例である（図14.6）。砂州が発達する海岸低地において，海岸線に平行な複数の帯状の高まりが分布する場合があり，これらは浜堤と呼ばれる（図14.7）。浜堤と浜堤の間には，凹地である後背湿地が分布する（堤間湿地）。浜堤は，海退の過程で砂州の海側に付加されていった地形と考えられる。以上のような砂州・砂嘴・浜堤は波浪および沿岸流の複合による海成作用で形成された地形であるが，海岸部には風の作用（風成作用）によって形成された海岸砂丘も分布する。実際には，砂州・砂嘴・浜堤を風成堆積物が覆って海岸砂丘を形成している場合が多い（砂州や浜堤などの砂州地形の具体的な地形発達過程については14.3節参照）。

三角州（delta）は河口域に形成される低平な地形で，河川による運搬・堆積作用と，海または湖の波浪および沿岸流による侵食・堆積作用が複合して形成されたものである。三角州は末端部の形状によって，鳥趾状三角州（birdfoot delta）（例：ミシシッピ川河口三角州）と円弧状三角州（arcuate delta）（例：ナイル川河口三角州）に分類される。鳥趾状三角州は先端部の海岸線が入り組んでおり，河口付近で分流した複数の河川の流路に沿って土砂が堆積した部分が沖に突き出している。ここでは波浪・沿岸流による侵食作用が相対的に小さいために，堆積した状態がそのまま地形に反映されていると考えられる。一方，円弧状三角州の先端部は平滑であるが，その形状には波浪・沿岸流による侵食作用や，河川の流路に沿った突出部の間を埋積する作用が関わっていると推定される。

14.2.2 関東平野の地形

周辺を山地に囲まれた関東平野は，**丘陵・台地・低地**の地形要素から成り立っている（図14.8）。多摩丘陵をはじめとする丘陵は，およそ40万〜15万年前に形成された地形で侵食が進んでいる。一方，台地は平坦部を多く残した地形で，数段の**段丘**に区分される。さらに，低地は台地を侵食する河川沿いや海岸部に分布しており，そこには最も軟弱な地層が堆積している。

丘陵・台地・低地を構成する主要な地層は，利根川，荒川，多摩川，相模川などの河川が運搬してきた堆積物（**河成層**）や，海岸・海底の堆積物（**海成層**）である。これに加えて丘陵と台地には，河成層や海成層の上に，古くは八ヶ岳から，その後は**箱根**や**富士**の火山からもたらされた**火山灰**起源の**関東ローム**層が堆積している。一方，低地には関東ローム層は分布していない。また台地は，高い段丘ほど古い時代のローム層をのせている。台地の中で最も古いロームをのせる段丘は，**下末吉段丘**（下末吉面）と呼ばれ，およそ13万～12万年前以降に形成された。以下，小原台段丘（約10万年前），**武蔵野段丘**（8万～6万年前），**立川段丘**（3万～2万年前）の順に新しくなっていく（図14.9，14.10）。

過去約12万年間における関東平野の**古地理変遷**は，地球規模の気候変化に伴う氷河性海面変化（図1.3）に対応しており，次のように復元される（3.3.2項参照）。

約12万年前は**最終間氷期**の最温暖期にあたり，現在よりも高海面の時期であったことから，

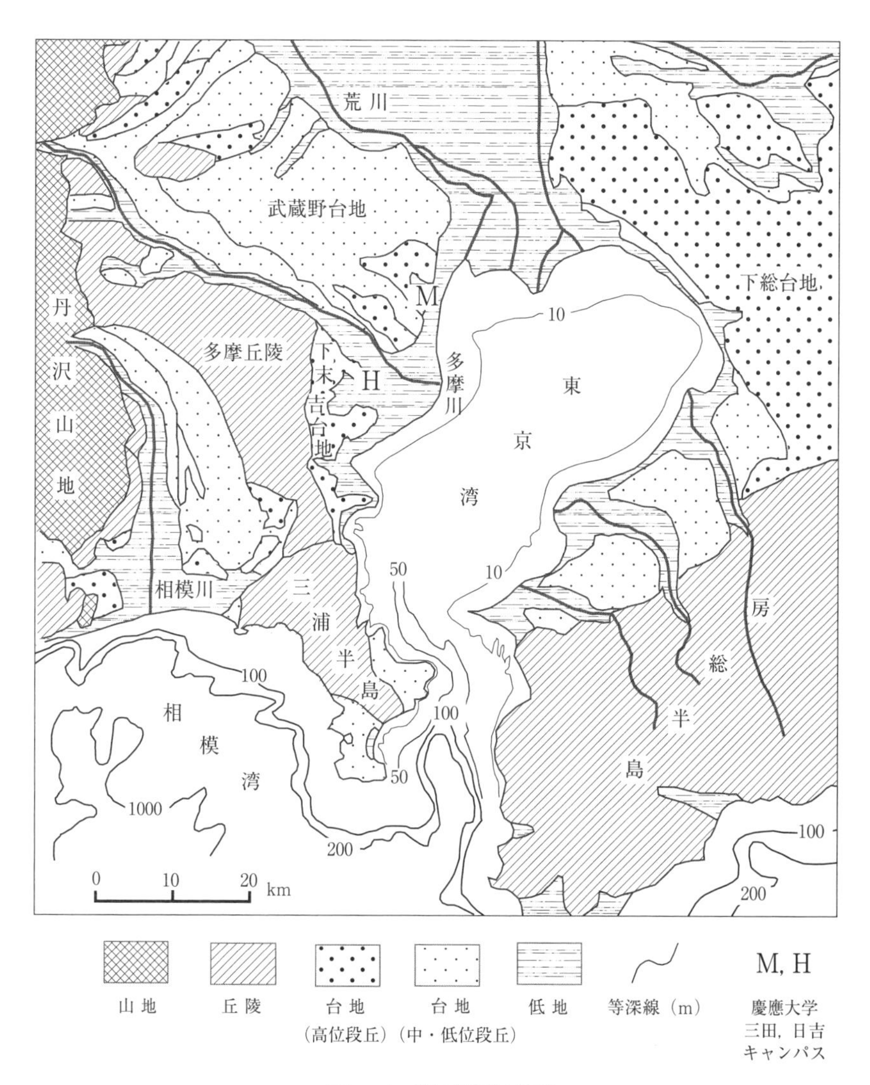

図14.8　関東平野の地形

高位段丘は下末吉段丘・小原台段丘に，中・低位段丘は武蔵野段丘・立川段丘に，おおむね対応する。

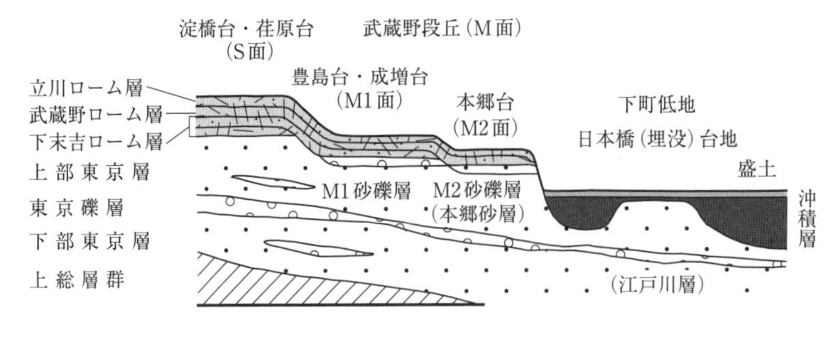

図 14.9　東京の山の手台地から下町低地にかけての地形断面(模式図)　貝塚(2011)を改変

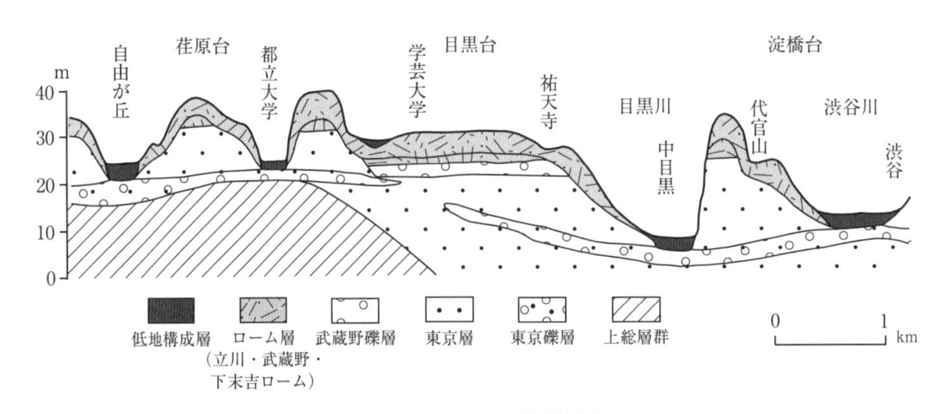

図 14.10　東急東横線に沿う地形・地質断面　貝塚(2011)を改変

広範囲に**海進**が及んだと推定されている(**下末吉海進**)。この時期の関東平野は大半が海底にあり，そこでは**海成層**の堆積が進んだ。この時期の東京湾（**古東京湾**）は，太平洋側に広く開いた形状で，外洋からの影響を直接受ける環境であったと考えられている（図14.11①)。

最終氷期に移行すると海面は低下し，およそ2万年前には現在よりも120m以上低い最低海面期となった。これによって大規模な**海退**が起こり，関東平野は広く陸化した。この時期の陸地は現在の海底にまで拡大し，東京湾や九十九里浜沖，鹿島灘の海底も陸化したと推定されている。現在の東京湾にあたる陸地には，**古東京川**（図3.1）が流れていたことが明らかになっている（図14.11②)。

後氷期になると，海面上昇に伴って再び**海進**が起こり，約7千年前には現在の低地を中心とした沿岸地域に海域が拡大した（**縄文海進**）(縄文海進については3.3.1項参照)。当時の東京湾は主に現在の北側に広がっていたと推定され，**奥東京湾**と呼ばれている（図14.11③)。

約7千年前以降は，海面の停滞ないし低下に伴って**海退**が起こり，これに河成層などによる埋立て作用が加わった結果，縄文海進期に形成された沿岸部の小規模な湾が陸化して，現在の**海岸低地**が形成されていった。

①最終間氷期

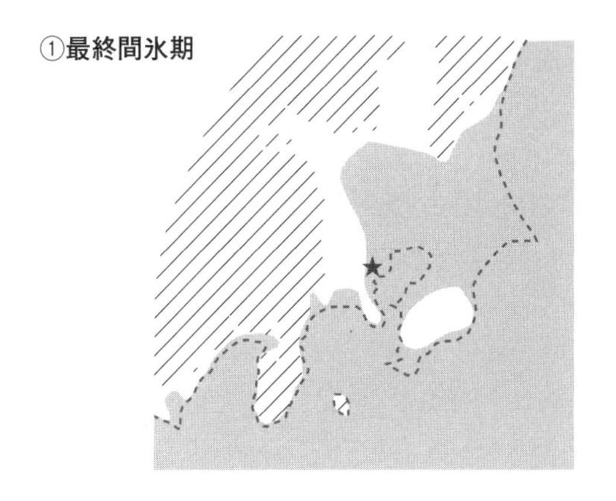

約12万年前（下末吉海進期）
古東京湾の時代

この当時の東京湾は太平洋側に広く開いていた。

②最終氷期

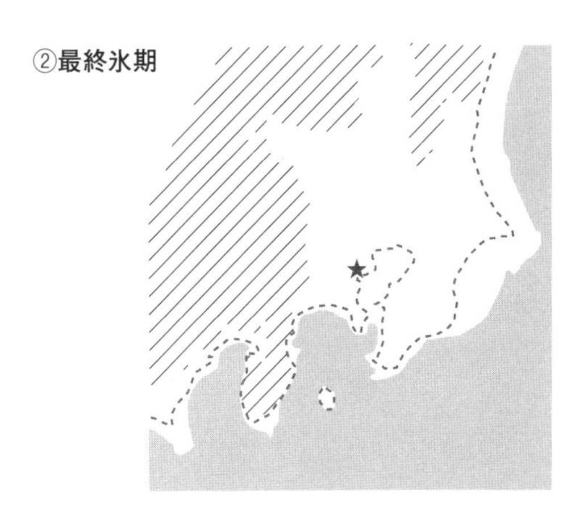

約2万年前（海退期）
古東京川の時代

現在の東京湾全体が陸化し，そこには古東京川が流れていた。

③後氷期

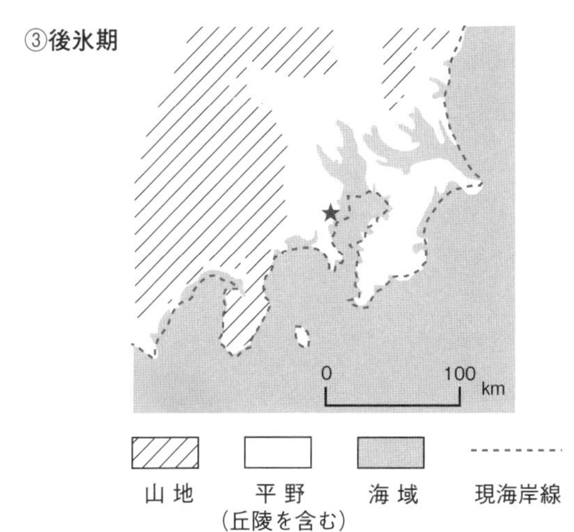

約7千年前（縄文海進期）
奥東京湾の時代

現在の海岸低地には海が進入していた。

図 14.11　過去約12万年間における関東平野の古地理変遷
日本第四紀学会編（1987）に基づいて作成

14.2.3 東京都の地形――千代田区・中央区・港区周辺を例にして

関東平野の中で，東西に長い東京都の地形は，西から東に向かって山地，丘陵，台地，低地へと移り変わっていく。ここでは，東京都の東部にあたる23区の一部を取り上げて，地形の特徴を解説する。

図14.12は，主に千代田区・中央区の地形と遺跡分布を示したものである。これによれば，皇居（旧江戸城）から西側には高位段丘（下末吉段丘に相当）が広がっている。段丘は侵食されて谷が樹枝状に入り込み，谷底には低地が分布する。皇居周辺の堀の中には，台地を刻む谷を利用しているものが多い。一方，神田川の谷沿いには中位段丘（武蔵野段丘に相当）が分布し，一部の中位段丘の縁辺部には低位段丘（立川段丘に相当）が見られる（段丘区分については14.2.2項参照）。

台地の東側，すなわち東京湾側には低地が広がっているが，その中で特徴的な地形として，南北方向にのびる**砂州**があげられる。この砂州は，御茶ノ水駅周辺の中位段丘（本郷台地と呼ばれる）の南端部から南にのびており，神田，日本橋，銀座などは，この砂州上に立地している。沖積層基底等深線（沖積層とは，最終氷期末から後氷期にかけて堆積した地層で，低地を構成している）の分布によれば，この砂州の地下では沖積層基底深度が周辺よりも浅くなっている（図14.12）。これは，本郷台地の南方の低地には埋没した台地が存在していることを示唆する。それは「日本橋台地」と呼ばれ（図14.9），最終氷期以降の海面上昇期に形成された海食台が埋没し

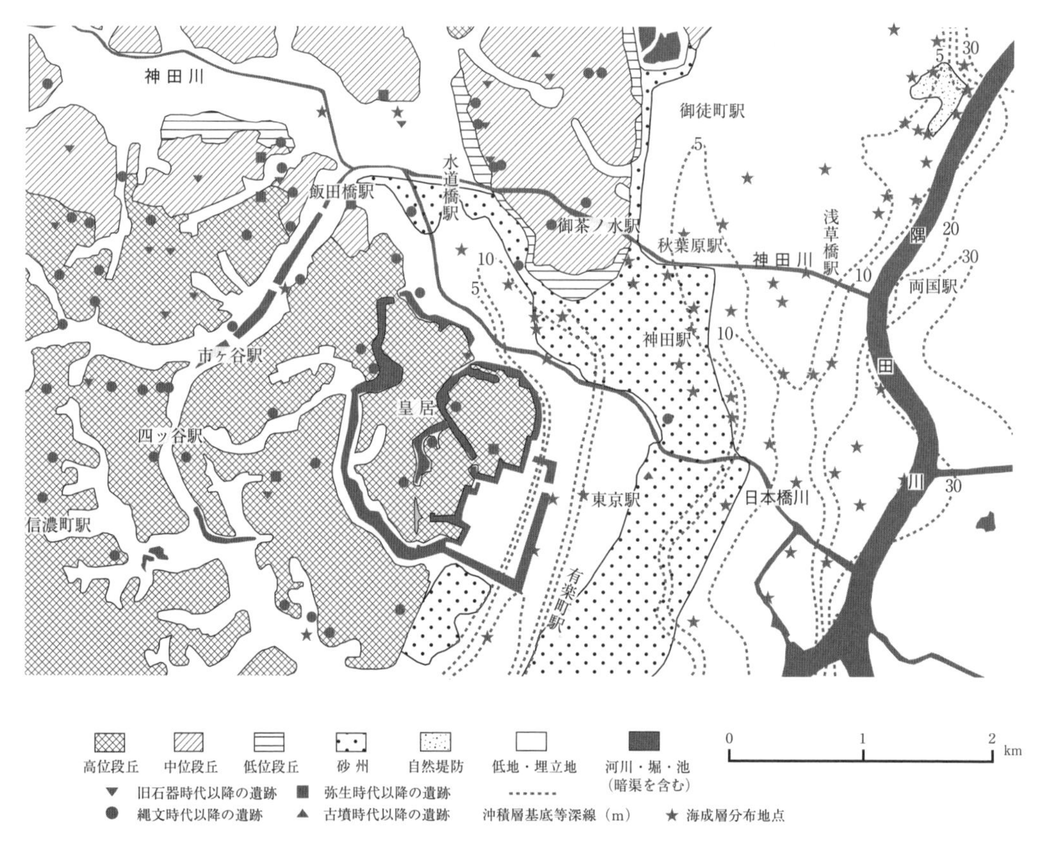

図14.12 東京都東部の地形と遺跡分布（千代田区・中央区とその周辺） 松原（2012）を改変

た地形と考えられている（埋没海食台）（松田，2009；貝塚，2011など）（海食台については図3.2参照）。したがって，南北方向にのびる砂州は，海食台を土台にして形成された地形であるといえる。一方，沖積層基底等深線の分布から，砂州の西側と東側には，それぞれ南北方向にのびる谷が存在することがわかる。このうち，西側の谷は砂州と皇居の間にあたり，もともとは入江だった場所である。江戸時代初期まで，この入江は**日比谷入江**，東側の砂州は**江戸前島**と，それぞれ呼ばれていた。また，本郷台地の東側から隅田川にかけての低地（御徒町駅周辺から浅草橋駅付近にかけて）も，沖積層基底の深度が浅いことから埋没海食台の存在が推定され，「浅草台地」と呼ばれている（松田，2009；貝塚，2011）。

東京都土木技術支援・人材育成センターが公開している『東京の地盤（Web版）』によれば，低地における**海成層**の分布範囲は神田川沿いに飯田橋駅の北方付近まで確認され，**縄文海進**の及んだ範囲を推定することができる（図14.12）。

港区周辺でも，高位段丘が広く分布する（図14.13）。上流部を渋谷川，下流部を古川と呼ぶ河川は，この段丘を刻む谷底を流れている。段丘の東側には南北方向に連続した**砂州**が認められるが，これは縄文海進期に，台地東縁部に南北方向にのびる海食崖下の波食棚を土台にして形成されたものと推定される（海食崖，波食棚については図3.2参照）。縄文海進に伴う海成層の分布は，古川の河口から約2km上流まで追跡できる（図14.13）（『東京の地盤（Web版）』）。

以上のような地形的な特徴を先史時代の遺跡立地という視点でとらえると，先史時代の遺跡のほとんどは台地上に分布しており，その多くが台地の縁辺部に立地している（『東京都遺跡地図』

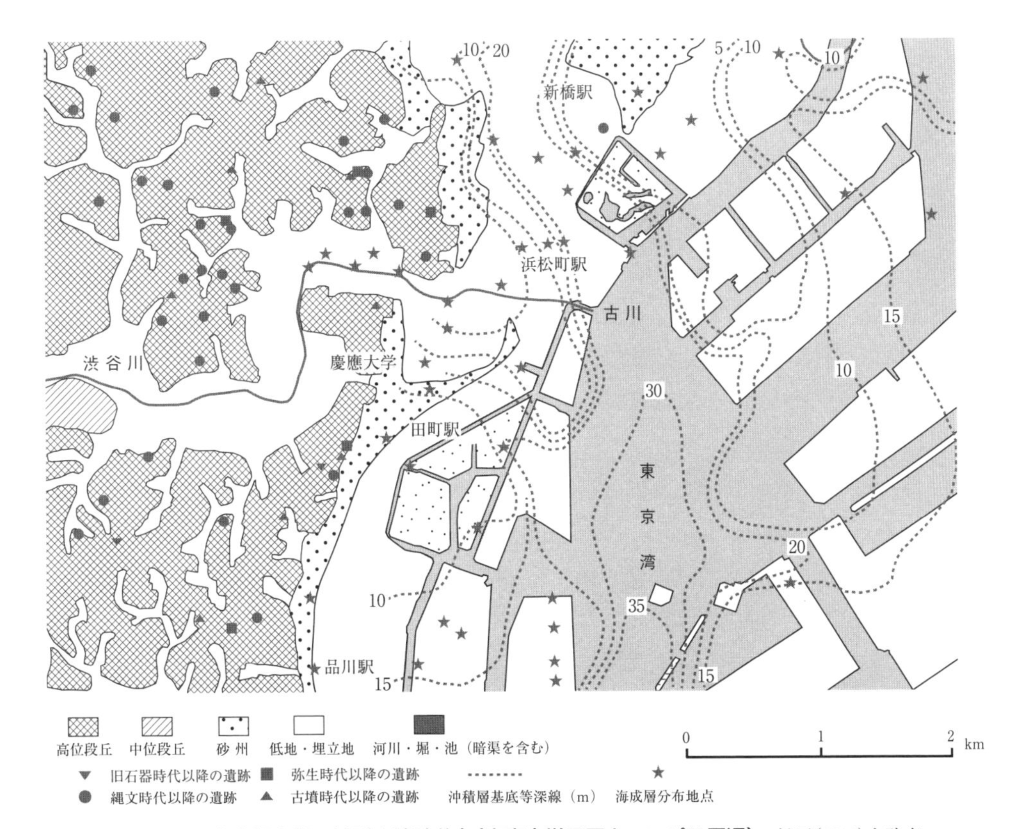

図14.13　東京都東部の地形と遺跡分布（慶應大学三田キャンパス周辺）　松原（2012）を改変

インターネット公開版）（図14.12，14.13）。特に，貝塚は台地の東縁部に集中的に分布する傾向が見られる（坂詰，1987）。遺跡が台地上に分布していることは，この地域で縄文海進期に海食崖（現在の段丘崖）の下，あるいは段丘を刻む谷の中の一部まで海水が進入していたという古地理を考えると理解できる。また，谷底部は河川氾濫の影響を受けやすいことから，集落立地には適していなかったと推定される。さらに，遺跡の多くが台地の縁辺に近い場所から見つかっている理由として，周辺に広がる海での漁労活動を行ううえで適していたことや，段丘崖からの湧水や谷を流れる河川などの水資源を得やすい場所であったことが考えられる。

一方，低地で確認されている遺跡は，ほとんどが砂州上に分布する（図14.12，14.13）。これは，低地の形成過程の中で，砂州が海食台や波食棚などの基盤の高まりを土台にして発達し，周囲よりも早く陸化したために，人間活動の拠点になりやすかったことを示している。

以上のように，先史時代の人間活動は，地形的な制約から台地上を中心に行われてきた。これに対して，歴史時代，特に近世以降においては人間による土地の改変が積極的に進められた。台地東側に広がる低地から東京湾にかけての地域には，近世以降の干拓や埋立てによって新たに造成された土地が広く分布する（図14.12，14.13）。

初期の段階で埋め立てられた場所の1つが，**日比谷入江**である。日比谷入江は，江戸城が立地する台地の東側に位置し，江戸前島と呼ばれる海側の砂州によって一部を閉塞された水域であったと推定されるが，徳川家康が江戸に入府した1590年（天正18年）以降，埋め立てられていった（松田，2009など）。家康は1592年（文禄元年）に江戸城周辺の堀の掘削土を用いて日比谷入江の北部の埋立てを行い，1603年（慶長8年）には主に江戸城北部の台地から採取した土砂で日比谷入江の南部を埋め立てることによって，江戸の町の住環境を整えていった（遠藤，2004）。

明治時代には，東京湾内の航路の拡大と安全を目的にした湾内および隅田川河口付近の浚渫が行われ，そこから得られた土砂によって湾岸の埋立て造成が進められた。さらに昭和になってからは，人口増加や経済発展に伴って，東京湾の大規模な埋立てが進んだ（小池・太田編，1996；正井，2003；遠藤，2004）。一例として東海道本線東側の芝浦地域を取り上げると，この地域は明治時代後期まで海域であったが（中川編，2004など），1906年（明治39年）～1913年（大正2年）の隅田川口改良第1期工事，および1911年（明治44年）～1920年（大正9年）の隅田川口改良第2期工事に伴い，浚渫土砂によって埋立て造成された地域である（遠藤，2004）。

低地を流れる河川の流路も，人工的に改変されてきた。例えば，現在の**神田川**の一部は江戸時代には平川と呼ばれており，もとの平川は日比谷入江に注ぎ込んでいた（鈴木，1989；松田，2009）。一方，現在の神田川はJR水道橋駅付近の低地から御茶ノ水駅が立地する中位段丘（本郷台地）へと東に流れるが（図14.12），中位段丘上の流路は1620年（元和6年）から始まった平川の河川改修の一環として人工的に掘削されたものである（鈴木，1989；東京地図研究社，2006）。

昭和になってからは，急激な都市化に伴って渋谷川のように暗渠化されたものも多いが，渋谷川については現在，渋谷駅周辺の再開発の一環として開渠化を含む河川改修が進められている。

14.2.4 横浜周辺の地形

図14.14は，横浜市の中心部にあたる大岡川低地と帷子(かたびら)川低地の地形を示したものである。大岡川低地の地形は，海岸部に発達する砂州地形とその背後の後背湿地で特徴づけられる。宇多ほか（2003）は，大岡川低地に発達する砂州に関して風および波浪の特性の解析から，南側の台地北東端の海食崖起源の砂礫が夏季の南東から北西に向かう波によって運搬されてできたものと推定した。一方，本牧付近に発達する砂州については，冬季の北西から南東に向かう波によって形成されたと結論づけている。一方，帷子川低地には明瞭な砂州地形は認められない。いずれの低地も，江戸時代に河口付近で干拓が行われ，明治時代以降は横浜の築港に伴って干拓事業が本格化した。これによって，潟湖または干潟の環境であった砂州地形の背後に新たな土地が造成されていった（貝塚編，1993；松田，2013など）。その後，東京湾岸には埋立て地が拡大し，みなとみらい地区に代表される横浜の新たな中心が形成されることとなった。

横浜市がインターネットで公開しているボーリング資料（横浜市行政地図情報提供システム）を用いて，後氷期の海成層分布を解析した結果，大岡川低地では河口から約6km上流まで，帷子川低地では約3.5km上流まで，それぞれ後氷期における海進が及んでいたことが推定された（図14.14）。大岡川低地で最も奥まで海進が及んだと推定される上大岡付近において，海成層上限にあたる+4.8mの堆積物の貝化石から6,370年前の年代値が得られた（未較正年代）（松島，2006）。この年代は，日本の相対的海面変化において最高海面に達した時期に相当する。

低地を構成する後氷期の堆積物の基底には，台地の海側の縁辺にあたる地域の一部に，埋没海食台と推定される平坦面が分布する。この地形は特にみなとみらい地区において顕著で，埋立て地の安定した基盤となっている（松田，2013；松原，2017）。

図14.15は，横浜市の北部を占める鶴見川流域の地形を示したものである。この地域は，高位段丘とそれを縁取るように分布する中位段丘から成る台地（高位段丘，中位段丘については14.2.3項参照）と，それらを刻む谷底平野で構成されている。一方，鶴見川と支流の矢上川との合流点よりも下流側の低地は，多摩川河口域から連続する三角州の特徴をもつ。鶴見川沿いには自然堤防の発達が見られるが，矢上川との合流点の東側および河口部には砂州地形が分布する。現在多摩川と鶴見川が流れる三角州低地には，多摩川本流の西側に多くの自然堤防と旧河道の地形が認められ，過去の多摩川の流路が現在よりも西側にあったことを示唆している。これは，この地域の低地堆積物の基底高度分布に基づいて復元した結果と調和的である（松島，1987；2006）。そこでは，かつての多摩川の流路は西側の台地寄りにあり，台地の谷底を東流する鶴見川と合流していたとする古水系が明らかにされている。

さらに図14.15には，横浜市行政地図情報提供システムのボーリング資料に基づいて推定した後氷期の海成層の分布範囲，すなわち縄文海進の及んだ範囲も示した。それによれば，鶴見川の支流である早渕川沿いでは，鶴見川との合流点から約5km上流まで海が侵入していたと推定される。また，鶴見川本流では恩田川との合流地点付近（鶴見川と早渕川の合流点から約12km上流）まで海域が拡大していたものと考えられる。

図14.16は，後氷期における横浜周辺の古地理変遷を示したものである（松島・小池，1979）。これによれば，最終氷期の低海面期に多摩川，鶴見川，大岡川，帷子川などの河川沿いに形成さ

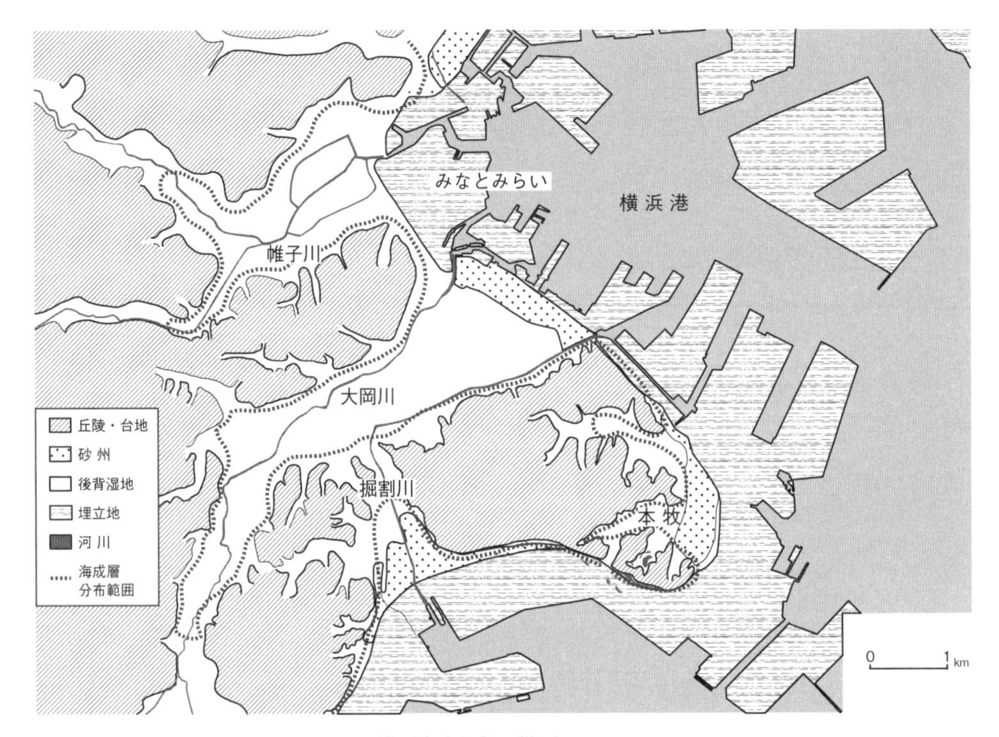

図 14.14 横浜市中心部の地形 松原(2017)を改変

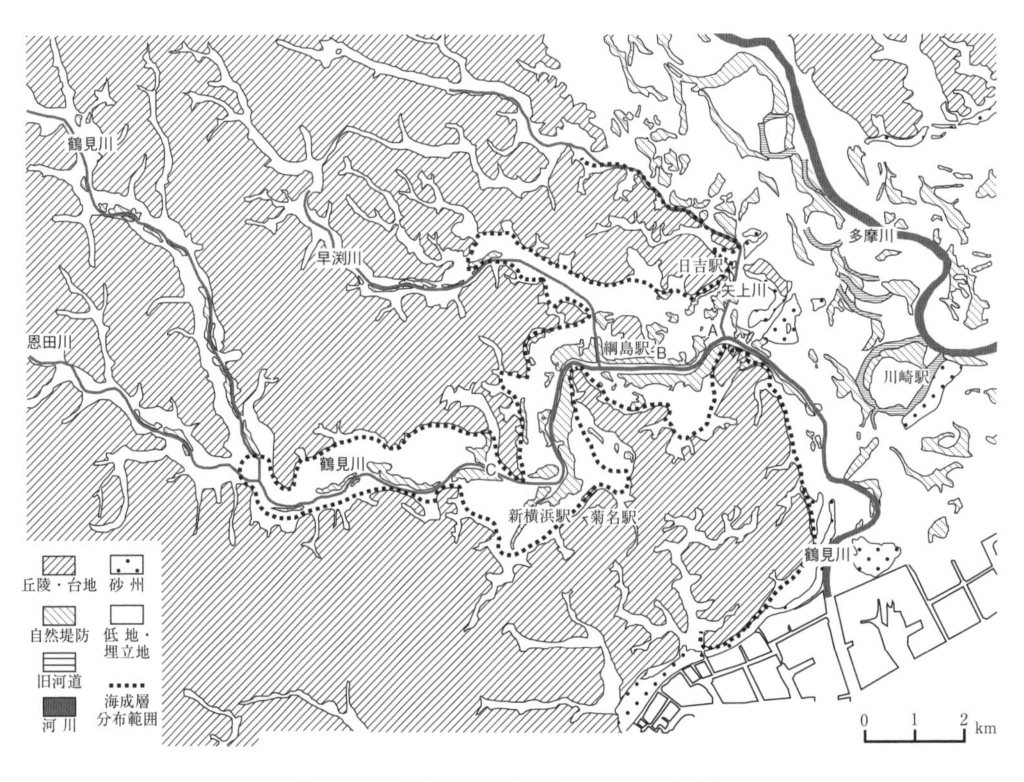

図 14.15 鶴見川流域の地形 松原(2012)を改変

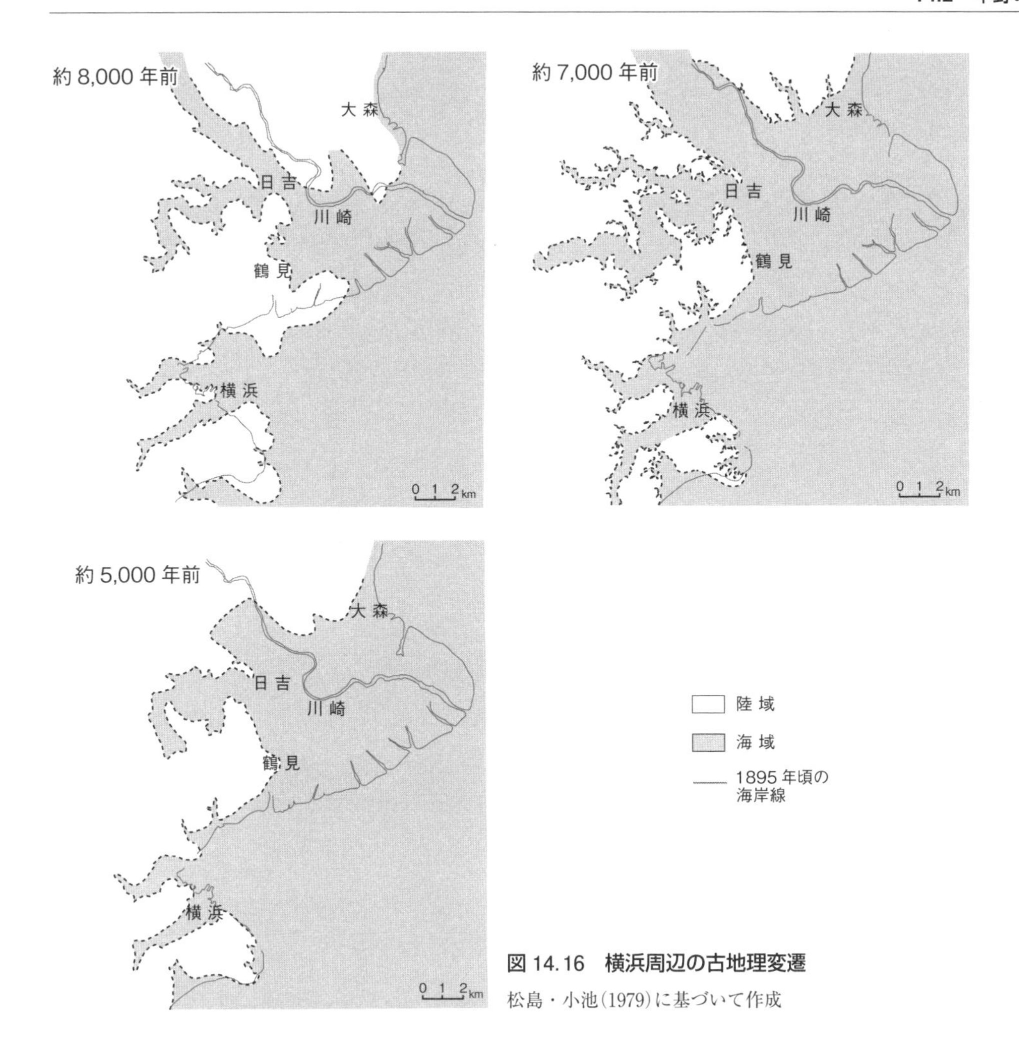

図 14.16　横浜周辺の古地理変遷
松島・小池(1979)に基づいて作成

れた谷に縄文海進が及び，約7,000年前の後氷期最高海面期に海域が最も拡大したことが読み取れる（古地理変遷については3.3節参照）。

慶應大学日吉キャンパスは，多摩丘陵東側の海抜高度＋30m以上の高位段丘（下末吉段丘）上に，また矢上キャンパスは中位段丘（武蔵野段丘）上に，それぞれ立地している（図14.17）。段丘面は校舎やグランドの建設によって一部改変されているが，段丘を刻む大小の谷は，日吉キャンパスと矢上キャンパスの間にある低地や「まむし谷」などとして残されている（本章の扉の写真参照）。また，現在と過去の地形図を比較すると，1927年に渋谷〜神奈川間が開通した東横線と，それに平行する綱島街道は，段丘上の北側と南側にのびる谷を結ぶ線上を通っていることが読み取れる。図14.16によれば，縄文海進期において，日吉・矢上キャンパス付近は周辺を海に囲まれる岬状の地形を呈していた。また，日吉および矢上キャンパスが立地する段丘面と周囲の段丘崖には集落跡や横穴墓など多くの遺跡が分布しており，この地域が縄文時代以降の人間活動の中心的な場所であったことが明らかになっている（図14.17，表14.1）（横浜市教育委員会，2004）。

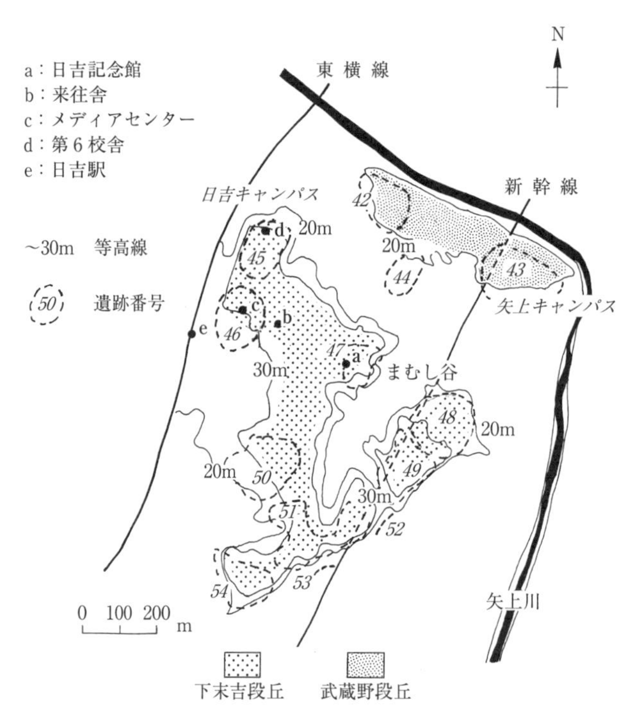

図 14.17 慶應大学日吉・矢上キャンパスの地形と遺跡分布

等高線は現在のもの(1：10,000「武蔵小杉」)であるが，地形分類(段丘面区分)は大学などの建設による人工改変が行われる以前の状況を旧版地形図や米軍撮影の空中写真に基づいて推定したものである。遺跡分布は，横浜市教育委員会(2004)による。遺跡番号をつけた各遺跡の詳細は，表 14.1 に示した。

表 14.1 日吉・矢上キャンパスに立地する遺跡

遺跡番号	遺跡の種類	遺跡の時代	特 徴
42	散布地	弥生・古墳以降	慶應大学理工学部敷地内
43	散布地・古墳	縄文(早期)・弥生(後期)・古墳・古墳以降	**観音松古墳**(前方後円墳)
44	散布地	不明	
45	散布地・古墳	縄文(前期)・弥生(後期)・古墳・古墳以降	**日吉台遺跡**(日吉台1号墳) 慶應大学敷地内
46	集落跡	弥生(後期)・古墳以降	慶應大学敷地内
47	集落跡	弥生(後期)	**日吉遺跡**，住居址(弥生)，慶應大学敷地内
48	集落跡・古墳・城跡	弥生(後期)・古墳(後期)・古墳以降	**日吉台遺跡**(日吉台2号墳)，**矢上城** 慶應高校野球場敷地内
49	散布地・古墳・城跡	縄文(前期)・弥生(後期)・古墳・古墳以降	**日吉台遺跡**(日吉台3号墳，円墳)，**中田加賀守館跡**
50	集落跡	弥生(後期)・古墳以降	慶應高校敷地内
51	集落跡	弥生(後期)・平安	**欠山遺跡**
52	横穴墓	古墳(後期)	
53	横穴墓	古墳(後期)	神社境内
54	集落後・横穴墓	弥生末〜古墳	**諏訪下北遺跡**，住居址(弥生後期・古墳前期)，横穴墓17基

横浜市教育委員会(2004)に基づいて作成

14.3 砂州地形の発達史と人間活動

【目的】砂州地形の形態と形成過程の特徴，および砂州地形の発達史と人間活動との関係について理解する。

【キーワード】砂州地形，相対的海面変化，地殻変動，遺跡分布

14.3.1 砂州地形発達史の復元

日本の沿岸部に分布する低地は，河川の作用が主体となって形成された扇状地や三角州と，波浪・沿岸流など海の作用が卓越する場に形成された**海岸低地**に大別される。このうち，後者の低地には海岸線に平行にのびる細長い高まりの地形が共通して見られ，日本の沿岸に広く分布している。また，同様の地形は湾や**潟湖**を塞ぐ形でも分布する。背後に湾や潟湖が見られる地形は**砂州**，砂州の海側に複数の高まりとして発達する地形は**浜堤**と，それぞれ呼ばれる。砂州・浜堤の上には風成砂が堆積して**海岸砂丘**を形成している場合が多い。これらの地形を総称して，**砂州地形**（coastal ridges）と呼ぶ（砂州，浜堤，海岸砂丘などの地形要素の説明については14.2.1項参照）。砂州地形は，現在の地形の特徴から8つのタイプに分類できる（表14.2）。

駿河湾沿岸の4つの低地（狩野川下流低地・浮島ヶ原低地，清水低地，松崎低地，榛原低地）および浜名湖・浜松低地（図14.18～14.21）では，完新世における砂州・浜堤の発達史が詳細に復元されている（松原，2000；Matsubara, 2015）（3.3.2項参照）。それによれば，砂州背後の堆積環境は，**湾 → 潟湖 → 沼沢地・湿地**のように変化するが，これらは砂州の発達過程において，「砂州の形成は始まっているが，**閉塞**の影響が現れる前の段階」→「砂州による閉塞の影響が現れ始めた段階」→「砂州による閉塞が完了した段階」に，それぞれ対応していることが明らかになった。

表 14.2　現在の地形に基づく日本における砂州地形の分類と分布

タイプ	名　称	地形の特徴	例
a	砂州-潟湖型	砂州の背後に潟湖（海跡湖）が見られる	サロマ湖，霞ヶ浦，加茂湖，**浜名湖**
b	砂州-後背湿地型	砂州の背後に後背湿地が広がる。浜堤列の幅は狭い	石狩低地，常呂低地，新潟平野，**浮島ヶ原低地**
c	浜堤列平野型	浜堤列の発達が良好で，後背湿地の占める割合は小さい	九十九里浜平野，**清水低地**，宮崎平野
d-1	谷底平野型（砂州-後背湿地タイプ）	谷底平野を塞ぐようにして砂州地形が発達する	**松崎低地**
d-2	谷底平野型（浜堤列平野タイプ）		田名部低地，**榛原低地**
e	三角州-浜堤列複合型	三角州や自然堤防などの河成地形が形成される一方で，海岸部には浜堤列が発達する	庄内平野，相模川下流低地
f-1	砂嘴	a から e に属さないその他のタイプ	野付崎，**三保砂嘴**
f-2	尖角岬		富津砂州

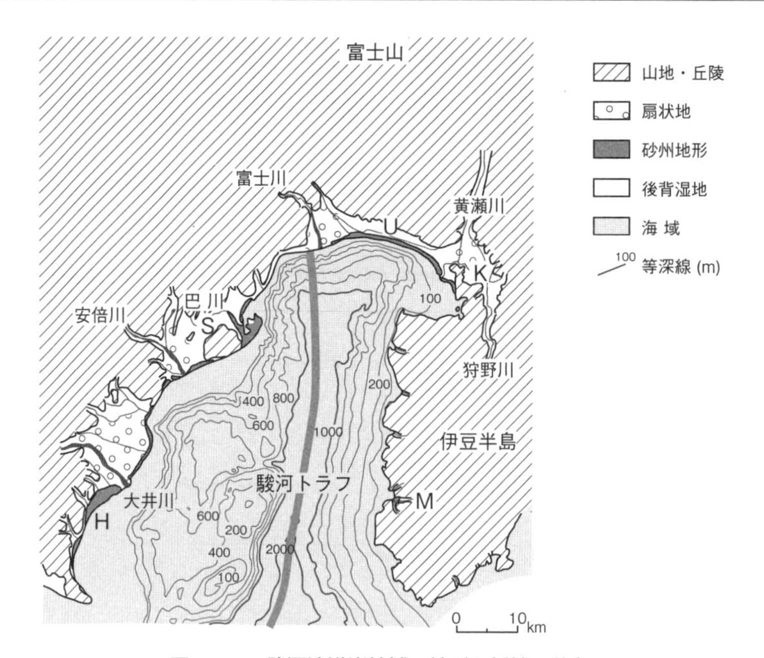

図 14.18 駿河湾沿岸地域の地形と低地の分布

M：松崎低地，K：狩野川下流低地，U：浮島ヶ原低地，S：清水低地，H：榛原低地

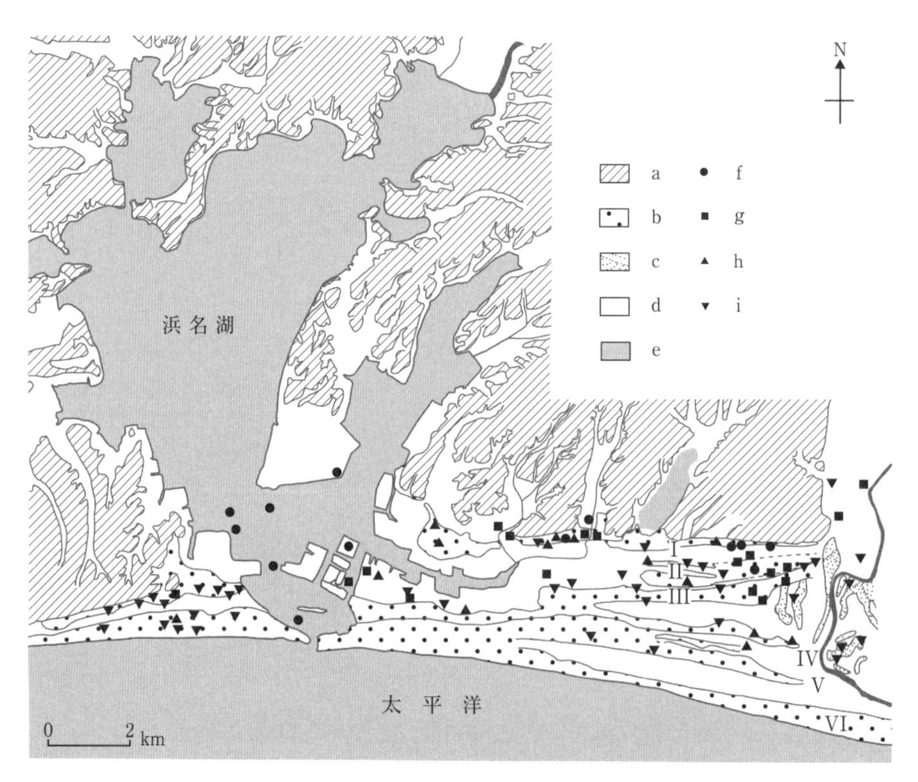

図 14.19 浜名湖および浜松低地の地形と遺跡分布

a. 山地・台地，b. 砂州地形，c. 自然堤防，d. 後背湿地・埋立地，e. 水域，f. 縄文時代以降の遺跡，g. 弥生時代以降の遺跡，h. 古墳時代以降の遺跡，i. 歴史時代の遺跡

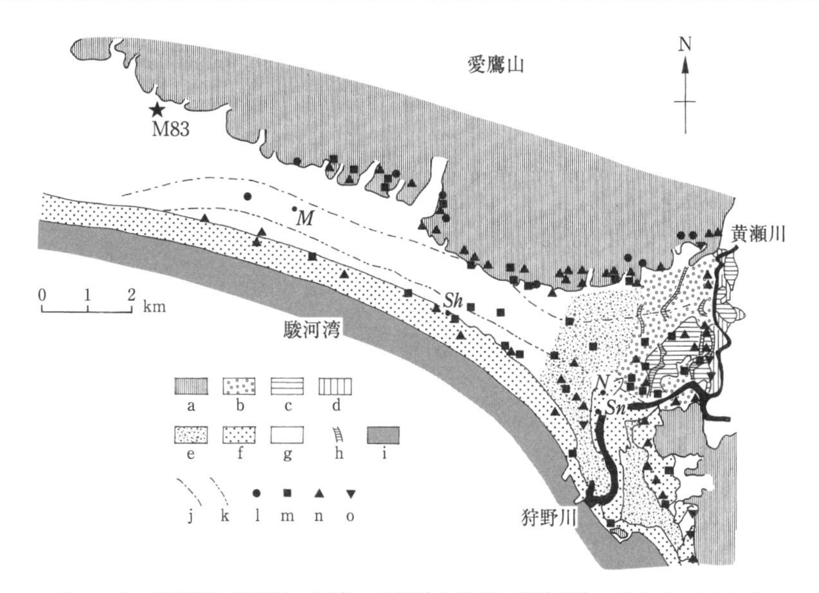

図 14.20　狩野川下流低地・浮島ヶ原低地の地形と遺跡分布　松原(2000)を改変

a. 山地，b. 扇状地，c. 完新世段丘Ⅰ，d. 完新世段丘Ⅱ，e. 三角州，f. 砂州地形，g. 後背湿地，h. 旧河道，i. 海域，j. 砂州地形Ⅰの内陸縁の位置，k. 砂州地形Ⅱの内陸縁の位置，l. 縄文時代以降の遺跡，m. 弥生時代以降の遺跡，n. 古墳時代以降の遺跡，o. 歴史時代の遺跡，*M*：雌鹿塚遺跡，*Sh*：神明塚遺跡，*N*：沼津城址，*Sn*：三枚橋城址。M83はオールコア・ボーリング地点を示す。

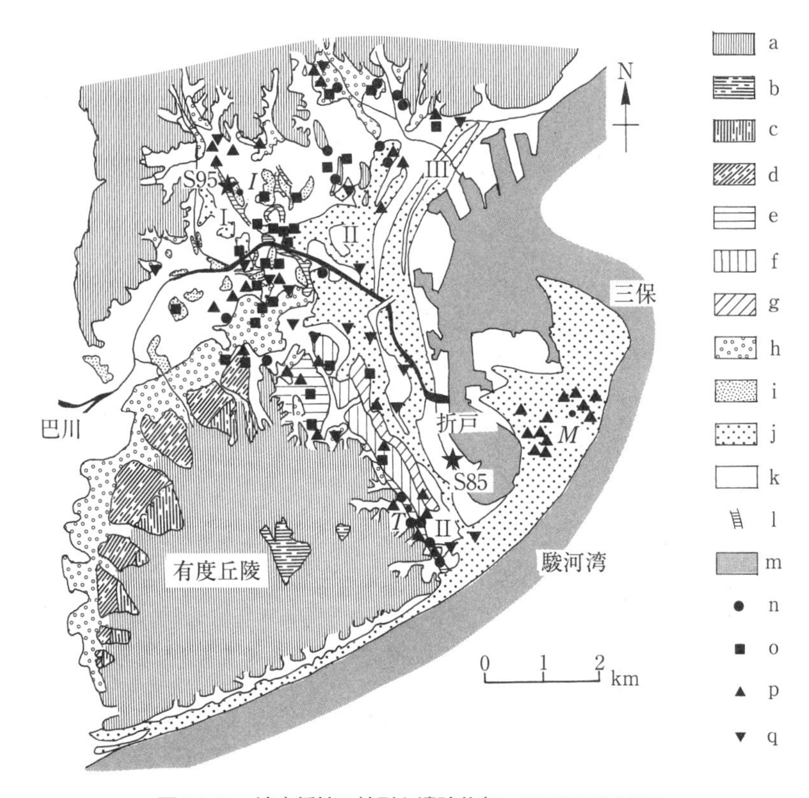

図 14.21　清水低地の地形と遺跡分布　松原(2000)を改変

a. 山地・丘陵，b. 更新世段丘Ⅰ，c. 更新世段丘Ⅱ，d. 更新世段丘Ⅲ，e. 完新世段丘Ⅰ，f. 完新世段丘Ⅱ，g. 完新世段丘Ⅲ，h. 扇状地，i. 自然堤防，j. 砂州地形Ⅰ～Ⅲおよび三保砂嘴，k. 後背湿地，l. 旧河道，m. 海域，n. 縄文時代以降の遺跡，o. 弥生時代以降の遺跡，p. 古墳時代以降の遺跡，q. 歴史時代の遺跡，*T*：天王山遺跡，*I*：石川Ⅱ遺跡，*M*：宮道遺跡。S85，S95はボーリング地点を示す。

14.3.2 砂州地形発達史における共通性と地域差

14.3.1項で述べたように，地形のタイプが異なる複数の地域において**砂州**による閉塞過程を復元した結果，砂州地形の発達段階は，I. **砂州構成層堆積期**，II. **砂州による閉塞開始期**，III. **砂州による閉塞完了期（浜堤形成開始期）**の3つの段階に分けられる。また，これらの時期は各地域でおおむね共通している。砂州地形の発達過程に見られるこのような共通性は，日本における**相対的海面変化**との対応で説明することができる（表14.3）（相対的海面変化については3.2節参照）。

表14.3 砂州地形の発達段階

発達段階	I. 砂州構成層堆積期	II. 砂州による閉塞開始期	III. 砂州による閉塞完了期
特　徴	砂州はまだ離水（陸化）していない	砂州の一部が離水する	砂州が完全に離水し，海側には浜堤列が形成され始める
後背地の環境	湾	潟　湖	沼沢地・湿地
相対的海面変化	海面上昇期 海面上昇速度>土砂堆積速度	海面上昇期～海面停滞期 海面上昇速度<土砂堆積速度	海面停滞期～海面低下期

一方，砂州地形発達において地域差が生じる要因として，以下のような地殻変動，基盤地形，土砂供給量が考えられる。

駿河湾沿岸地域は，**プレートの沈み込み境界**である**駿河トラフ**に近いことから（図8.3，14.18），地形発達過程において**地殻変動**の影響が大きいと考えられる。なかでも，駿河湾奥部に位置する浮島ヶ原低地は，西方（駿河トラフに向かう）および内陸側への**傾動**（傾斜しながらの沈降運動）で特徴づけられ，駿河湾沿岸において完新世の地殻変動が最も大きい地域の1つである（図14.18）。このように地殻変動が激しい地域であっても，それ以前に比べて海面上昇速度が遅くなったと推定される8,000～7,000年前までは，地殻変動が海岸低地の発達過程に明瞭な影響を及ぼすことはなかった。地殻変動の地形発達過程への影響が現れるのは，8,000～7,000年前以降である。浮島ヶ原低地では，内陸への傾動運動によって後背湿地側の沈降速度が砂州側の沈降速度を上回っていたと考えられる。このことから，砂州による内湾の閉塞が加速したものと推定できる。したがって，**湾**から**潟湖**への環境変化の時期は，ほかの地域よりも早くなったと考えられる。

現在の地形から見ると，浮島ヶ原低地は**砂州-後背湿地型**（表14.2のbタイプ）に属するが，後背湿地には過去の砂州地形が**埋没**している（図14.20，14.22）。砂州地形が埋没した原因は，内陸への傾動運動によるものと推定される。これに対して，駿河湾南西部の榛原低地（図14.18）は**谷底平野型**（表14.2のd-2タイプ）にあたり，完新世における地殻変動は比較的安定していると推定される。ここでは，砂州と浜堤列は，いずれも現在の海岸低地の地形として認められる。浮島ヶ原低地と榛原低地を比較すると，砂州の形成とその後の浜堤列の発達という共通した地形発達過程を示すが，現在の海岸低地の地形には大きな違いが生じている。これは，両地域における地殻変動の差，すなわち浮島ヶ原低地では沈降傾向が顕著であるのに対して，榛原低地は安定しているという違いによるものと推定できる。

基盤地形や土砂供給量が砂州地形発達に及ぼす影響については，次のようなことが考えられる。

図 14.22　後背湿地から発掘された埋没砂州（静岡県沼津市雌鹿塚遺跡）（1988 年 12 月撮影）

現在の海岸から 1 km 以上内陸の後背湿地の下に，埋没した砂州地形が分布していることが明らかになった（位置は図 14.20 参照）。砂州の表層部は砂丘堆積物に覆われており，その上から弥生時代の集落跡が発見された。砂州地形が埋没した原因は，プレートの沈み込み境界である駿河トラフに近いこの地域が沈降傾向にあるためと推定される。

駿河湾沿岸において南東部の松崎低地と南西部の榛原低地は，ともに**谷底平野型**の低地であるが（表 14.2，図 14.18），砂州の形成に伴う湾の環境変化の時期と，浜堤列の発達には相違が見られる。すなわち，湾から潟湖，さらに沼沢地・湿地へと移り変わった時期は，いずれも榛原低地の方が松崎低地よりも早い。また，榛原低地（表 14.2 の d-2 タイプ）では浜堤列の海側への発達が顕著であるのに対して，松崎低地（表 14.2 の d-1 タイプ）では明瞭でないという違いもある。こうした違いは，次のような低地における**基盤地形**と**土砂供給量**の相違によって生じたものと考えられる。榛原低地では砂州地形の下に埋没海食台が分布していることが明らかになったが，松崎低地にはこのような地形は認められない（海食台については図 3.2 参照）。また，榛原低地では周辺の海食崖や大井川からの大量の土砂供給があるのに対して，松崎低地では，そうした大量の堆積物の供給源は存在しない。したがって，榛原低地では砂州地形の土台になる海食台という基盤地形の存在と豊富な土砂供給が，砂州と浜堤列の発達を促進する要因になったものといえる。さらに，榛原低地ではこのように砂州地形の発達が顕著であったために，砂州による湾の閉塞時期が早まった可能性が考えられる。

14.3.3 人間活動の場としての砂州地形

完新世における砂州地形の発達史が明らかにされた海岸低地で，**遺跡分布**との比較を行うことによって，遺跡の立地環境に関する考察が可能になる。図14.23は，4つの地域（浜名湖および浜松低地，浮島ヶ原低地，清水低地，榛原低地）における砂州地形の発達過程と人間活動の関係を示したものである。

浜名湖および浜松低地（図14.19）では**砂州地形**の形成は9,000年前頃には開始され，7,500年前前後には湾が閉塞されて**潟湖**へと変化していった。さらに，5,000年前以降は，砂州による閉塞がほぼ完了している。一方，浜名湖を閉塞している砂州地形上に人間が定住するようになるのは弥生時代の2,000年前頃からである。また，浜名湖の東側に位置する浜松低地では，6列の砂州地形のうち遺跡の分布は内陸側の3列（砂州地形I〜III）に集中している。砂州地形IとIIが完成した時期は，それぞれ8,000〜7,500年前と7,000〜6,500年前と推定される。これに対して，砂州地形上が人間の定住の場となるのは，ともに約2,000年前以降である（図3.10，14.19，14.23）。

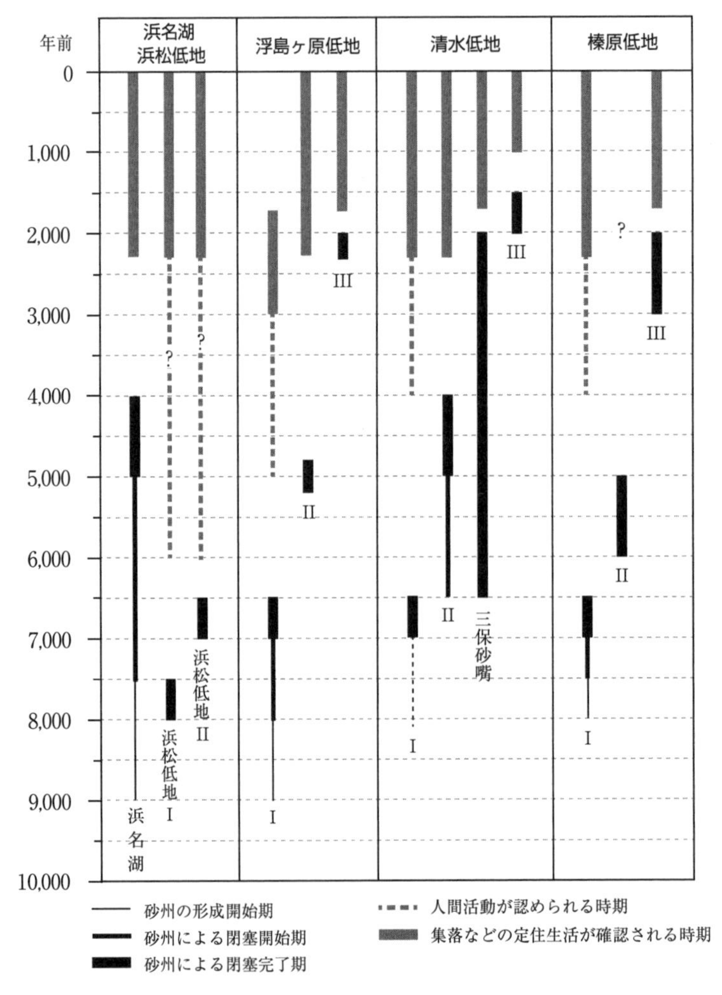

図 14.23　砂州地形発達と人間活動との関係

浮島ヶ原低地（図14.18，14.20）の後背湿地に埋没する2列の砂州地形のうち内陸側のⅠは，7,000～6,000年前には完全に離水（陸化）したものと推定される（図3.11，14.23）。一方で，この砂州地形上に人間が進出するのは縄文時代中期の5,000年前頃からであり，定住するようになるのは縄文時代晩期の約3,000年前以降である。また14.3.2項で述べたように，この地域はプレート沈み込み境界に近く低地は沈降傾向にあるため，砂州地形Ⅰは現在では後背湿地に埋没している。この地域には，約1,500年前に降下した富士山起源の大淵スコリアが堆積している。砂州地形Ⅰ上では古墳時代後期のおよそ1,500年前以降は人間活動の痕跡が認められないことから，地殻変動に加えて火山活動も人間生活に影響を及ぼした可能性が考えられる。その後，古墳時代から歴史時代にかけての浮島ヶ原低地における人間活動の中心は，海側に新たに形成されていった砂州地形Ⅱ，Ⅲに移る（図14.23）。

清水低地（図14.18，14.21）では，最も内陸側の砂州地形Ⅰが完成するのは7,000～6,500年前であるが，そこに人間が定住するようになるのは弥生時代の約2,000年前になってからである。また，三保砂嘴が有度丘陵側と陸続きになったのは6,500年前頃と推定されるが，人間が定着するのは歴史時代になってからである（図3.12，14.23）。

榛原低地（図14.18）においても，最も内陸側の砂州地形Ⅰが離水する時期は7,000～6,500年前であるが，砂州地形上に集落が形成されるようになるのは弥生時代の約2,000年前以降である（図14.23）。

以上のように，海岸低地における砂州地形の発達段階を詳細に復元した結果，砂州地形の完成時期と人間の定住開始時期との間に時間差が存在することが明確になった。特に最も内陸側の砂州地形が湾を閉塞し完全に離水してから，そこが人間の定住の場になるまでには数千年程度の時間がかかっている。その間，砂州地形は海側へと発達していった。したがって，それぞれの地域で砂州地形が完成した後，新たに海側に砂州地形（浜堤列）が形成されることで，内陸側が高波や津波といった海からの影響を直接受けない安定した場になってはじめて，古い砂州地形上での人間活動が可能になったと推定される。

なお，浮島ヶ原低地における埋没砂州上の遺跡の存在（図14.22）の例もあるように，過去に人間活動が営まれていた時期の地形と現在の地形が異なっていることに留意して，過去の地形を復元したうえで遺跡の立地環境を考察する必要がある。

引用図書

池田安隆・島崎邦彦・山崎晴雄（1996）：『活断層とは何か』（東大出版会），220 p.

池谷仙之・北里 洋（2004）：『地球生物学―地球と生命の進化―』（東大出版会），240 p.

池谷 浩（2003）：『火山災害―人と火山の共存をめざして―』（中公新書），208 p.

石 弘之（1998）：『地球環境報告 II』（岩波新書），218 p.

伊藤和明（2002）：『地震と噴火の日本史』（岩波新書），212 p.

伊藤和明（2005）：『津波防災を考える―「稲むらの火」が語るもの―』岩波ブックレット No. 656（岩波書店），55 p.

今村峯雄（1991）：『年代を測る』（日本規格協会），93 p.

ウェゲナー著／都城秋穂・紫藤文子訳（1981）：『大陸と海洋の起源（上）（下）』（岩波文庫），244 p, 249 p.

上田誠也（1989）：『プレートテクトニクス』（岩波書店），268 p.

宇多高明・田中常義・森 義将・峯 浩二・木村 尚（2003）：横浜港周辺における海食崖と砂嘴の発達に関する一考察．地形，24，215～228.

宇多高明（2004）：『海岸侵食の実態と解決策』（山海堂），304 p.

遠藤邦彦・奥村晃史（2010）：第四紀の新たな定義：その経緯と意義についての解説．第四紀研究，49-2，69～77.

遠藤 毅（2004）：東京都臨海域における埋立地造成の歴史．地学雑誌，113，785～801.

大熊 孝（2007）：『〔増補〕洪水と治水の河川史―水害の制圧から受容へ―』（平凡社ライブラリー），309 p.

大河内直彦（2008）：『チェンジング・ブルー　気候変動の謎に迫る』（岩波書店），346 p.

太田猛彦・住 明正・池淵周一・田淵俊雄・眞柄泰基・松尾友矩・大塚柳太郎編（2004）：『水の事典』（朝倉書店），551 p.

大森博雄（1993）：『地球を丸ごと考える 5 水は地球の命づな』（岩波書店），141 p.

大矢雅彦（1956）：「木曽川流域濃尾平野水害地形分類図　III 章：木曽川流域の地形と水害型」．多田文男ほか『水害地域に関する調査研究 第 1 部』（総理府資源調査会）.

大矢雅彦・木下武雄・若松加寿江・羽鳥徳太郎・石井弓夫（1996）：『自然災害を知る・防ぐ 第二版』（古今書院），257 p.

大山正雄・大矢雅彦（2004）：『大学テキスト 自然地理学 上巻』（古今書院），123 p.

貝塚爽平編（1993）：『東京湾の地形・地質と水』（築地書館），211 p.

貝塚爽平編（1997）：『世界の地形』（東大出版会），364 p.

貝塚爽平（2011）：『東京の自然史』（講談社学術文庫），327 p.

貝塚爽平・太田陽子・小疇 尚・小池一之・野上道男・町田 洋・米倉伸之編，久保純子・鈴木毅彦増補（2019）：『写真と図でみる地形学［増補新装版］』（東大出版会），272 p.

門村 浩（1990）：サハラ―その起源と変遷―．地理，35-7，26～37.

門村 浩・武内和彦・大森博雄・田村俊和（1991）：『環境変動と地球砂漠化』（朝倉書店），269 p.

環境省（2003）：『平成 14 年度 ヒートアイランド現象による環境影響に関する調査検討業務報告書』（環境省 HP）.

環境省（2016）：『平成 28 年版 環境白書』（環境省 HP）.

環境省（2019）：『令和元年版 環境白書』（環境省 HP）.

環境省 水・大気環境局（2019）：『平成 29 年度 全国の地盤沈下地域の概況』（環境省 HP）.

気象庁編（1989）：『異常気象レポート'89』（大蔵省印刷局），432 p.
気象庁編（1994）：『異常気象レポート'94』（大蔵省印刷局），444 p.
気象庁（2019）：『気候変動監視レポート 2018』（気象庁 HP）.
気象庁（2018）：『ヒートアイランド監視報告 2017』（気象庁 HP）.
京都大学防災研究所編（2001）：『防災学ハンドブック』（朝倉書店），724 p.
熊澤峰夫・丸山茂徳編（2002）：『プルームテクトニクスと全地球史解説』（岩波書店），407 p.
経済産業省 資源エネルギー庁（2013）：『エネルギー白書 2013年版』（資源エネルギー庁 HP）.
経済産業省 資源エネルギー庁（2015）：『エネルギー白書 2015年版』（資源エネルギー庁 HP）.
経済産業省 資源エネルギー庁（2018）：『エネルギー白書 2018年版』（資源エネルギー庁 HP）.
建設省甲府工事事務所（現 国土交通省甲府河川国道事務所）パンフレット：『信玄堤』.
小池一之・太田陽子編（1996）：『変化する日本の海岸―最終間氷期から現在まで―』（古今書院），185 p.
黄河水利委員会治黄研究組編著 / 芦田和男監修，馮金亭・匡尚富訳（1989）：『黄河の治水と開発』（古今書院），254 p.
高坂宏行・村山祐司編（2001）：『GIS ―地理学への貢献―』（古今書院），384 p.
国土交通省 土地・水資源局水資源部（2010）：『平成22年版 日本の水資源』（国土交通省 HP）.
国土交通省 関東地方整備局（2011）：『東北地方太平洋沖地震による関東地方の地盤液状化現象の実態解明報告書』（国土交通省 HP）.
国土交通省 水管理・国土保全局 水資源部（2019）：『平成30年版 日本の水資源の現況』（国土交通省 HP）.
国立天文台編（2018）：『理科年表 平成31年版』（丸善），1,130 p.
国立天文台編：『理科年表プレミアム』（理科年表 Web版）.
国立天文台編（2018）：『第6冊 環境年表 2019-2020』（丸善），509 p.
国会資料編纂会編（1996）：『近代世界の災害』（国会資料編纂会），415 p.
酒井治孝編著（1997）：『ヒマラヤの自然誌―ヒマラヤから日本列島を遠望する―』（東海大学出版会），292 p.
酒井治孝（2003）：『地球学入門―惑星地球と大気・海洋のシステム―』（東海大学出版会），284 p.
阪口 豊（1993）：過去8000年の気候変化と人間の歴史．専修大学人文論集，51号，79～113.
阪口 豊・高橋 裕・大森博雄（1995）：『新版 日本の自然3 日本の川』（岩波書店），248 p.
産業技術総合研究所編（2004）：『地震と活断層―過去から学び，将来を予測する―』（丸善），237 p.
産業技術総合研究所：地質図 Navi（gbank.gsj.jp/geonavi/）.
サンゴ礁地域研究グループ（1990）：『日本のサンゴ礁地域1 熱い自然 サンゴ礁の環境誌』（古今書院），372 p.
坂詰秀一（1987）『日本の古代遺跡 東京23区』（保育社），279 p.
地震調査研究推進本部（2013）：『南海トラフの地震活動の長期評価（第二版）』（地震調査研究推進本部 HP）.
柴山知也・茅根 創編（2013）：『図説 日本の海岸』（朝倉書店），152 p.
清水善和（1998）：『ハワイの自然』（古今書院），184 p.
下鶴大輔・荒牧重雄・井田喜明・中田節也編（2008）：『火山の事典（第2版）』（朝倉書店），575 p.
鈴木理生（1989）：『江戸の川・東京の川』（井上書院），305 p.
鈴木秀夫（2000）：『気候変化と人間―1万年の歴史―』（大明堂），474 p.
住 明正・松井孝典・鹿園直建・小池俊雄・茅根 創・時岡達志・岩坂泰信・池田安隆・吉永秀一郎（1996）：『地球環境論』（岩波書店），212 p.

総理府地震調査研究推進本部地震調査委員会編（1997）：『日本の地震活動—被害地震から見た地域別の特徴—』（財団法人 地震予知総合研究振興会），391 p.
高橋 裕（2003）：水の国際化と日本．『科学』，73-2，202～206.
千葉県環境研究センター（2011）：『平成23年（2011年）東北地方太平洋沖地震における千葉県内の液状化 —流動化被害』（千葉県環境研究センター HP）.
千葉俊二・細川光洋編（2011）：『地震雑感／津浪と人間 —寺田寅彦随筆選集—』（中公文庫），195 p.
中央防災会議（2011）：『東北地方太平洋沖地震 —東日本大震災— の特徴と課題』（中央防災会議 HP）.
中央防災会議・首都直下地震モデル検討会（2013）：『首都直下の M7クラスの地震及び相模トラフ沿いの M8クラスの地震等の震源断層モデルと震度分布・津波高等に関する報告書』（中央防災会議 HP）.
東京地図研究社（2006）：『「東京」の凹凸地図』（技術評論社），127 p.
東京都土木技術支援・人材育成センター：『東京の地盤（Web 版）』（http://doboku.metro.tokyo.jp/）.
東京都：『東京都遺跡地図』インターネット公開版（http://www.syougai.metro.tokyo.jp/iseki0/iseki/）.
内閣府（2013）：『平成25年版 防災白書』（内閣府 HP）.
中川恵司編（2004）：『DVD-ROM 版 江戸明治東京重ね地図』（エーピーピーカンパニー）.
中村一明・松田時彦・守屋以智雄（1995）：『新版 日本の自然1 火山と地震の国』（岩波書店），371 p.
中村和郎・小池一之・武内和彦（1994）：『日本の自然 地域編3 関東』（岩波書店），180 p.
成瀬 洋（1982）：『第四紀』（岩波書店），269 p.
日本第四紀学会編（1987）：『日本第四紀地図』（東大出版会），119 p.
日本第四紀学会・町田 洋／岩田修二／小野 昭 編（2007）：『地球史が語る近未来の環境』（東大出版会），237 p.
野上道男・岡部篤行・貞広幸雄・隈元 崇・西川 治（2001）：『地理情報学入門』（東大出版会），163 p.
ハンブリー・アレアン著／安仁屋政武訳（2010）：『ビジュアル大百科 氷河』（原書房），304 p.
藤井理行・上田 豊・成瀬廉二・小野有五・伏見碩二・白岩孝行（1997）：『基礎雪氷学講座 IV 氷河』（古今書院），312 p.
藤井理行（2005）：極域アイスコアに記録された地球環境変動．地学雑誌，114-3，445～459.
堀 信行・菊地俊夫編著（2007）：『世界の砂漠—その自然・文化・人間—』（二宮書店），194 p.
正井泰夫（監修）（2003）：『図説 歴史で読み解く東京の地理』（青春出版社），95 p.
町田 洋・小島圭二編（1996）：『新版 日本の自然8 自然の猛威』（岩波書店），316 p.
町田 洋・白尾元理（1998）：『写真で見る火山の自然史』（東大出版会），204 p.
町田 洋・新井房夫（2003）：『新編 火山灰アトラス』（東大出版会）336 p.
町田 洋・大場忠道・小野 昭・山崎晴雄・河村善也・百原 新編著（2003）：『第四紀学』（朝倉書店），323 p.
町田 洋・松田時彦・海津正倫・小泉武栄編（2006）：『日本の地形5 中部』（東大出版会），385 p.
町田 洋（2009）：「第四紀」の重要性—地球史の中での新しい位置と定義—．科学，79，1,315～1,319.
松島義章・小池裕子（1979）：自然貝層による内湾の海況復原と縄文時代の遺跡．貝塚，22号，1～9.
松島義章（1984）：日本列島における後氷期の浅海性貝類群集—特に環境変遷に伴うその時間・空間的変遷—．神奈川県立博物館研究報告（自然科学），15，37～109.
松島義章編，川崎市都市地質研究会（1987）：『川崎市内沖積層の総合研究』（川崎市博物館資料収集委員会），145 p.
松島義章（2006）：『貝が語る縄文海進 —南関東、+2℃の世界—』（有隣新書），219 p.
松田磐余（2009）：『江戸・東京地形学散歩 —災害史と防災の視点から—［増補改訂版］』（之潮），318 p.
松田磐余（2013）：『対話で学ぶ 江戸東京・横浜の地形』（之潮），247 p.

松田時彦（1992）：『動く大地を読む』(岩波書店）158 p.
松原彰子（2000）：日本における完新世の砂州地形発達．地理学評論，73 A-5，409～434.
松原彰子・郭 俊麟・高田佳奈（2007）：GISを用いた土地利用変化の解析—慶應義塾大学日吉キャンパスを例にして—．慶應義塾大学日吉紀要（社会科学），17号，1～8.
松原彰子・渡部展也（2010）：ガリラヤ湖東岸エン・ゲヴ遺跡の立地環境．慶應義塾大学日吉紀要（社会科学），20号，23～42.
松原彰子・渡部展也（2011）：イスラエル・ガリラヤ湖岸の地形および水文環境．慶應義塾大学日吉紀要（社会科学），21号，43～62.
松原彰子（2012）：東京湾西岸地域の地形 —東京都東部地域と鶴見川流域を例にして—．慶應義塾大学日吉紀要（社会科学），22号，1～12.
松原彰子（2017）：横浜市中心部の地形と地質 —大岡川低地と帷子川低地を中心に—．慶應義塾大学日吉紀要（社会科学），27号，1～8.
三上岳彦（2006）：都市ヒートアイランド研究の最新動向—東京の事例を中心に—．E-journal GEO, 1-2，79～88.
文部科学省・気象庁・環境省（2013）：『気候変動の観測・予測及び影響評価統合レポート　日本の気候変動とその影響 2012年度版』(各省庁 HP).
安田喜憲（1990）：『気候と文明の盛衰』(朝倉書店），358 p.
吉川虎雄（1985）：『湿潤変動帯の地形学』(東大出版会），132 p.
吉野正敏・安田喜憲編（1995）：『歴史と気候』(朝倉書店），275 p.
横浜市教育委員会（2004）：『横浜市文化財地図』，350 p.
横浜市行政地図情報提供システム（http://wwwm.city.yokohama.lg.jp/).
歴史地震研究会編（2008）：『地図にみる関東大震災』．日本地図センター，67 p.
若松加寿江編（1991）：『日本の地盤液状化履歴図』(東海大学出版会).
若松加寿江（2011）：『日本の液状化履歴マップ 745 - 2008』(東大出版会).
Bird, E. (2008)：*Coastal Geomorphology　An Introduction.* 2nd edition. (Wiley), 411 p.
Broecker, W. (2010)：*The Great Ocean Conveyor — Discovering the Trigger for Abrupt Climate Change.* (Princeton University Press), 154 p.
Clague, D. and Dalrymple, G. B. (1994)：Tectonics, geochronology, and origin of the Hawaiian-Emperor Volcanic Chain. in *A Natural History of Hawaiian Islands.* Selected Readings II. (ed. Kay, E. A.), (University of Hawaii Press), 5～40.
Geological Survey of Israel (1974)：*Dead Sea — Bathymetric Chart* (1：50,000).
Geological Survey of Israel (1990)：*Sea of Galilee — Bathymetric Map* (1：50,000).
International Commission on Stratigraphy (2018)：*International Chronostratigraphic Chart.* (http://www.stratigraphy.org).
IPCC WGI (2007)：*Climate Change 2007：The Physical Science Basis.*
IPCC WGI (2013)：*Climate Change 2013：The Physical Science Basis.*
IPCC WGII (2007)：*Climate Change 2007：Climate Change Impacts, Adaptation and Vulnerability.*
Jónasson, B. (2012)：*The Geology of Iceland* (JPV), 31 p.
Jordanian Ministry of Water and Irrigation, Palestinian Water Authority, and Israeli Hydrological Service (1998)：*Overview of Middle East Water Resources — Water Resources of Palestinian, Jordanian, and Israeli Interest.* Executive Action Team, Middle East Water Data Banks Project, 155p.
Lowe, J. J. and Walker, M. J. C. (1997)：*Reconstruction Quaternary Environments.* (Longman), 446 p.

Matsubara, A. (2015)：*Holocene Geomorphic Development of Coastal Ridges in Japan.* (Keio Univ. Press), 169p.

Molina, M. J. and Rowland, F. S. (1974)：Stratospheric sink for chlorofluoromethanes：chlorine atomic-atalysed destruction of ozone. *Nature,* 249, 810～812.

Nun, Mendel (1991)：*The Sea of Galilee：Water Levels, Past and Present.* Kibbutz Ein Gev：Tourist Department and Kinnereth Sailing Co., 24p.

Schmincke, Hans-Ulrich (2004)：*Volcanism.* (Springer), 324p.

Survey of Israel and the Hebrew University of Jerusalem (2009)：*The New Atlas of Israel.* 140p.

WMO/UNEP (2018)：*Scientific Assessment of Ozone Depletion：2018,* Executive Summary (library.wmo.int/)

HP

アイスランド観光文化研究所：http://www.iceland-kankobunka.jp/
環境省：http://www.env.go.jp/
気象庁：http://www.jma.go.jp/
国土交通省：http://www.mlit.go.jp/
国土交通省甲府河川国道事務所：http://www.ktr.mlit.go.jp/koufu/
国土交通省ハザードマップポータルサイト：disaportal.gsi.go.jp
国土地理院：http://www.gsi.go.jp/
国土地理院地理空間情報ライブラリー 地理院地図：maps.gsi.go.jp
産業技術総合研究所：https://www.aist.go.jp
資源エネルギー庁：http://www.enecho.meti.go.jp/
地震ハザードステーション：www.j-shis.bosai.go.jp
地震本部（政府 地震調査研究推進本部）：http://www.jishin.go.jp/
石油天然ガス・金属鉱物資源機構（JOGMEC）(http://www.jogmec.go.jp/)
千葉県環境研究センター：http://www.pref.chiba.lg.jp/wit/
中央防災会議：www.bousai.go.jp
内閣府：www.cao.go.jp
内閣府防災情報：http://bousai.go.jp/index.html
富士山火山防災協議会：www.bousai.go.jp/kazan/fujisan-kyougikai/report/index.html
文部科学省：www.mext.go.jp
横浜市：http://www.city.yokohama.jp/
Hawaii Center for Volcanology：http://www.soest.hawaii.edu/GG/HCV/haw_formation.html
IPCC：http://www.ipcc.ch/
Israel Ministry of Environmental Protection：http://www.sviva.gov.il/

参考図書

地球史・生物史，地球環境全般

神奈川県立博物館編（1994）：『新しい地球史―46億年の謎―』(有隣堂).

神奈川県立生命の星・地球博物館編（1997）：『地球と生きもの85話』(有隣堂).

川上紳一（1995）：『縞々学―リズムから地球史に迫る―』(東大出版会).

丸山茂徳・磯崎行雄（1998）：『生命と地球の歴史』(岩波新書).

熊澤峰夫・伊藤孝士・吉田茂生編（2002）：『全地球史解読』(東大出版会).

フォーティ著／渡辺政隆訳（2003）：『生命40億年全史』(草思社).

『岩波地球科学選書 全10巻』(1991)(岩波書店).

『シリーズ 地球を丸ごと考える 全9巻』(1993)(岩波書店).

『講座 文明と環境 全15巻』(1995～1996)(朝倉書店).

『岩波講座 地球惑星科学 全14巻』(1996～1998)(岩波書店).

『岩波講座 地球環境学 全10巻』(1998～1999)(岩波書店).

日本海洋学会編（1991）：『海と地球環境 海洋学の最前線』(東大出版会).

クルッツェン著／松野太郎監修（1997）：『気候変動』(日経サイエンス社).

東京大学地球惑星システム科学講座編（2004）：『進化する地球惑星システム』(東大出版会).

平 朝彦（2007）：『地質学3 地球史の探求』(岩波書店).

小泉 格（2008）：『図説 地球の歴史』(朝倉書店).

鹿園直建（2009）：『地球惑星システム科学入門』(東大出版会).

在田一則・竹下 徹・見延庄士郎・渡部重十編著（2010）：『地球惑星科学入門』(北海道大学出版会).

小泉 格（2011）：『珪藻古海洋学 ―完新世の環境変動―』(東大出版会).

北里 洋（2012）：『日本の海はなぜ豊かなのか』(岩波科学ライブラリー 188).

宮原ひろ子（2014）：『地球の変動はどこまで宇宙で解明できるか ―太陽活動から読み解く地球の過去・現在・未来』(化学同人).

大河内直彦（2015）：『地球の履歴書』(新潮選書).

中川 毅（2015）：『時を刻む湖』(岩波科学ライブラリー 242).

横山祐典（2018）：『地球46億年気候大変動』(講談社ブルーバックス).

自然環境変遷，地形発達過程

吉川虎雄・杉村 新・貝塚爽平・太田陽子・阪口 豊（1973）：『新編 日本地形論』(東大出版会).

貝塚爽平（1977）：『日本の地形―特質と由来―』(岩波新書)，234p.

小林国夫・阪口 豊（1982）：『氷河時代』(岩波書店).

阪口 豊（1989）：『尾瀬ヶ原の自然史―景観の秘密をさぐる―』(中公新書).

貝塚爽平（1998）：『発達史地形学』(東大出版会).

米倉伸之（2000）：『環太平洋の自然史』(古今書院).

日本第四紀学会（2009）：『デジタルブック最新第四紀学』(CD-ROM).

遠藤邦彦・山川修治・藁谷哲也編著（2010）：『極圏・雪氷圏と地球環境』(二宮書店).

太田陽子・小池一之・鎮西清高・野上道男・町田 洋・松田時彦（2010）：『日本列島の地形学』(東大出版会).

岩田修二（2011）：『氷河地形』(東大出版会).

『シリーズ 自然景観の読み方 全12巻』(1993)(岩波書店).

『日本の自然 地域編 全8巻』(1994～1997)(岩波書店).
『新版 日本の自然 全8巻』(1995)(岩波書店).
『日本の地形 全7巻』(2000～2006)(東大出版会).

地球環境問題

石 弘之(1988):『地球環境報告』(岩波新書).
不破敬一郎編著(1994):『地球環境ハンドブック』(朝倉書店).
村井俊治ほか(1995):『地球環境の保全と開発』(朝倉書店).
阿部寛治編(1998):『概説 地球環境問題』(東大出版会).
安成哲三・岩坂泰信編(1999):『岩波講座 地球環境学3 大気環境の変化』(岩波書店).
西岡秀三編(2000):『新しい地球環境学』(古今書院).
吉野正敏・福岡義隆編(2003):『環境気候学』(東大出版会).
宇沢弘文(1995):『地球温暖化を考える』(岩波新書).
小宮山 宏(1995):『地球温暖化問題に答える』(東大出版会).
西岡秀三・原沢英夫編著(1997):『地球温暖化と日本』(古今書院).
佐和隆光(1997):『地球温暖化を防ぐ―20世紀型経済システムの転換―』(岩波新書).
伊藤公紀(2003):『地球温暖化』(日本評論社).
明日香 壽川(2009):『地球温暖化―ほぼすべての質問に答えます!―』(岩波ブックレット No. 760).
畠山史郎(2003):『酸性雨』(日本評論社).
浅井富雄(1996):『気象の教室2 ローカル気象学』(東大出版会).
高橋 裕(2003):『地球の水が危ない』(岩波新書).
スペンサー・R・ワート著/増田耕一・熊井ひろ美共訳(2005):『温暖化の〈発見〉とは何か』(みすず書房).
ローレンス・C・スミス著/小林由香利訳(2012):『2050年の世界地図 迫りくるニュー・ノースの時代』(NHK出版).
セス・M・シーゲル著/秋山 勝訳(2016):『水危機を乗り越える! ―砂漠の国イスラエルの驚異のソリューション』(草思社).

地震

寒川 旭(1992):『地震考古学』(中公新書).
寒川 旭(2007):『地震の日本史』(中公新書).
石橋克彦(1994):『大地動乱の時代―地震学者は警告する―』(岩波新書).
島崎邦彦・松田時彦(1994):『地震と断層』(東大出版会).
ボルト著/松田・渡辺訳(1995):『地震』(古今書院).
太田陽子・島崎邦彦(1995):『古地震を探る』(古今書院).
松田時彦(1995):『活断層』(岩波新書).
上田誠也(1998):『地球・海と大陸のダイナミズム』(NHKライブラリー).
茂木清夫(1998):『地震予知を考える』(岩波新書).
国土地理院(1996～):『1:25,000都市圏活断層図』(日本地図センター).
1:25,000 都市圏活断層図(Web):http://www1.gsi.go.jp/geowww/bousai/menu.html
今泉俊文・宮内崇裕・堤 浩之・中田 高編(2018):『活断層詳細デジタルマップ[新編]』(東大出版会).
中田 高・今泉俊文監修(2005):『日本の活断層地図「関東甲信越,静岡・福島・仙台・山形」,「北海道・東北・新潟」,「中部・近畿・中国・四国・九州」』(人文社).

金森博雄（2013）：『巨大地震の科学と防災』（朝日選書）.
石橋克彦（2014）：『南海トラフ巨大地震 歴史・科学・社会』（岩波書店）.

津波

河田惠昭（2010）：『津波災害 —減災社会を築く』（岩波新書）.
原口 強・岩松 暉（2011）：『東日本大震災 津波詳細地図 上巻・下巻』（古今書院）.
佐竹健治・堀 宗朗編（2012）：『東日本大震災の科学』（東大出版会）.
藤原 治（2015）：『津波堆積物の科学』（東大出版会）.

火山

守屋以智雄（1983）：『日本の火山地形』（東大出版会）.
守屋以智雄（1992）：『火山を読む』（岩波書店）.
横山 泉ほか編（1992）：『火山』（岩波書店）.
小山真人（1997）：『ヨーロッパ火山紀行』（ちくま新書）.
宇井忠英編（1997）：『火山噴火と災害』（東大出版会）.
町田 洋・白尾元理（1998）：『写真で見る火山の自然史』（東大出版会）.
ロッシほか著 / 日本火山の会訳（2008）：『世界の火山百科図鑑』（柊風舎）.
守屋以智雄（2012）：『世界の火山地形』（東大出版会）.
小山真人（2013）：『富士山 大自然への道案内』（岩波新書）.
高橋正樹（2015）：『日本の火山図鑑』（誠文堂新光社）.
日本火山学会編（2015）：『火山噴火127の疑問』（講談社ブルーバックス）.

河川・水害

小出 博（1970）：『日本の河川—自然史と社会史—』（東大出版会）.
宮村 忠（1985）：『水害』（中公新書）.
高橋 裕（1988）：『都市と水』（岩波新書）.
NIED（国立研究開発法人 防災科学技術研究所）：『水害地形分類図 デジタルアーカイブ』（ecom-plat.jp/suigai-chikei/）.

防災

大矢雅彦編（1994）：『防災と環境保全のための応用地理学』（古今書院）.
吉川弘之ほか編（1996）：『東京大学公開講座「防災」』（東大出版会）.
中村英夫編著 / 東京大学社会基盤工学教室著（1997）：『東京のインフラストラクチャー—巨大都市を支える—』（技報堂出版）.
太田猛彦（2012）：『森林飽和　国土の変貌を考える』（NHKブックス）.

地盤沈下・海岸侵食

環境庁水質保全局企画課監修（1990）：『地盤沈下とその対策』（白亜書房）.
（社）地盤工学会（2003）：『知っておきたい地盤の被害—現象，メカニズムと対策—』（丸善）.
宇多高明（1997）：『日本の海岸侵食』（山海堂）.

地図・GIS

織田武雄（1974）：『地図の歴史—世界篇，日本篇—』（講談社現代新書）.

織田武雄（1998）：『古地図の博物誌』（古今書院）.
足利健亮（1998）：『景観から歴史を読む―地図を解く楽しみ―』（NHKライブラリー）.
矢野桂司（1999）：『地理情報システムの世界―GISで何ができるか―』（ニュートンプレス）.
菊地俊夫・岩田修二編著（2005）：『地図を学ぶ―地図の読み方・作り方・考え方―』（二宮書店）.

教科書

ラインズ・ボールウェル・スミス著／伊藤喜栄監訳，髙木勇夫・村上研二訳（2000）：『大学の地理学 I 自然地理学の基礎』（古今書院）.
米倉伸之・岡田篤正・森山昭雄編（2001）：『大学テキスト 変動地形学』（古今書院）.
田淵 洋編著（2002）：『自然環境の生い立ち［第三版］―第四紀と現在―』（朝倉書店）.
大山正雄・大矢雅彦（2004）：『大学テキスト 自然地理学 上巻・下巻』（古今書院）.
杉浦章介・松原彰子・武山政直・髙木勇夫（2005）：『人文地理学―その主題と課題―』（慶應義塾大学出版会）.
杉谷 隆・平井幸弘・松本 淳（2005）：『改訂版 風景のなかの自然地理』（古今書院）.
杉浦章介・松原彰子・渡邊圭一・長田 進・武山政直・大島英幹（2010）：『ジオ・メディアの系譜―進化する地表象の世界―』（慶應義塾大学出版会）.

事典・辞典

町田 貞・井口正男・貝塚爽平・佐藤 正・榧根 勇・小野有五編（1981）：『地形学辞典』（二宮書店）.
地学団体研究会 地学事典編集委員会編（1981）：『増補改訂 地学事典』（平凡社）.
日本地誌研究所編（1989）：『地理学辞典 改訂版』（二宮書店）.
日本気象学会編（1998））：『気象科学事典』（東京書籍）.
宇津徳治・嶋 悦三・吉井敏尅・山科健一郎（2001）：『地震の事典［第2版］』（朝倉書店）.
新田 尚ほか編（2002）：『キーワード 気象の事典』（朝倉書店）.
田辺 裕監訳（2003）：『オックスフォード地理学辞典』（朝倉書店）.
坂 幸恭監訳（2004）：『オックスフォード 地球科学辞典』（朝倉書店）.
（社）日本雪氷学会監修（2005）：『雪と氷の事典』（朝倉書店）.
首藤伸夫・今村文彦・越村俊一・佐竹健治・松冨英夫（2007）：『津波の事典』（朝倉書店）.
東京大学地震研究所監修／藤井敏嗣・纐纈一起編（2008）：『地震・津波と火山の事典』（丸善）.
日本沙漠学会編（2009）：『沙漠の事典』（丸善）.
北原糸子・松浦律子・木村玲欧編（2012）：『日本歴史災害事典』（吉川弘文館）.
宇佐美龍夫・石井 寿・今村隆正・武村雅之・松浦律子（2013）：『日本被害地震総覧599-2012』（東大出版会）.
吉崎正憲・野田 彰ほか編（2013）：『図説 地球環境の事典』（朝倉書店）.
日本雪氷学会編（2014）：『新版 雪氷辞典』（古今書院）.
日本ヒートアイランド学会編（2015）：『ヒートアイランドの事典 ―仕組みを知り，対策を図る―』（朝倉書店）.
日本地形学連合編（2017）：『地形の辞典』（朝倉書店）.
小池一之・山下脩二・岩田修二・漆原和子・小泉武栄・田瀬則雄・松倉公憲・松本 淳・山川修治編（2017）：『自然地理学事典』（朝倉書店）.
鳥海光弘・入舩徹男・岩森 光・ウォリス サイモン・小平秀一・小宮 剛・阪口 秀・鷺谷 威・末次大輔・中川貴司・宮本英昭編（2018）：『図説 地球科学の事典』（朝倉書店）.

索引

ABC

あ行

か行

さ行

た行

な行

は行

ま行

や行

ら行

わ行

松原 彰子（まつばら あきこ）
東京都生まれ
1987年　東京大学大学院理学系研究科地理学博士課程修了
現在　慶應義塾大学名誉教授，理学博士
専門　自然地理学，第四紀学
著書・翻訳　『人文地理学―その主題と課題―』（共著，2005年，慶應義塾大学出版会），『日本の地形 5 中部』（分担執筆，2006年，東京大学出版会），『ジオ・メディアの系譜―進化する地表象の世界―』（共著，2010年，慶應義塾大学出版会），『日本の海岸』（分担執筆，2013 年，朝倉書店），"Holocene Geomorphic Development of Coastal Ridges in Japan."（2015 年，Keio University Press），『図説 世界の地理 第 8 巻　フランス』（共訳，1999年，朝倉書店），『オックスフォード地理学辞典』（共訳，2003年，朝倉書店）

自然地理学（第 6 版）
――地球環境の過去・現在・未来

2006 年 5 月 8 日　初版第 1 刷発行
2019 年 3 月30日　第 5 版第 2 刷発行
2023 年12月19日　第 6 版第 2 刷発行

著　者――――松原彰子
発行者――――大野友寛
発行所――――慶應義塾大学出版会株式会社
〒108-8346 東京都港区三田 2-19-30
TEL〔編集部〕03-3451-0931
〔営業部〕03-3451-3584＜ご注文＞
〃　03-3451-6926
FAX〔営業部〕03-3451-3122
振替 00190-8-155497
https://www.keio-up.co.jp/
装丁――――斎田啓子（design studio ish）
印刷・製本――港北メディアサービス株式会社
カバー印刷――株式会社太平印刷社

Printed in Japan　ISBN 978-4-7664-2652-6